变电站设备运行
实用技术问答

张华　朱涛　才忠宾　编

中国电力出版社
CHINA ELECTRIC POWER PRESS

内容提要

　　本书主要围绕变电站一次设备及相关二次部分，采用问答的形式讲述变电站设备运行维护所需掌握的典型技术以及生产实际中遇到的各类生产问题。本书共分 13 章，分别为电力变压器、电流互感器、电压互感器、高压断路器、高压隔离开关、SF₆ 全封闭组合电器、高压开关柜、变电站中性点运行方式及相关设备、变电站无功调节及相关设备、变电站防雷与接地、变电站站用电系统、变电站直流系统、变电站其他电力设备。

　　本书内容结合实际，实践性强，对现场工作具有一定的指导性，可供从事变电站设备运行维护、检修及管理的人员学习参考。

图书在版编目（CIP）数据

变电站设备运行实用技术问答/张华，朱涛，才忠宾编. —北京：中国电力出版社，2013.8（2022.3 重印）

ISBN 978 - 7 - 5123 - 4310 - 8

Ⅰ. ①变…　Ⅱ. ①张…②朱…③才…　Ⅲ. ①变电所-电气设备-运行-问题解答　Ⅳ. ①TM63 - 44

中国版本图书馆 CIP 数据核字（2013）第 071026 号

中国电力出版社出版、发行

（北京市东城区北京站西街 19 号　100005　http：//www.cepp.sgcc.com.cn）

北京雁林吉兆印刷有限公司印刷

各地新华书店经售

*

2013 年 8 月第一版　2022 年 3 月北京第四次印刷

710 毫米×980 毫米　16 开本　18.5 印张　310 千字

印数 4501—5000 册　定价 **58.00** 元

前　言

随着电网的发展，新技术、新设备在变电站中的不断应用，电力行业对变电站运维人员的技能和业务素质提出了更高的要求，为更好地服务于电力生产实际，通过总结工作经验潜心编写了《变电站设备运行实用技术问答》一书。

本书共分13章，主要围绕变电站一次设备及相关二次部分，采用问答的形式讲述变电站设备运维所需掌握的典型技术以及在生产实际应用中遇到的各类生产问题，有很强的生产实用性。在编写过程中力求做到简单明确、通俗易懂，旨在强化生产一线人员对变电站设备运维的认知，巩固对典型工作和技术要点的掌握。

本书由北京市电力公司检修分公司张华、朱涛及北京电力工程公司才忠宾共同编写，其中第一至第四、第六、第七章由张华编写；第八、第九、第十一、第十二章由朱涛编写；第五、第十、第十三章由才忠宾编写。在本书编写过程中得到了北京市电力公司众多一线技术工作人员的大力支持和帮助，采纳了他们所提出的许多宝贵意见，在此一并向他们表示衷心的谢意。

由于新技术、新设备的不断发展，书中不妥之处在所难免，恳请专家和读者批评指正，并由衷地希望此书能对您的工作有所帮助。

编　者

2012 年 12 月

目 录

1

第四章　高压断路器 ……………………………………………… 113

第五章　高压隔离开关

第九章　变电站无功调节及相关设备 --- 196

第一章

电 力 变 压 器

1. 变压器在变电站中的作用主要有哪些?

答：变压器是根据电磁感应原理工作并用于变电站各电压等级系统联络的电气设备，常见的有油浸绝缘变压器（Oil - immersed transformer，OIT）和SF₆气体绝缘变压器（Gas - insulated transformer，GIT），其在变电站中的作用主要有：

（1）变换不同的电压。变压器通过铁芯内磁通随时间的变化，在不同匝数（也可以在一个绕组内通过引出抽头而得到不同的匝数）的绕组内感应出不同的电压。

由此可知，只要改变变压器一次、二次绕组的匝数，就可以改变一次、二次绕组的电压比，从而实现改变电压的目的，其中，各绕组电压比与各绕组匝数比成正比例关系。

（2）实现功率的有效传输。变压器一次、二次绕组的电流比与电压比正好互为倒数，当忽略变压器内部损耗时，总的一次、二次绕组功率基本不变，实现功率的有效传输。

电网进行功率传输往往先通过升压变压器升压，以降低电流减少线路损耗，提高送电的经济性，达到远距离送电的目的，再通过降压变压器将高电压变为用户所需要的使用电压，满足用户需要。

2. 油浸变压器的主要部件及其作用有哪些?

答：油浸变压器主要由铁芯、绕组、绝缘套管、调压装置、冷却装置、保护及安全装置等部件构成。

（1）铁芯。铁芯构成变压器的磁路部分，能更好地实现电能转磁能、磁能再转电能的转换，其结构上构成变压器的骨架，铁芯套装着绕组并一同由夹件固定支撑着分接开关等一些组件。

（2）绕组。绕组构成变压器的电路部分，绕组中通过电流进行电流的传输和变换，运行中可通过调整有载分接绕组的匝数来实现电压变比的调节。

（3）绝缘套管。绝缘套管将变压器内部各相绕组分别引至箱体外部，通过绝缘套管的支撑与固定，以使引线对箱体外壳（地）绝缘，在箱体外壳上的布置规定次序是从高压侧看，自左向右按 0、A、B、C 相布置。

（4）调压装置。调压装置主要指有载调压装置和无载调压装置，前者可实现变压器带电运行的调压操作，一般位于变压器零点套管侧，而后者只能在其停电后进行调压操作。

（5）冷却装置。冷却装置主要是将变压器内部热量向周围介质传递，并有效使其内部温度冷却。

（6）保护及安全装置。保护及安全装置主要指气体继电器与压力释放装置，气体继电器作为变压器绝缘的主保护，可动作于报警和跳闸，而压力释放装置主要是在变压器内部油压过高时，作为喷油泄压防止箱体变形的作用，仅动作于报警。

3. 变压器并列运行应符合哪些条件？

答：变压器并列运行应符合下列条件：

（1）联结组别相同，对于联结组别不相同的变压器严禁并列运行。

（2）变比相同，即高低压侧绕组额定电压彼此相同。并列运行的变压器允许变比有±0.5%的差值。

以上两个条件保证了变压器空载时，绕组内不会有环流，环流的产生会影响变压器容量的合理利用，如果环流几倍于额定电流，甚至会造成变压器绝缘烧毁。

（3）短路阻抗标幺值相等，即阻抗电压相等。并列运行的变压器允许阻抗电压有±10%的差值。

（4）并列运行的变压器容量比不宜超过 3:1，这样可限制变压器的短路电压值相差不致过大。

4. 短路阻抗的大小对变压器运行有哪些影响？

答：短路阻抗指：变压器二次侧短路，一次绕组施加电压并慢慢使电压加大，当二次绕组产生的短路电流等于额定电流时，一次绕组所施加电压与额定电压的百分比，即 $U_K(\%) = I_{1N}|Z_K|/U_{1N}$（$Z_K$ 为变压器等效漏阻抗），它的大小反映了变压器在额定负载下运行时漏阻抗压降的大小，一般小容量的电力变压器 $U_K(\%)$ 约为 4%～10.5%，大容量的变压器 $U_K(\%)$ 约为 12.5%～17.5%，铭牌上一般用百分数来表示。短路阻抗的大小对变压器运行的影响主要有：

（1）对短路电流的影响：当同等额定容量变压器负载侧发生短路时，短路阻抗大的变压器，流经绕组的短路电流小，绕组承受的电动力小；而短路阻抗小的变压器，流经绕组的短路电流大，绕组承受的电动力大。

（2）对电压变化率的影响：当变压器额定负载运行时，短路阻抗高低对输出电压的高低有一定影响，短路阻抗大的变压器电压降大；而短路阻抗小的变压器电压降小。

（3）对并列运行的影响：并列运行的各同等额定容量变压器中，若短路阻抗大的变压器满载运行，则短路阻抗小的过载运行；若短路阻抗小的变压器满载运行，则短路阻抗大的欠载运行。

5. 为什么提高短路阻抗大的变压器二次电压可以实现并列运行变压器的容量均衡分配？

答：一台单相变压器的等值电路如图 1-1 所示。该等值电路将变压器等效为 T 型等值电路与理想变压器（理想变压器内阻抗为零）的串联。

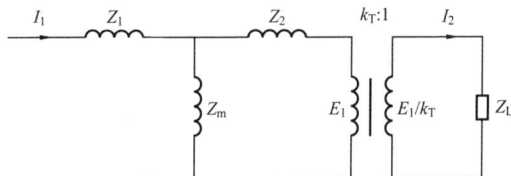

图 1-1　单相变压器等值电路

变压器一次侧的负荷由系统决定，若负荷不变，可以将一次侧所接系统等效为一个恒流源。在只需要计算变压器一次侧时，可以将理想变压器一次侧等效为一个恒压源。在工程计算上可以将变压器等值电路中的励磁支路忽略。所以当两台变压器并列运行时，等值电路如图 1-2（a）所示。图中 Z_{T1}、Z_{T2} 分别为两台变压器的等效电抗。

根据电路原理知识可知 $Z_T = \dfrac{U_k(\%)}{100} \times \dfrac{U_N^2}{S_N} \times 10^3$ ［$U_k(\%)$ 为变压器的短路电压百分数，U_N 为系统额定电压，S_N 为变压器额定容量］。所以当两台变压器的额定容量一致时，变压器的等效电抗大小即与阻抗电压大小成正比。如果要将额定容量不一致的两台变压器并列运行时，则它们的 $U_k(\%)$ 必然不一致，以使得 Z_T 基本一致。下面的讨论以两台变压器的额定容量一致为前提。

对图 1-2（a）所示电路运用叠加原理，将其变为图 1-2（b）和图 1-2（c）两个电路的叠加。图 1-2（b）只保留电流源，电压源均短路，图 1-2（c）中只保留两个电压源，电流源开路。

对图 1-2（a）所示的电路，由于两台变压器并列运行时两端电压都等于 U，根据 $P = UI\cos\varphi$、$Q = UI\sin\varphi$ 可知，两台并列变压器的电流分配比例即为其功率分

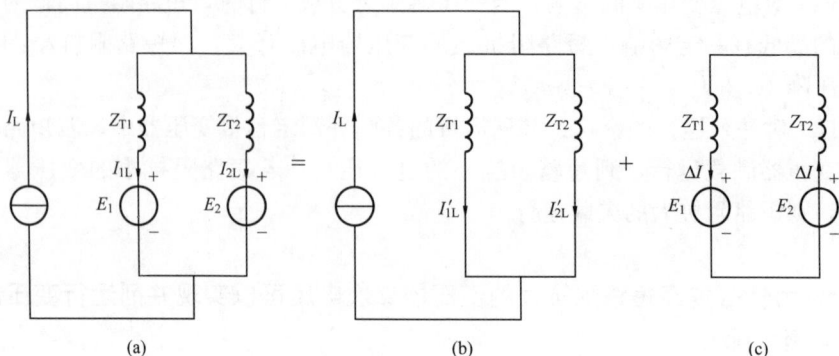

图 1-2　两台变压器并列运行等值电路

配比例，所以两台变压器的负荷电流不一样时，两台变压器容量分配便不均衡。要使两台变压器容量均衡分配时，就要设法使其负荷电流大小基本相等。

对于图 1-2（b）所示电路，假设 $Z_{T1}>Z_{T2}$，则 $I'_{1L}<I'_{2L}$。对于图 1-2（c）所示电路，两个电压源串联，将会在回路中产生一个环流 $\Delta I=\dfrac{E_1-E_2}{Z_{T1}+Z_{T2}}$。根据叠加原理可知 $I_{1L}=I'_{1L}+\Delta I$，$I_{2L}=I'_{2L}-\Delta I$。当 $E_1>E_2$ 时，$\Delta I>0$。通过调节 ΔE 的大小，可以使 $I_{1L}=I_{2L}$，即实现变压器负荷的均衡分配。

当两台变压器并列运行，如果通过调节变压器分头使短路阻抗为 Z_{T1} 的变压器二次开口电压提高，也就是进行变压器升分头操作（电压变比 k_T 减小），即可实现 $E_1>E_2$。所以提高短路阻抗大的变压器二次电压可以实现并列运行变压器的容量均衡分配。

6. 有载调压变压器分接电压、分接电流的含义是什么？

答：一般有载调压变压器铭牌中都会标识变压器各分接位置所对应的额定分接电压和额定分接电流，由于变压器主绕组连接各分接绕组的额定容量 S_N 是保持一致的，故分接电流值 I_N 是随分接电压值 U_N 的递增按 $I_N=S_N/\sqrt{3}U_N$ 递减变化。

如某正反有载调压变压器，铭牌中定义额定电压变比为 $(35\pm3)\times2.5\%$/$10.5\mathrm{kV}$，具体到各分接的额定分接电压及额定分接电流如表 1-1 所示，从该表中可以看出：

（1）高压绕组设计有分接绕组，当分接开关在标准工作位置 4 时，其额定分接电压即为变压器高压侧绕组的额定电压，通过分接开关操作可实现从标准位置起上调 3 个分接电压和下调 3 个分接电压，每调整一个分接位置，变压器高压侧额定电压值变化（$35\times2.5\%$）kV，这个电压数值称作"级电压"，其中分接位置指示在 1 时，额定分接电压最高，而在 7 时额定分接电压最低。

（2）低压绕组未设计分接绕组，故没有分接电压和分接电流标识，仅标识低压绕组额定电压值为 10 500V。

表 1-1　　　　　　　　　　变压器额定电压

高压绕组			
分接电压（V）	分接电流（A）	分接容量 （kVA）	分接位置
37 625	306.9		1
36 750	314.2		2
35 875	321.9		3
35 000	329.9	20 000	4
34 125	338.4		5
33 250	347.3		6
32 375	356.7		7
低压绕组			
电压（V）		电流（A）	
10 500		1099.7	

7. 为什么要求变压器铁芯与夹件分别接地，且只允许一点接地？

答：变压器在运行中，铁芯、夹件及其金属部件都处在强电场的不同位置，由于静电感应的电位各不相同，使得铁芯、夹件及其金属部件之间产生电位差，在电位不同的金属部件之间形成断续的火花放电，这种放电将使变压器油或 SF$_6$ 气体分解，并损耗固体绝缘，为避免上述情况，对铁芯与夹件都必须可靠接地，且只允许一点接地。

（1）由于铁芯硅钢片之间的绝缘电阻很小，只需一片接地，即可认为铁芯全部叠片都接地，不能将所有硅钢片接地，否则硅钢片叠成如同一个大铁块，会造成较大的涡流而使铁芯发热。

（2）如果铁芯两点或多点接地，则接地点之间可能形成闭合回路，当有较大的磁通穿过此闭合回路时，就会在回路中感应出电动势并产生电流，若电流较大，会引起局部过热故障甚至烧毁铁芯。

（3）为实现铁芯与夹件的电流在线监测及其绝缘试验的便捷性，目前设计变压器铁芯与夹件的接地方式都是从安装在油箱顶部的不同套管分别引出，并与接地引下线连接接地，正常运行时通过接地引下线的电流应在 100mA 以内。

8. 变压器及其附属结构哪些部位需要进行可靠接地？

答：变压器及其附属结构需要可靠接地的部位主要有：

（1）变压器箱体外壳应有两处可靠接地，箱体上各法兰连接处应选择满足截面要求的导线进行跨接接地。

（2）铁芯与夹件应分别通过套管引出并可靠接地，需接地运行的中性点套管应通过中性点接地隔离开关可靠接地。

（3）电容式绝缘结构的套管末屏应可靠接地，安装于电缆仓内部的电容式绝缘结构的套管末屏，其接地引出线与电缆仓外置接地装置连接时，应确保连接可靠并接地。

（4）套管式电流互感器二次端子接线应引下至变压器本体端子箱，二次侧每套绕组回路应确保有且仅有一点接地，备用二次端子应短接并接地处理。

（5）变压器本体端子箱及其风冷控制箱内部接地汇总排应选择截面积满足载流量要求的导线可靠接地。

9. 变压器运行时中性点是否视为带电设备？

答：电力系统三相交流系统对称运行时，理论上讲 A、B、C 三相电压对称平衡，即 $\dot{u}_A + \dot{u}_B + \dot{u}_C = 0$，变压器的中性点应无电压，但实际上考虑到电压波动、系统参数不对称、系统方式改变等因素，三相不是绝对对称的，中性点是存在电压的。

（1）在中性点接地系统中，变压器中性点对地电压固定为地电位，而系统发生接地故障时将流过零序电流。

（2）在中性点不接地系统中，变压器中性点对地电压会因三相对地电容的不对称程度、三相负荷不对称、系统发生接地故障、断路器三相不同期合闸、设备遭受雷击等因素造成变压器中性点过电压。

因此，变压器运行时中性点应视为带电设备，工作人员不得触碰中性点及其接地引下线，尤其是在系统发生故障或雷雨天气时。

10. 对三绕组变压器某侧绕组开路的非正常运行方式应采取哪些措施？

答：三绕组变压器一侧由于系统需要或故障造成掉闸停止运行时，其他两侧均可以运行，但应采取一些措施：

（1）三绕组变压器的低压侧如有开路运行的可能，应采取防止静电感应电压危及该绕组的措施，在其三相出线上均应装设避雷器并投入，但如该绕组连有 25m 及以上金属外皮电缆段，则可不装设避雷器。

（2）三绕组变压器，如果 220kV 或 110kV 侧开路运行时，应将开路运行绕组的中性点接地，有零序保护的须投入零序保护，还应退出该侧零序保护、过流保护联跳母联断路器（含分段断路器）保护连接片。

（3）三绕组变压器，35kV 或 10kV 侧开路运行时，应投出口避雷器或中性点避雷器，并退出 35kV 或 10kV 侧过电流保护联跳母联断路器保护连接片。

（4）应根据运行方式考虑继电保护的运行方式和整定值，停电侧的差动保护电流互感器应采取措施防止保护误动，长期停用的某侧电流互感器二次端子应短接并接地处理。

（5）监视与之并列运行的变压器是否存在过温、过负荷现象，在变压器符合投运要求时应立即将其投入。

11. 为什么变压器低压侧套管及其出口母线桥上要加装绝缘护套？

答：变压器低压侧出口母线桥安全净距比较小，受异物搭挂易发生短路故障，尤其是室外变压器，当发生低压侧出口母线桥故障时，此时的短路电流可达额定电流的 20 倍之多，且变压器容量越大，短路电流越大。

短路电流通过变压器绕组产生巨大的电动力，绕组内部匝间绝缘摩擦导致破损，严重时将造成内部放电故障。此外，强电流还会造成变压器绕组严重发热，内部绝缘寿命降低，甚至因绝缘损坏造成变压器烧毁。

因此，为防止变压器低压侧出口母线桥近区发生故障，在变压器低压侧套管及其出口母线桥上都应加装绝缘护套。

12. 对新品或大修变压器投入运行前的空载冲击合闸试验有哪些规定？

答：对新品或大修变压器投入运行前进行空载冲击合闸试验主要是为了考验冲击合闸时变压器产生的励磁涌流对继电保护的影响，换句话说就是变压器差动保护不因励磁电流而产生误动，但在进行空载冲击合闸试验时应采取措施防止变压器绝缘损坏。运行规定：对有中性点接地的变压器，尤其是分级绝缘变压器，在进行冲击合闸试验时，中性点必须接地，防止断路器非全相合闸或其他原因造成中性点绕组或其他绕组绝缘过电压，损坏变压器绝缘性能。

新品变压器投运前应在额定电压下做空载冲击合闸试验，新品交接冲击合闸 5 次，大修变压器应冲击合闸 3 次，冲击合闸前应将变压器保护全部投入。

由于变压器第一次额定电压下带电必须对各部件进行检查，如声音是否正常，各连接处是否有存在放电痕迹等，故要求第一次冲击合闸受电后持续时间应不少于 10min，之后每次冲击合闸间隔应不少于 5min。

13. 为什么变压器停电时应先停负荷侧，后停电源侧，而送电时则相反？

答：变压器停电的顺序是先停负荷侧，后停电源侧，而送电时则先投电源侧，后投负荷侧。

如 110kV 及以上变压器停运时，应先将低、中压侧负荷倒出，变压器各侧中性点接地，再由高压侧断路器断开空载变压器；送电时先将变压器各侧中性点接地，然后再从高压侧进行冲击合闸，再将低、中压侧负荷投入，并将中性点接地恢复至系统运行要求状态。这样进行操作的原因主要有以下几点：

（1）多电源情况下，按上述顺序停电，可以防止变压器反充电。若停电时先停电源侧，遇有故障，可能造成保护误动或拒动，延长故障切除时间，也可能扩大停电范围。

（2）当负荷侧母线电压互感器带有低频减载装置，且未装电流闭锁时，若停电先停电源侧断路器，则可能发生由于大型同步电动机的反馈，使低频负荷装置误动作。

（3）从电源侧逐级送电，如遇故障便于从送电范围检查、判断和处理。

14. 什么情况下应对变压器进行核定相位工作，方法是什么？

答：变压器与其他变压器或不同电源线路并列运行时，必须先做好核定相位工作，两者各相相序相同才能并列，否则会发生相间短路故障。变压器有下列情况时应进行核定相位工作：

（1）新安装或大修后的变压器；

（2）变动过内、外连接线的变压器；

（3）与变压器相连接的架空线或电缆线路发生走向变动的情况。

常规性的变压器核定相位工作方法是：先用运行的变压器校对两母线上电压互感器的相位，然后用新投入的变压器向一级母线充电，再进行核相，一般使用相位表或电压表，如测得结果为两同相电压等于零，非同相电压为线电压，则说明两台变压器相序一致。

15. 对变压器中性点隔离开关的倒闸操作有哪些规定？

答：对变压器中性点隔离开关的倒闸操作规定主要有：

（1）运行中的变压器中性点接地隔离开关如需倒换，应先合上另一台变压器的中性点接地隔离开关，再拉开此台变压器的中性点接地隔离开关；应保持一台变压器 220kV 和 110kV 中性点同时接地（优先考虑带 10kV 侧主要负荷的变压器），其他变压器中性点断开的运行方式。

（2）110kV 及以上变压器停运时，应先将低中压侧负荷倒出，变压器各侧中性点接地，再由高压侧断路器断开空载变压器。

（3）110kV 及以上变压器投入运行时，应先将各侧中性点接地，然后再从高压侧给变压器充电。若该变压器在正常运行时中性点不应接地，则在变压器投入运行后，应立即将中性点断开。

（4）中性点接地隔离开关在合入状态，应投入零序保护；在断开位置，则应投入间隙保护。

（5）三绕组变压器，如果 220kV 或 110kV 侧开路运行时，应将开路运行绕组的中性点接地。

16. 变压器的中性点为何宜装设避雷器或棒型间隙？

答：目前中性点直接接地系统中普遍采用分级绝缘的变压器，如使用同期性能不良的断路器，很容易因断路器三相不同期合闸造成中性点过电压；另外若雷雨天气发生雷击设备事故，由于雷电波入射波和反射波的叠加，在中性点上出现的最大电压可达到避雷器放电电压的 1.8 倍左右，这个电压会使中性点绝缘损坏。

因此，为防止在有效接地系统中出现孤立不接地系统并产生较高工频过电压的异常运行工况，110～220kV 不接地变压器的中性点过电压保护应采用棒间隙保护方式。对于 110kV 变压器，当中性点绝缘的冲击耐受电压≤185kV 时，还应在间隙旁并联金属氧化物避雷器（MOA），间隙距离及避雷器参数配合应进行校核。

（1）棒型间隙应按电网具体情况确定，220kV 选用 250～300mm（当接地系数 $K \geqslant 1.87$ 时选用 285～300mm）；110kV 选用 105～110mm。对于 110kV 变压器，当中性点绝缘的冲击耐受电压≤185kV 时，应在间隙旁并联 MOA，其 U_{1mA} ≥67kV，1kA 雷电残压≤120kV。

各电压等级棒型间隙安装距离见表 1-2。

表 1-2　　　　　　　110～220kV 电压等级棒型间隙安装距离

电压等级（kV）	110	220
间隙距离（mm）	105～110	250～300

注　由于棒型间隙受当地气候影响较大，动作特性不稳定，故此表仅供参考，实际距离应根据当地环境进行棒型间隙击穿特性试验确定。

（2）棒型间隙可使用直径 ϕ14mm 或 ϕ16mm 的圆钢，棒间隙宜采用水平布置，端部为半球形，表面加工细致无毛刺并镀锌，尾部应留有 15～20mm 螺纹，用于调节间隙距离。在安装棒间隙时，应考虑与周围接地物体的距离大于 1m，接地棒长度应不小于0.5m，离地距离应不小于2m。

（3）应配合预防性试验定期检查棒间隙情况，并测量棒间隙距离，特别是间隙动作后要检查和测量，如不符合要求，应及时调整。

17. 变压器中性点的绝缘保护类型主要有哪些？

答：目前中性点直接接地系统中普遍采用分级绝缘的变压器（中性点的绝缘水平低于三相出线电压的绝缘水平）。考虑到系统零序电流的分布，通常要求一部分变压器中性点直接接地，而另一部分变压器的中性点则经间隙接地运行。

变压器中性点接地保护主要指零序过流保护、间隙零序过电流保护及零序过电压保护，用以防止变压器中性点绝缘受到损坏。

（1）零序过流保护。零序过流保护一般可通过套管电流互感器采集电流量构成零序过流保护，保护可由两段组成，其动作电流与相关线路零序过电流保护配合，并以较短时限动作于母联断路器或本侧断路器跳闸，或以较长时限动作于切除变压器。

（2）间隙零序过电流保护。间隙零序过电流保护一般通过安装于放电间隙接地一端的电流互感器采集电流量，当放电间隙放电时，零序电流通过棒型间隙与接地引下线形成零序电流回路，一般电流定值可整定为40～100A，当电流达到40～100A时保护动作，0.3～0.5s后切除变压器。

（3）零序过电压保护。零序过电压保护用于变压器中性点不接地时所连接的系统发生单相接地故障同时又失去接地中性点的情况，其保护信息量一般通过母线电压互感器剩余绕组采集，其定值（额定值为300V）一般可整定为150～180V，当电压超过150～180V时，0.3～0.5s后切除变压器。

图1-3为变压器中性点绝缘保护一次接线示意图。

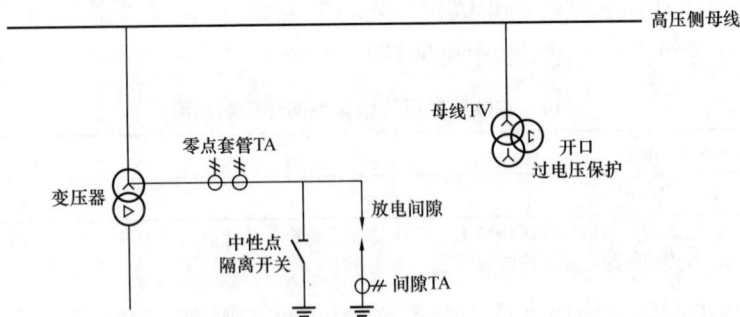

图1-3 变压器中性点绝缘保护一次接线示意图

18. 油浸式变压器的非电气量保护主要有哪些？

答：油浸式变压器非电气量保护主要指不涉及电压、电流等电气量的保护，其保护的信息源由变压器的非电气量装置提供，并动作于报警（信号）或跳闸，详见表1-3。

表1-3　　　　　　　　　　油浸式变压器非电气量保护

非电气量装置	触点保护类型	所接回路	光字牌
本体气体继电器	重瓦斯跳闸	跳闸/报警	×#变本体重瓦斯跳闸
	轻瓦斯	报警	×#变本体轻瓦斯
有载气体继电器	重瓦斯跳闸	跳闸/报警	×#变有载调压重瓦斯跳闸
电缆箱气体继电器	重瓦斯跳闸	跳闸/报警	×#变电缆箱重瓦斯跳闸
	轻瓦斯	报警	×#变电缆箱轻瓦斯
压力释放装置	压力释放启动	报警	×#变压力释放位置异常
温度表	顶层油温过温	报警	×#变油温异常
油位计	油位高/低限值	报警	×#变油位异常
冷却装置	冷却器全停跳闸	跳闸/报警	×#变冷却器全停跳闸

19. 哪些工作需将油浸式变压器的重瓦斯保护由"跳闸"位置改投"信号"位置？

答：油浸式变压器重瓦斯保护主要指本体重瓦斯保护和有载重瓦斯保护，进行下列工作时，对不同油室应具有针对性地将其重瓦斯保护由"跳闸"位置改投"信号"位置。

（1）不停电进行添油、撤油和滤油；

（2）不停电进行更换热虹吸或呼吸器硅胶；

（3）不停电进行强油循环变压器油路系统的工作，如更换潜油泵；

（4）不停电进行涉及气体继电器及其二次回路查找缺陷的工作，如气体继电器二次回路直流接地的查找；

（5）不停电进行打开或关闭气体继电器与油枕之间截门时；

（6）对内桥接线中变压器的停电检修工作，并且其母联或进线断路器仍在运行的情况。

在工作完成后不发出重瓦斯动作信号，并且测量其跳闸连接片对地电压无问题后，方可投入"跳闸"位置。

20. SF₆ 气体变压器的非电气量保护主要有哪些?

答：SF₆ 气体变压器非电气量保护主要指不涉及电压、电流等电气量的保护，其保护的信息源由变压器的非电量装置提供，并动作于报警（信号）或跳闸，详见表 1-4。

表 1-4   SF₆ 气体变压器非电气量保护

非电气量装置	触点保护类型	所接回路	光字牌
本体气体密度表	气体低压力	报警	×#变本体气体低压力
	气体低压力跳闸	跳闸/报警	×#变本体气体低压力跳闸
有载气体密度表	气体低压力	报警	×#变有载调压气体低压力
	气体低压力跳闸	跳闸/报警	×#变有载调压气体低压力跳闸
	气体高压力	报警	×#变有载调压气体高压力
电缆箱气体密度表	气体低压力	报警	×#变电缆箱气体低压力
	气体低压力跳闸	跳闸/报警	×#变电缆箱气体低压力跳闸
本体压力突变器	压力突变跳闸	跳闸/报警	×#变本体压力突变跳闸
有载压力突变器	压力突变跳闸	跳闸/报警	×#变有载调压压力突变跳闸
电缆箱压力突变器	压力突变跳闸	跳闸/报警	×#变电缆箱压力突变跳闸
温度表	本体气体过温	报警	×#变气体温度异常
	本体绕组过温	报警	×#变绕组温度异常
冷却装置	冷却器全停跳闸	跳闸/报警	×#变冷却器全停跳闸

21. 哪些工作需将 SF₆ 气体变压器的气体压力突变及气体低压力保护由"跳闸"位置改投"信号"位置?

答：进行下列工作时，对 SF₆ 气体变压器不同气室应具有针对性地将其气体压力突变及气体低压力保护由"跳闸"位置改投"信号"位置：

（1）不停电进行补气、回收气体、测露点等涉及气室气体的工作。

（2）不停电进行涉及压力突变继电器、SF₆ 气体密度表（继电器）及其二次回路查找缺陷的工作。

（3）不停电进行强气循环变压器气路系统的工作，如更换气泵。

（4）对内桥接线中变压器的停电检修工作，并且其母联或进线断路器仍在运行的情况。

在工作完成后不发出气体压力突变及气体低压力动作信号，并且测量其跳闸连接片对地电压均无问题后，方可投入"跳闸"位置。

22. 变压器油主要起哪些作用？

答：变压器油主要起绝缘、冷却作用，切换开关室中的油还起灭弧作用。

（1）绝缘作用。变压器内的油可以增加变压器内部各部件的绝缘强度。油充满整个油箱内各部件之间的空隙，使各部件与空气隔绝，避免了各部件与空气接触受潮而引起的绝缘降低，油的绝缘强度比空气大，从而增加了变压器内各部件之间的绝缘强度，使绕组与绕组之间、绕组与铁芯之间、绕组与箱盖之间保持良好的绝缘。

（2）冷却作用。变压器油可以使变压器的绕组和铁芯得到冷却。变压器运行中，绕组和铁芯周围的油受热后，温度升高，体积膨胀，相对密度减小而上升，经冷却后再流入油箱底部，从而形成油的循环。这样油在不断地循环过程中，上层温度过高的油经冷却装置冷却后，再流入油箱，从而使绕组和铁芯得到冷却。

（3）灭弧作用。有载切换开关动作切换时会产生一定的电弧，切换开关室中的油在此时可以起到灭弧作用。

23. 引起油浸式变压器发生渗漏油的因素主要有哪些？

答：引起油浸式变压器发生渗漏油的因素主有以下几个方面：

（1）密封元件缺陷。由于变压器各连接法兰面均采用耐油橡胶垫作为密封元件，如果密封元件发生断裂，无压缩弹性或抗温抗油性能差导致迅速老化等现象，均可导致油从密封面处渗漏。

（2）密封面缺陷。由于密封面光洁度不平、对接面不够吻合均可造成密封不严密，从而使油从密封面处渗漏。

（3）铸件质量缺陷。由于变压器铸件铸造、焊接质量、材质不良，均可导致油从铸件或部件的沙眼处渗漏。

（4）部件质量缺陷。变压器部件由于外力或短路力作用造成破损、断裂，或本身部件质量问题等，均可导致油从部件裂缝处渗漏。

24. 变压器运行中的油位过低应如何处理？

答：变压器油位过低时，对不同油室应有针对性地将本体重瓦斯或有载重瓦斯连接片退出，防止由于补油过程中油流涌动造成气体继电器误动作引起变压器掉闸。在补油过程中应注意以下事项：

（1）待补充油应试验合格，并与运行变压器油品质相同。

（2）有针对性地将其储油柜呼吸器摘下，防止补油过程造成内部压力过高，压力释放器喷油事故发生。

（3）补充油时应从注油管补油，不能从其他阀门处补油，禁止从底部阀门补油，防止补油时气泡、底部沉淀物进入绕组线圈中，造成绝缘及散热效果降低。

（4）补充油适中，按照油位—温度曲线对应值进行补充油工作，油温采集此时变压器的温度表指示值。

（5）补油结束后，恢复呼吸器安装位置，并观察气体继电器中是否有寄存气体，如有，应设法进行放气处理。确保无异常后，工作人员测量重瓦斯跳闸连接片对地电压无问题后，方可将其投入跳闸位置。

25. 引起变压器发"油位异常"信号的因素主要有哪些？

答：引起变压器发"油位异常"信号的因素主要有：

（1）变压器由于在过负荷运行、外界环境温度高因素的影响下，造成油温过高并在热膨胀作用下使油位计高油位信号接点接通。

（2）变压器停电时间过长，油温降低并触发油位计低油位信号接点。

（3）变压器漏油严重造成油位偏低，并触发油位计低油位信号接点。

（4）检修人员未按标准曲线补油，在温差较大时会断断续续的发出油位异常信号。

（5）油位计内置浮球连杆卡死在最高点或最低点，无法转动，引起误发信号。

（6）储油柜或胶囊尺寸不正确，温度变化与油位变化不成比例，油位易偏高或偏低，引起误发信号。

（7）因油位计接线盒、二次电缆绝缘下降造成二次回路短路，引起误发信号。

26. 为什么油浸式变压器的本体储油柜与有载分接开关储油柜必须是分开的？

答：油浸式变压器一般装设本体储油柜与有载分接开关储油柜，两者是独立互不相通的储油柜结构，也就是说变压器本体中的油与切换开关器室中的油是隔离开的，但往往两者外壳焊接在一起，貌似一个整体，一般储油柜中油容积约为各自油室内油容积的10%，可见，有载分接开关储油柜的油容积明显小于本体储油柜的油容积，如图1-4所示。

由于运行中有载分接开关调压操作时，位于切换开关室的切换开关在进行分接切换时会产生一定的电弧，电弧的作用会造成器室中的油质劣化变差，乙

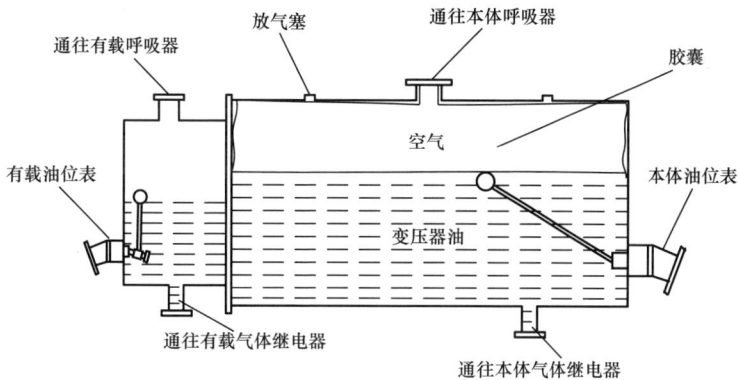

图 1-4 变压器胶囊式储油柜

炔等烃类气体、碳素等固体物质含量增加，为此应定期更换切换开关室中的油，若假设两者是连通的，则会造成：

（1）本体器室中油也劣质变差，长期附着在绕组上，使其绝缘老化，性能降低影响其绝缘寿命。

（2）本体中油的色谱分析乙炔含量较高，无法判断本体内部是否存在放电性故障。

因此，油浸式变压器的本体储油柜与有载分接开关储油柜必须是分开的。

27. 为什么油浸式变压器需要装设呼吸器？

答：由于变压器油温受电网负荷及环境温度的影响，在热胀冷缩的作用下，储油柜油位会升高或降低，这样就必须存在一个装置用于与胶囊内部或隔膜上部的空气形成呼吸作用，以确保变压器内部压力稳定，此装置因此而得名呼吸器，其工作原理如图 1-5 所示。

由于油浸式变压器装设有本体储油柜和有载分接开关储油柜，因此应装设的呼吸器主要指本体呼吸器和有载呼吸器。

（1）本体呼吸器。为防止变压器本体储油柜胶囊内部或隔膜上部的空气部分与外界大气直接接触，胶囊或隔膜一旦破裂，长期水分侵入进入变压器绕组内部将造成致命绝缘故障，因此需装设本体呼吸器。

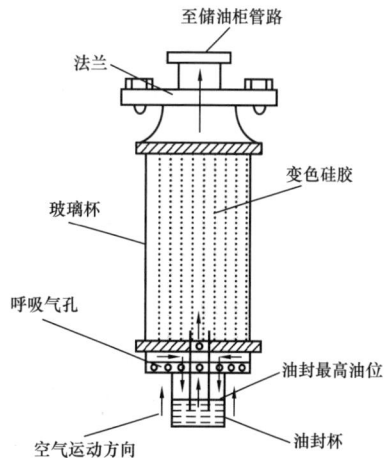

图 1-5 呼吸器工作原理图

（2）有载呼吸器。因有载储油柜未装设胶囊或隔膜，为防止变压器有载储油柜内部的油与大气环境直接接触，防止水分渗入油中降低其耐压值，造成切换开关切换时发生绝缘放电故障，因此需装设有载呼吸器。

28. 变压器呼吸器交接验收的项目主要有哪些？

答：变压器呼吸器交接验收的项目主要有：

（1）呼吸器与储油柜间的连接管密封应良好，呼吸管道应呼吸畅通，短时油温变化时，油杯中应有气泡出现。

（2）本体呼吸器应与本体储油柜管路相连通，有载呼吸器应与有载储油柜管路相连通，两者尽量不共用呼吸管路。

（3）呼吸器硅胶颜色正常，内部填充干燥剂硅胶，颗粒大小统一变色不超过1/2，油杯内所盛变压器油应刚好末过油封线为准。

（4）呼吸器的安装位置应便于不停电更换硅胶，并且呼吸器不遮挡变压器端子箱门、撒油蝶阀、注油蝶阀等部位。

29. 有载分接开关按调压电路可分为哪三种调压方式？

答：有载分接开关按调压电路可分为线性调压、正反调压（W）和粗细调压（G）三种调压方式。

（1）线性调压。特点是主绕组直接连接分接绕组，调压级数较少，无极性转换选择器和粗调转换选择器，只适用于在15%及以下的中等调压范围，如图1-6（a）所示。

（2）正反调压（W）。特点是采用极性转换选择器，这样实现主绕组可正接或反接分接绕组，分接范围增大1倍的同时，调压范围也增大1倍，一般分接开关的接线端子K始终与极性转换选择器的动触头相连，同时也作为动触头的引出端子与主绕组的末端相连，极性转换选择器的两个工作位置接线端子分别用"−"与"＋"表示，它们分别与分接绕组的首端1与末端n相连，如图1-6（b）所示。

（3）粗细调压（G）。特点是采用粗调转换选择器，同样可使调压范围扩大一倍，其主绕组上设置一段粗调绕组，用于正接或反接分接绕组，分接绕组部分称为细调绕组，一般分接开关的接线端子K始终与粗调绕组的"＋"端相连（即主绕组末端），粗调转换选择器的两个工作位置的接线端子分别用"−"与"＋"表示，它们分别与粗调绕组的首端与末端相连，如图1-6（c）所示。

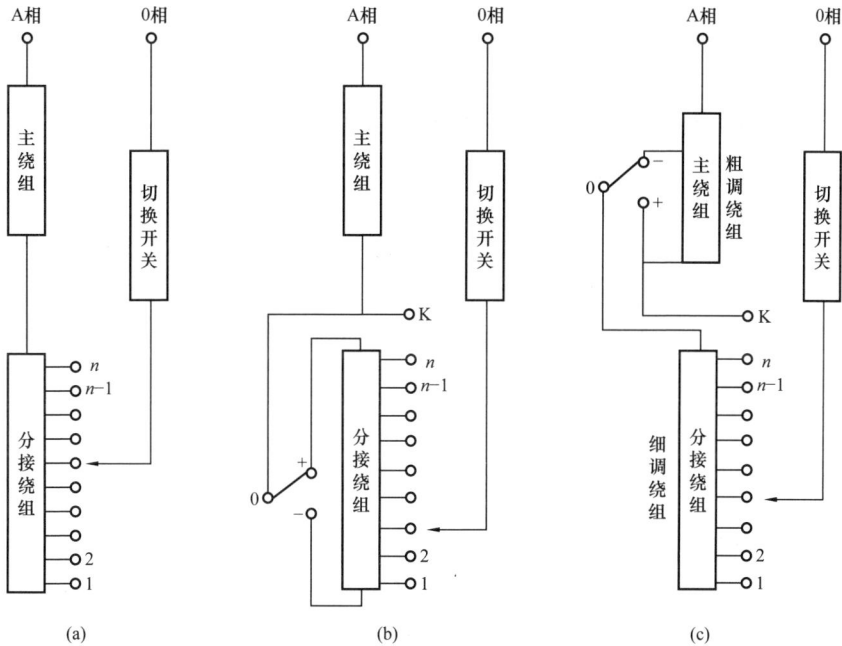

图 1-6 有载分接开关按调压电路分类的调压方式（以 A 相为例）
(a) 线性调压；(b) 正反调压；(c) 粗细调压

30. 如何进行变压器输出侧电压的调整?

答：变压器的电压调整是利用分接开关切换变压器的分接头来改变绕组匝数的原理，从而改变变压器的变比来实现的，电压调整可选择的方式有：

（1）无载调压，即不带电切换，又称无励磁调压，需将变压器停电后方可进行调压，其调整范围通常在±5%以内，一般用于电压及频率波动范围小的场所。

（2）有载调压，即带负载切换，又称励磁调压，可实现变压器不停电调压，其电压调整范围一般可达30%，一般用于电压波动范围大，且电压变化频繁的场所。

但在实际工作中，不可能将设备停电进行电压调整，比较符合实际的是选择有载调压方式：当进行"升分头"（1→N）操作时，由于其分接头一般在高压绕组上，其对应的高压分接额定电压 u_1 一般按级电压呈递减趋势，而低压侧未设分接绕组，其额定电压 u_2 未变化，从变压器变比公式 $k=u_1/u_2$ 看，变比 k 变小，但实际系统运行中，输入侧电压是由上级系统确定的，并不随调压分头的变化而变化，只能改变系统变压器输出侧电压，故在 k 值变小的前提下，只有输出侧电压升高才能满足 k 值变小，故变压器进行"升分头"（1→N）操作实际上是对变压器输出侧电压进行升压调节。

同理，"降分头"（$N \rightarrow 1$）操作实际上是对变压器输出侧电压进行降压调节。

31. 调整无载调压变压器分接头位置时应注意什么？

答：在调整无载调压变压器分接头位置前，首先应将变压器停电后方可进行，在其调整工作中应注意：

（1）无载调压变压器调整分接头位置时，应做多次转动，以消除触头上的氧化膜和油污。

（2）无载分接开关箭头指示位置（分接头位置）应正确，单相无载分接开关的箭头指示位置各相应保持一致。

（3）无载调压变压器调整分接头位置后，应进行各绕组直流电阻和变比试验，确认合格后方可投入运行。

32. 进行变压器绕组直流电阻试验的目的主要有哪些？

答：变压器绕组直流电阻试验主要指绕组连同套管的直流电阻试验，其原理就是在被测绕组中通以直流电流（非被测绕组开路），通过测量通过绕组的电流及绕组电阻上的压降，根据欧姆定律，即可算出绕组的直流电阻，是变压器在交接、大修、有载检修、无载检修、套管接线端子与引线拆装、变压器出口短路之后不可缺少的试验项目。

进行变压器绕组直流电阻试验的目的主要是检查变压器三相绕组的直流电阻是否平衡，从而可以判断出：

（1）变压器内部绕组抽头或接头的焊接质量是否存在断线、短接、错接、接触不实等现象。

（2）变压器内部绕组引线与套管接线端子的导电回路接触是否良好。

（3）变压器内部调压绕组引线与切换开关、分接选择器、极性选择器的导电回路接触是否良好。

33. 调整有载调压变压器分接头位置时应注意什么？

答：有载调压变压器可带电进行分接头位置的调整工作，在其调整工作中应注意：

（1）当有载调压变压器过载 1.2 倍运行时，禁止分接开关变换操作；

（2）正常情况下，一般使用远方电气控制，对于具有电压无功控制（VQC）或电网自动电压控制（AVC）控制的有载调压方式，应检查有载调压闭锁情况，当需手动操作时应退出 VQC 或 AVC 运行调控变压器分接头功能，切断电机调压电源，后方可进行。

（3）分接开关变换操作必须在一个分接变换完成后方可进行第二次分接变换操作，当发现电压无变化时，禁止再进行操作，若发生连调应按"急停"按钮，并采取措施恢复指针对正分接开关位置。

（4）两台有载调压变压器并联运行时，负荷电流为额定电流值的 85% 及以下时，允许其交替进行分接变换操作。升压操作应先操作负荷电流相对较小的一台，再操作负荷电流相对较大的一台，降压操作时与此相反。

（5）操作完毕后，应确保远方与当地分接位置指示的一致性，对单相有载分接位置指示应各相保持一致，并观察变压器的电压变化情况及负荷电流分配情况是否正确。

34. 有载调压电动控制回路应具备哪些功能？

答：有载调压电动控制回路应具备的功能如下：

（1）电气限位功能。当电动机构达到分接位置 1 或 N，继续进行 N→1 或 1→N 操作时，应有电气限位接点断开电机控制回路，防止电机继续运转。

（2）机械限位功能。当手摇把操作分接变换，当分接位置为 1 或 N 时，继续进行 N→1 或 1→N 操作时，机构存在机械限位功能，防止继续摇动。其中电气限位动作时间早于机械限位。

（3）自保持功能。当按动控制开关进行分接 1→N 或 N→1 变换时，应保证未按按钮时，电动机能自保持完成一次完整的分接变换操作。

（4）级进操作功能。电动机构电动操作要求一次按动控制开关后，只能完成一个分接头变换操作，不能出现连调现象；若按动控制开关不松手，也应实现完成一个分接头变换操作，不能出现连调现象。

（5）手动操作保护功能。用手摇把操作分接变换时，应切断电机回路，防止电机通电运转，摇动过程时应跳开电机电源开关。

（6）电源相序保护功能。当进线电源的相序与机构设计旋转方向不相符时，应断开电机回路，跳开电机电源开关。

（7）分接变换操作完成功能。当手摇分接变换在中途停止，或电动操作分接变换而电机电源突然消失时，当此时再给上电机电源后，分接变换操作应继续进行，直至最终完成此次分接变换操作。

35. 有载分接开关操动机构中位置指示面板的含义是什么？

答：有载分接开关操动机构中位置指示面板主要涵盖机械式操作计数器、位置指示器、分接变换指示器、拖针等部分，如图 1-7 所示。

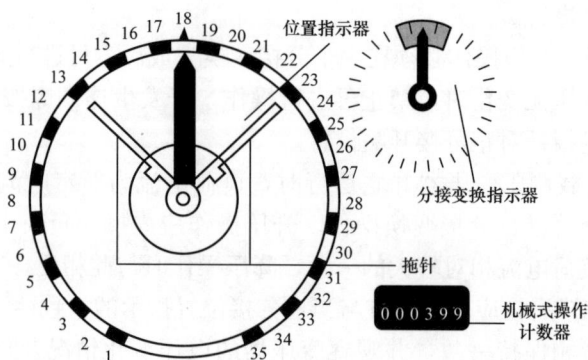

图 1-7　有载分接开关操动机构位置指示面板

（1）机械式操作计数器。它显示电动机构已进行的总操作次数，即有载分接开关调节分接头的总次数。

（2）位置指示器。它显示电动机构和有载分接开关的分接头位置，指针由机械驱动并显示电动操作的动作顺序，顺时针旋转为"升分头（1→N）"操作，逆时针旋转为"降分头（N→1）"操作。

（3）拖针。它表示有载分接开关已经到达过分接头的位置，即分接头电压变换范围。

（4）分接变换指示器。它显示控制凸轮的当前位置，一次分接变换操作用指示器指针转一圈来表示，正常分接未变换时应停留在灰色区域。一般指示器分33格，一格相当于手摇把转一圈，其手摇把摇转的方向与分接变换指示器指针旋转同方向，而与位置指示器指针旋转反方向。

当手摇把顺时针摇转时，为"降分头（N→1）"操作；当手摇把逆时针摇转时，为"升分头（1→N）"操作。

36. 有载分接开关的主要组成部件有哪些？

答：有载分接开关能在变压器励磁或负载状态下进行操作，是用来调换绕组分接位置的一种电压调节装置。因此，有载分接开关必须有可以切断电流的触头，通常它是由一个带过渡电阻的切换开关和一个能带或不带转换选择器的分接选择器所组成，整个分接开关进行分接变换是通过操动机构来实现的，它的主要组成部件（见图 1-8）有：

（1）切换开关。切换开关与分接选择器配合使用，以承载、接通和断开已选电路中电流的装置，体现其功能的部件主要有主触头、主通断触头、过渡触头、过渡电阻。

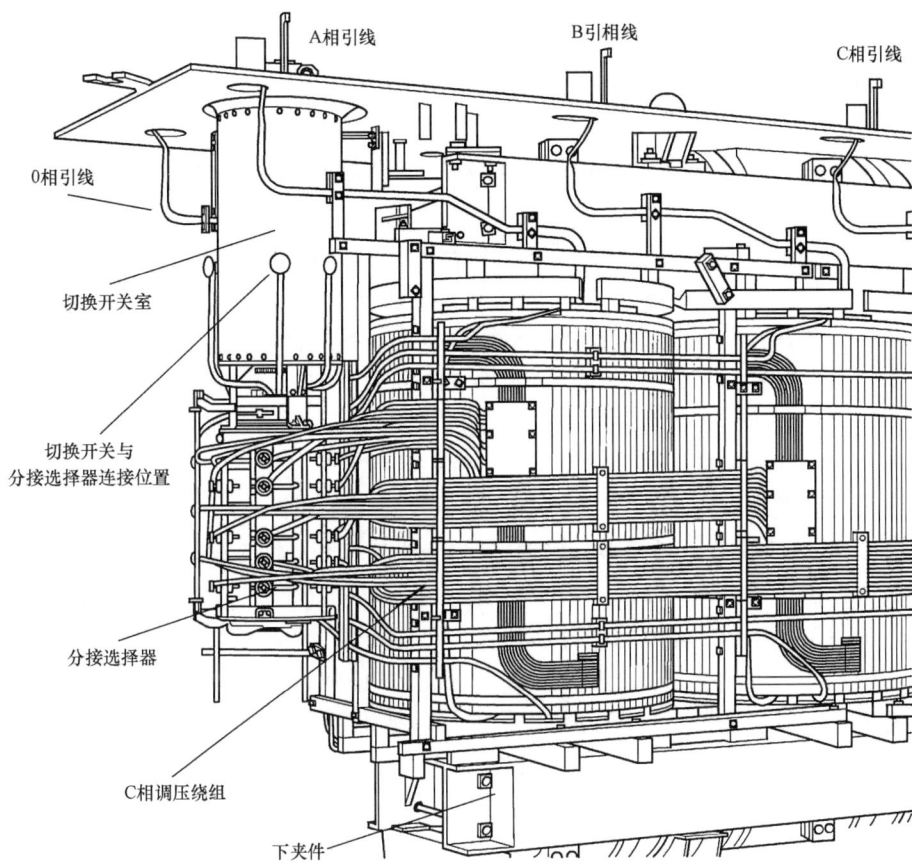

图 1-8 有载分接开关及其结构部件布置图

1）主触头。它承载通过电流的触头，是不经过过渡电阻而与变压器绕组相连接的触头组，但不用于接通和断开任何电流，通过电流小的有载分接开关通常没有这组触头。

2）主通断触头。它不经过过渡电阻而与变压器绕组相连接，并能接通或断开电流的触头组。

3）过渡触头。它经过串联过渡电阻而与变压器绕组相连接，并能接通或断开电流的触头组。

4）过渡电阻。在切换开关切换动作时，用于限制在两个分接头之间的过渡电流（循环电流）。

（2）分接选择器。分接选择器能承载电流，但不能接通或断开电流的装置，与切换开关配合使用，以选择分接连接位置。

（3）转换选择器，又称极性选择器。它能承载电流但不能接通或断开电流的装置，与分接选择器配合，增加分接位置数。

（4）操动机构。它是驱动分接开关进行分接变换的一种电动装置。

37. 有载分接开关的切换开关与分接选择器是如何配合进行分接变换操作的？

答：有载分接开关基本上都涵盖切换开关与分接选择器组件，其中分接选择器分单数分接选择器和双数分接选择器。切换开关分单数切换开关和双数切换开关，分别与单数分接选择器与双数分接选择器配合切换。

分接选择器与切换开关的动作先后顺序是：首先由分接选择器在无负载情况下在工作分接相邻的分接头上预选（某分接离开→某分接合上），其后再由切换开关把负载电流从工作分接调换至预选好的那个分接上。

分接开关如进行 2→3 分头调节，是单数分接选择器 1→3 动作；分接开关如进行 3→4 分头调节，是双数分接选择器 2→4 动作，如图 1-9 所示。这就是说，双数选择器接通电路，下一个动作一定是单数选择器预选，单数选择器接通电路，下一个动作一定是双数选择器预选，而且两者的动作符合级进原则。

但是在某方向顺序操作过程中，此时若在任何位置反向操作一个分接时，不需要进行分接选择，只需切换开关进行切换即可，如分接开关进行 2→3→4分接头调节后，再进行反向 4→3 操作。

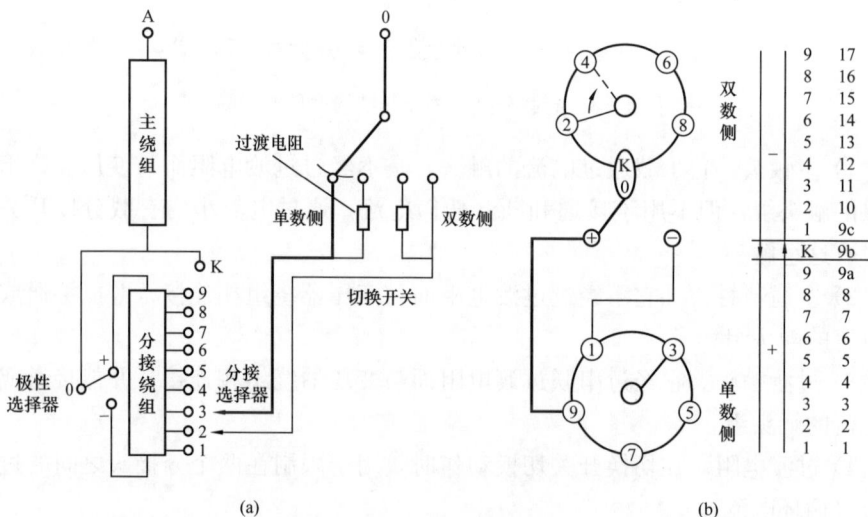

图 1-9 带极性选择器的有载分接开关切换顺序图（10193W）

(a) 电器原理图；(b) 机械原理图

38. 有载切换开关室顶盖上的 R、S、Q、E1、E2 连接口各代表什么含义?

答:有载切换开关室顶盖上的 R、S、Q、E1、E2 连接口各代表的含义是:

(1)字母 R 连接口一般代表通往有载气体继电器连接管路,当有载切换开关内部发生故障时,油流涌动并通过字母 R 连接口通往有载气体继电器,及有载储油柜。

(2)字母 S 连接口一侧连接绝缘树脂管并通往切换开关室的底部,用于切换开关室撤油使用,另一侧连接管路引至变压器下方,整体上构成切换开关室撤油管路。

(3)字母 Q 连接口一般用于连接切换开关室注油管路,新品变压器安装时可用于与 E2 连接口连通后抽真空使用,使其本体油室与切换开关油室真空度相同。

(4)字母 E2 连接口运行时应用封牌进行密封,其连接口不是通往切换开关室,而是和本体相连通的,只有在整体抽真空时,才使用连管将 E2 与 Q 连通后使用。

(5)字母 E1 连接口上一般设有封帽,打开封帽并挑起或拧开螺栓后,可进行切换开关室顶部寄存气体的排气工作。

39. 有载切换开关室是否带有压力释放装置?

答:有载切换开关室虽安装气体继电器作为其安全保护装置,内部故障可以将变压器从电网切除,可以防止事故的扩大,但带有大量能量释放的故障瞬间可能产生很强的压力,有可能导致有载切换开关或其油室损坏,为此需增加压力释放装置。

比较常见的压力释放装置是在有载切换开关室头部盖上设置沟槽以作为薄弱环节,与切换开关室头盖铸为一体,即爆破盖,一旦油室压力急骤增加超过整定值时,迅速冲破爆破盖并释放油室内的压力。

一般爆破盖整定释放压力为 (0.3~0.4)±20%MPa,这种爆破盖的最大优点是可根据爆破盖的爆破形状判断故障的大小,缺点是爆破盖仅能一次性使用。因此,工作人员严禁踩踏爆破盖,否则一旦损坏必须更换整个头盖。

40. 变压器有载调压动作失灵的原因可能有哪些?

答:变压器有载调压动作失灵的原因可能有:

(1)VQC 或 AVC 调控变压器分接头功能闭锁其调压功能,无法实现远方有载调压,发出有载调压动作失灵信号。

(2)伞齿轮盒及其联轴脱扣或销子脱落,虽调压机构已动作,但实际上有载分接开关内部并未进行动作切换。

（3）调压机构转动联轴的防护套脱落，可能卡住传动轴，造成有载开关无法调压。

（4）调压机构传动部件老化或制造不良，造成运行过程中断裂失效。

（5）调压机构电机线圈烧损，齿轮箱生锈拒动等故障无法带动齿轮运转。

（6）调压机构操作电源消失或过低，电源空开跳闸，发出有载调压电源故障信号。

（7）调压机构二次回路所串接限位开关、接触器触点或辅助元件故障，无法实现远方电动操作。

41. 变压器有载调压手动操作的步骤是什么？

答：正常情况下应使用主控室远方调压装置调压，当远方调压操作失灵或调压装置故障造成分头不到位时，允许使用就地调压装置调压，其操作步骤是：

（1）申请调度将 VQC 或 AVC 调控变压器分接头功能退出。

（2）将有载机构箱内的"远方/就地"切换手把由"远方"改投"就地"，根据调度指令按"升压"按钮或"降压"按钮，如操作失灵应采取手动操作。

（3）将有载机构箱内有载调压电源开关拉开，将手摇把插入操作孔内并手动摇至分接变换指示器的"灰色"区域，其中摇手柄顺时针方向为"降分头"操作，即降压操作；逆时针方向为"升分头"操作，即升压操作。

（4）待有载调压远方操作功能恢复正常后，应将有载机构箱内的"远方/就地"切换手把由"就地"改投"远方"，并合上有载调压电源开关。

42. 变压器有载调压机构及其二次回路处缺工作应采取的安全技术措施有哪些？

答：首先应检查有载调压变压器负载情况，如果有载调压变压器过载 1.2 倍运行，应禁止分接开关变换操作，此时不允许进行处缺工作。当负载情况满足未超过标准时，应采取以下安全技术措施后方可进行处缺工作：

（1）对于具有 VQC（电压无功控制）或 AVC（电网自动电压控制）的有载调压方式，应申请调度将 VQC 或 AVC 调控变压器分接头功能退出。

（2）拉开变压器有载调压电机电源开关，防止电动机运转伤害工作人员。

（3）将有载调压遥控手把由"远方"改投"就地"，一方面可防止远方误操作造成人员伤害，另一方面便于就地处理缺陷。

43. 有载分接开关动作顺序校验应如何进行？

答：有载分接开关检修后应进行有载分接开关动作顺序校验，其目的是检查有载电动操动机构与切换开关、分接选择器和极性选择器三者配合的动作顺序是否符合产品技术要求，校验方法如下：

（1）检查有载调压机构位置指示面板与切换开关室头盖顶部的分接位置指示是否一致，此时电动机构与切换开关的连接轴应处于连接状态。

（2）检查控制电源，应已拉开，手动操作"升分头"（1→N）操作，当摇动手把至切换开关打响时停止摇动，继续1→N摇动并记录此时至电动机构分接变换指示轮上绿色区域内的红色中心标志所转动的圈数，记为 m。

（3）反方向手动操作"降分头"（N→1）操作，按上述同样的方法记录转动的圈数 k。

（4）若两个方向的转动圈数 $|m-k|<Z_d$，说明其有载分接开关动作顺序正确，若 $|m-k|>Z_d$，应将电动机构与切换开关的连接轴脱离后，手动摇动手把向圈数多的方向转动 $|m-k|/2$ 圈，再恢复其连接轴。

（5）检查电动机构与切换开关联轴后两个旋转方向的动作圈数之差是否符合设备要求（一般 $Z_d=1$ 圈）。否则，应重复上述（2）、（3）、（4）项操作，直至符合要求。

44. 变压器常见气体继电器的分类及工作原理是什么？

答：气体继电器按结构原理不同可分为两类，即浮筒式和挡板式。挡板式气体继电器是将浮筒式气体继电器的下浮筒改为挡板结构而成，遇到油面下降或严重缺油时不会使重瓦斯保护动作跳闸，因此近年生产使用的都是挡板式气体继电器，其工作原理（见图1-10）如下：

（1）在正常运行时，气体继电器内部充满油，开口油杯内外都是油，在油的浮力作用下，平衡锤的质量大于油杯的质量，使平衡锤下落，而固定在油杯侧面上的磁铁也随同油杯一同翘起，因此上干簧触点是断开的。

位于挡板上的磁铁正常时处于垂直位置，远离下干簧触点，因此下干簧触点也是断开的。

（2）当变压器内部发生轻微故障时，变压器绝缘材料会分解产生大量气体，气体上升到箱盖，通过连接管进入气体继电器内，当其内部气体达到一定容积时，由于开口油杯内盛满了油，油杯失去油的浮力作用，油杯质量大于平衡锤，故油杯及磁铁随油面降低逐渐下降，当其磁铁吸合上干簧接点时，使触点闭合接通信号回路，发出轻瓦斯信号。

（3）当变压器内部发生严重故障时，急速的油流涌向气体继电器，当流速达到整定值时挡板动作，此时位于其上的磁铁吸合下干簧触点使其闭合，发出重瓦斯跳闸信号并接通跳闸回路，将变压器从电网中切除。

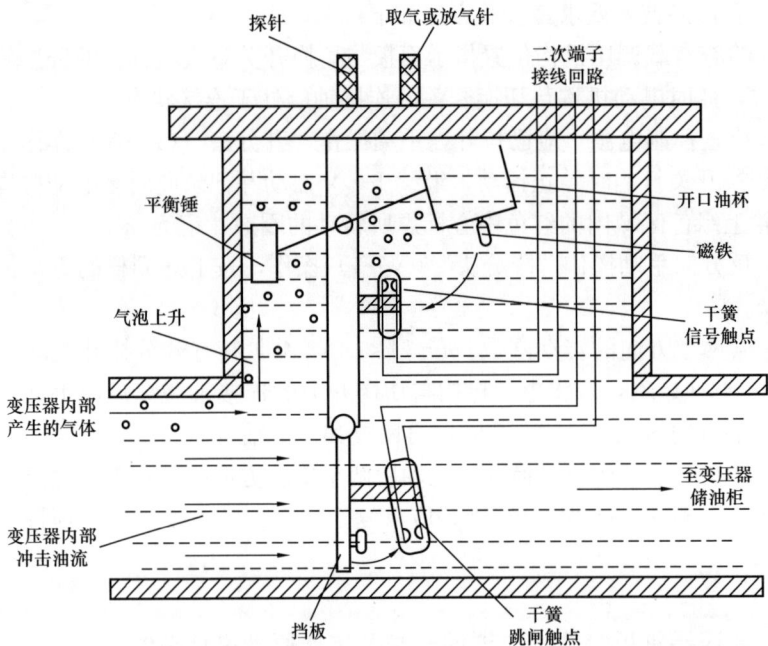

图 1-10 气体继电器内部动作原理图

45. 为什么说变压器差动保护与气体继电器保护不能互相代替？

答：虽然变压器差动保护与气体继电器保护都是变压器的主保护，运行规定不允许同时失去气体继电器保护与差动保护，但由于其保护的采集信息量不同，能反应的故障现象、范围也不同，故不能互相代替。

（1）变压器差动保护主要用于反应差动电流互感器范围以内的一次设备故障，属于电气量保护。尤其是对变压器套管及其引线的保护，而气体继电器对套管及其引线上的故障却无法反应，从保护范围上来看，差动保护保护范围明显大于气体继电器保护，因此变压器气体继电器保护不能代替差动保护。

（2）气体继电器保护主要用于反映变压器油箱内的任何故障，属于非电气量保护。气体继电器保护对于铁芯烧损、油面降低、少数匝间短路等故障能灵敏快速反应，因其会造成局部过热并产生强烈的油流向储油柜方向冲击，造成气体继电器保护动作，而差动保护对此却无反应，因其故障信息量表现在相电流上并不大，故差动保护无法动作，因此变压器差动保护不能代替气体继电器保护。

46. 变压器差动保护的基本原理是什么？

答：变压器差动保护是变压器本体内部、套管及其引出线故障的主保护，它反映的是变压器绕组引出线相间、中性点直接接地侧的单相接地短路及绕组匝间短路的保护。

以双绕组变压器纵差保护为例，其两侧分别装设差动电流互感器 TA1 和 TA2，如图 1-11 所示。

（1）变压器正常运行或差动 TA 范围以外发生故障时，如 K1 点发生接地故障时，见图 1-11（a）。变压器故障电流流经电流互感器 TA1 和 TA2 同方向，此时差动继电器 KD 中的电流等于两侧电流互感器二次电流之差，因两侧电流互感器变比相同，当忽略变压器励磁电流时，流入差动继电器 KD 中的电流近似为零，差动保护不动作。

（2）变压器内部发生故障或差动 TA 范围以内发生故障时，如 K2 点发生接地故障时，见图 1-11（b）。变压器故障电流、流经电流互感器 TA1 和 TA2 反方向，此时流入差动继电器 KD 的电流为变压器两侧流向短路点的二次电流之和，其值大于整定值并瞬时动作于变压器各侧断路器跳闸。

为避免差动保护在变压器正常运行或差动 TA 范围以外故障时不会因不平衡电流造成保护误动，因而在保护装置上增设了减少和躲开不平衡电流的措施，以此确保差动保护动作的正确性。

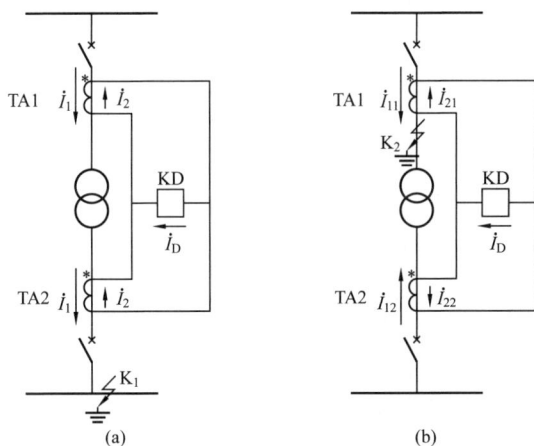

图 1-11 双绕组变压器纵差保护单线原理图
(a) 正常运行或差动 TA 范围以外发生故障；
(b) 内部故障或差动 TA 范围以内发生故障

47. 在气体继电器二次端子接线盒内进行接线及其传动的注意事项主要有哪些?

答：气体继电器二次端子内部接线回路是通过分别串接气体继电器内部的上干簧触点（信号触点）和下干簧接点（跳闸触点）构成的，通过干簧触点的通断来接通气体继电器端子内部二次回路。

不同型号的气体继电器接线端子的数量不同，但对于本体气体继电器总是含有一对干簧报警信号触点和一对干簧跳闸触点；对于有载气体继电器总含有一对干簧跳闸触点。在进行气体继电器二次端子接线盒接线及其传动的注意事项主要有：

(1) 每组端子接线回路应提供直流电源，并构成直流二次回路，一般直流电源正极接公共端子，负极接非公共端子，非公共端子作为出口接至保护装置上。

(2) 气体继电器存在双跳闸或双信号端子，但气体继电器二次电缆只提供了用于单跳闸或单信号的电缆，即二次电缆与接线端子数量不对应时，应将同性质的接线端子并联接线并构成直流回路，提高动作可靠性，严禁将接线端子进行串联接线，防止在某种情况下，干簧触点不吸合造成气体继电器的拒动。

(3) 气体继电器二次接线后，信号回路传动应通过手动调节油杯位置进行实际动作校验，跳闸回路应通过探针调节挡板位置进行实际动作校验，严禁采用短路线短接端子进行传动校验。

5 柱单信号双跳闸触点继电器、6 柱单信号双跳闸触点继电器接线端子位置图和接线原理图分别见图 1-12 和图 1-13。

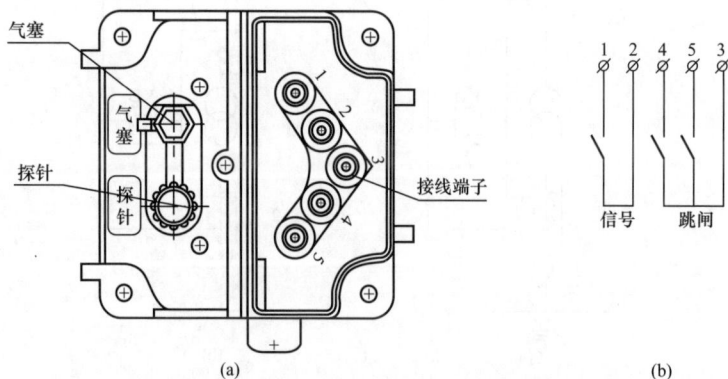

图 1-12　5 柱单信号双跳闸触点继电器

(a) 接线端子位置图；(b) 接线原理图

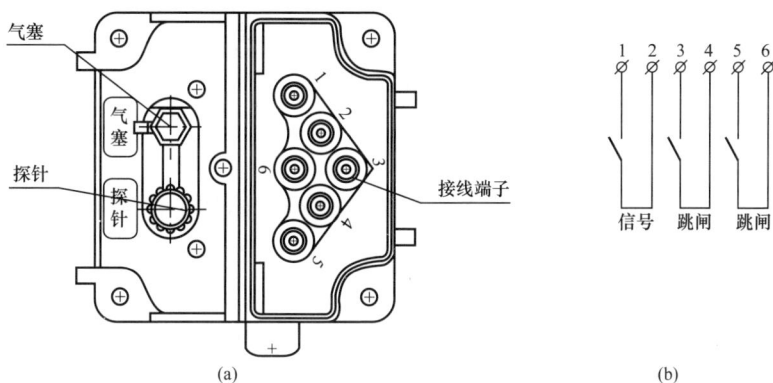

图 1-13　6 柱单信号双跳闸触点继电器
(a) 接线端子位置图；(b) 接线原理图

48. 运行变压器气体继电器连接导油管路两侧蝶阀未在"打开"位置会造成什么后果？

答：运行变压器气体继电器连接导油管路两侧蝶阀运行规定必须是在"打开"位置的。

(1) 如果气体继电器连接导油管路两侧蝶阀均处于"关闭"位置，或者仅气体继电器连接导油管路本体侧蝶阀处于"关闭"位置，此时变压器内部发生故障与否完全不在气体继电器保护范围内，变压器将失去气体继电器保护，另外还会导致油位无法补充调节，内部压力过大造成压力释放装置喷油等故障。

(2) 如果气体继电器连接导油管路储油柜侧蝶阀处于"关闭"位置，此时储油柜中的油无法根据变压器油的热胀冷缩特性实时进行补油工作，在温差较大或渗漏油严重的情况下，会造成变压器内部形成负压区，导致空气从渗漏点进入变压器内部，积聚在气体继电器内，可能导致气体继电器轻瓦斯动作报警，对于双浮筒式气体继电器，如果气体寄存过多，没及时排出气体，可能导致气体继电器重瓦斯动作跳闸。

49. 为什么有些有载气体继电器正常运行时内部是寄存气体的？

答：由于有些有载气体继电器未设计专门用于自身的"放气孔"，且其两侧导油管路低于有载气体继电器，这样在进行有载补油或注油时，不能保证其上部空气全部排出，因此正常运行时，未设计"放气孔"的有载气体继电器内部是寄存气体的。

另外，由于有载气体继电器主要用于有载切换开关室的主保护，有载切换开关在切换时需要产生拉弧并与油发生化学反应，每次切换会有少许气体出现并寄存在有载气体继电器内部，这是属于有载切换开关室的正常现象，因此无需增设有载气体继电器轻瓦斯功能。

可见，有载气体继电器正常运行时内部寄存气体是正常现象，不需要考虑运行前充分放气问题。

50. 引起变压器重瓦斯动作跳闸的因素主要有哪些?

答：引起变压器重瓦斯动作跳闸的因素主要有：

(1) 变压器内部发生故障，下干簧触点接通并动作于跳闸。

(2) 进行涉及变压器油路系统的检修工作时，未采取退出重瓦斯跳闸连接片的安全措施，下干簧触点接通并动作于跳闸。

(3) 变压器检修工作结束后未检查气体继电器是否在"复位"位置，即投入重瓦斯掉闸连接片，下干簧触点接通并动作于跳闸。

(4) 因本体气体继电器接线盒、二次电缆绝缘下降造成二次回路短路，引起变压器误动跳闸。

(5) 继电保护装置故障引起变压器误动跳闸。

(6) 工作人员误碰、误操作引起变压器跳闸。

51. 引起变压器发"本体轻瓦斯报警"信号的因素主要有哪些?

答：引起变压器发"本体轻瓦斯报警"信号的因素主要有：

(1) 变压器内部轻微故障产生缺陷气体，上干簧触点接通发出信号。

(2) 变压器大量跑油导致油位低至气体继电器以下，气体继电器内积存气体，上干簧触点接通发出信号。

(3) 变压器检修工作结束后，未进行充分排气工作，运行过程中气体析出，上干簧触点接通发出信号。

(4) 变压器胶囊呼吸不畅且夜间油温骤降时，其内部油压形成负压，此时油箱内气体析出并积聚在气体继电器内，上干簧触点接通发出信号。

(5) 气体继电器接线盒、二次电缆绝缘下降造成二次回路短路，引起误发信号。

(6) 继电保护装置故障误动，引起误发信号。

(7) 工作人员误碰、误操作，引起误发信号。

52. 对变压器轻瓦斯动作的处理步骤有哪些？

答：变压器轻瓦斯动作的原因主要是其油杯底部磁铁瞬间将上干簧触点接通于轻瓦斯动作信号，还存在二次绝缘降低的误发可能。其轻瓦斯动作的处理步骤为：

（1）检查判断变压器是否缺油造成油位过低，如果是由于缺油且温度和负荷较低造成的，应适量关闭冷却器并上报，如果是由于变压器严重漏油造成的，应采取临时应急措施并上报。

（2）当确认变压器不缺油且气体继电器中存有气体时，一般应由专业人员取气、采油样，进行油色谱分析以判断变压器是否发生故障，轻瓦斯动作发信后，如一时不能对气体继电器内的气体进行色谱分析，则可按下面方法鉴别：

1）无色、不可燃的是空气；

2）黄色、可燃的是木质故障产生的气体；

3）淡灰色、可燃并有臭味的是纸质故障产生的气体；

4）灰黑色、易燃的是铁质故障使绝缘油分解产生的气体。

（3）若气体继电器内的气体为无色、无臭且不可燃，色谱分析判断为空气，则变压器可继续运行，并及时将气体继电器内积存气体放出，无寄存气体后，方可将变压器投入运行。若气体是可燃的或油中熔解气体分析结果异常，应综合判断确定变压器是否需停运。

（4）如轻瓦斯动作后气体继电器内无气体，应检查二次回路以判断是否误动。

53. 进行变压器气体继电器交接验收的主要项目有哪些？

答：气体继电器验收的项目主要有：

（1）气体继电器交接验收应提供试验合格报告。

（2）气体继电器应水平安装，其两侧连接导油管路对箱盖不小于2%～4%的升高高度，其顶盖上标志的箭头应指向储油柜，密封良好，无渗漏油现象。

（3）气体继电器端子盒内部清洁，接线螺栓牢固，无裸露导线接头，无相互触碰或触碰外壳的现象，备用二次电缆绝缘包扎处理无问题。

（4）气体继电器连接导油管路两侧蝶阀应在"打开"位置，观察窗口挡板应在"复位"位置，内部应充满油、无寄存气体（有载气体继电器无需检查是否寄存气体）。

（5）室外安装变压器的气体继电器应加装防雨罩，且安装牢固。

（6）气体继电器及其二次回路传动验收无问题，投运前应确保复位，且监控系统未发气体继电器动作信号。

54. 对变压器气体继电器跳闸连接片投入运行有何规定？

答：变压器气体继电器干簧跳闸触点串接于保护装置中的中间继电器 K，变压器正常运行时，干簧跳闸触点两端分别为直流正电源和直流负电源。当变压器发生故障后，其干簧跳闸触点闭合，使中间继电器 K 励磁带电，中间继电器动合触点闭合，此时造成跳闸继电器 TJ 励磁带电，其动合触点接通通过保护装置出口跳闸连接片、断路器跳闸线圈实现变压器侧断路器跳闸。

由于变压器某些工作需要将瓦斯跳闸连接片退出方可工作，在其工作结束后，如果气体继电器干簧触点粘连或未复位，此时恢复瓦斯跳闸连接片必然会启动跳闸继电器 TJ，造成变压器掉闸事故，因此在进行恢复瓦斯跳闸连接片时必须进行如下工作（见图1-14）：

（1）使用"复位按钮"进行气体瓦斯动作信号复位，确保监控系统未发气体继电器动作信号。

（2）测量瓦斯跳闸连接片对地电压，一般其上端为负电压、下端无电压，如果下端出现正电压（上下两端为异极性电压）时，严禁将瓦斯跳闸连接片投入运行。

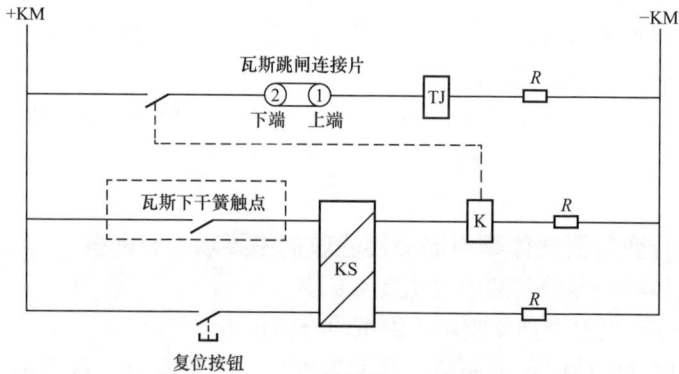

图1-14　气体继电器干簧触点电气二次回路图

55. 变压器压力释放装置交接验收的项目主要有哪些？

答：变压器压力释放装置（见图1-15）交接验收的项目主要有：

（1）应具备压力释放装置合格压力校验报告，启动压力动作值符合变压器要求。

（2）压力释放装置安装方向应正确，阀盖和升高座内部应清洁，密封良好，无渗漏油现象，与本体连接蝶阀应在"打开"位置。

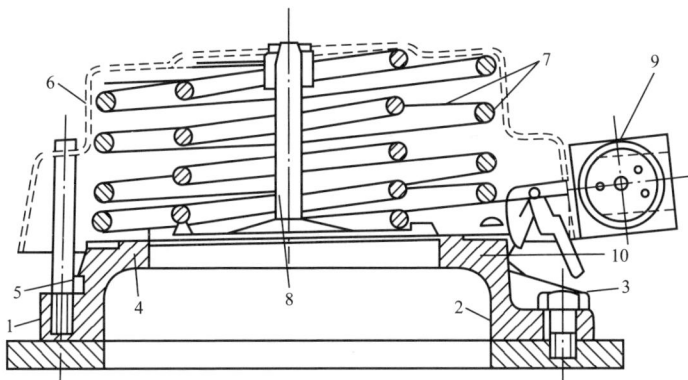

图 1 - 15　变压器压力释放装置

1—法兰；2—垫圈；3—阀盘；4—密封圈（内）；5—密封圈（外）；6—罩盖；

7—弹簧；8—动作指示器；9—报警开关；10—手动复位器

（3）压力释放装置端子盒内部清洁，接线螺栓牢固，无裸露导线接头，无相互触碰或触碰外壳的现象，备用二次电缆绝缘包扎处理无问题。

（4）压力释放装置二次接线应传动无问题，投运前应使用手推复位杆（手动复位扳手）向里推进行机械接点复位，并检查监控系统未发"压力释放装置报警"信号，有机械动作位置指示（一般是黄色标杆，方便运行人员观察压力释放装置是否动作）的应复位。

56. 压力释放装置机械二次触点通断的判别方式有哪些？

答：压力释放装置是否动作是依靠其机械二次触点的通断来进行判断的，一般将其机械二次触点接入带磁保持功能的信号继电器 XJ 回路，当触点接通启动继电器 XJ 时，通过复归按钮可实现信号复归功能。

一般压力释放装置机械二次触点含有三个端子，其中一个为公共端子 COM，另外两个分别与 COM 端子形成一对动合触点 C - NO，一对动断触点 C - NC，在图 1 - 16 中，其中 11 为 COM 端子，11 - 12 为动断触点，11 - 14 为动合触点。在进行通断判别时可采取的方式有：

（1）当其端子不带直流电时，可通过万用表的"导通"档进行判别，当端子 11 - 14 处于断开状态时，端子 C 点与 A 点不导通；而当端子 11 - 14 处于闭合状态时，端子 C 点与 A 点导通，并发出导通蜂鸣声。

（2）当其端子带有 $\pm\dfrac{U_N}{2}$ 直流电时（U_N 指直流母线电压值，常见 $U_N = 220V$ 或 110V），可通过万用表的"DC 电压"档进行判别，当端子 11 - 14 处于断开状态时，用万用表测量 C 点对地电压为 $U_N/2$，A 点对地电压为 $-U_N/2$；当端子 11-14 处于闭合状态时，用万用表测量 C 点对地电压时为 $U_N/2$，A 点对地电压也为 $+U_N/2$。

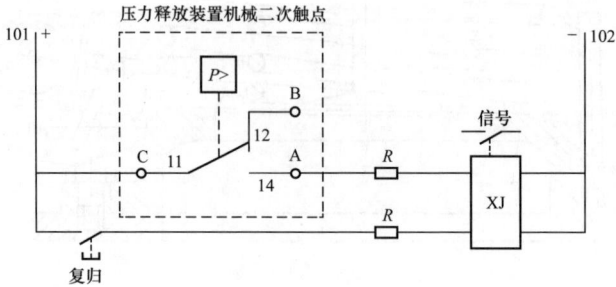

图 1-16　压力释放装置二次信号回路图

57. 引起变压器发"压力释放位置异常"信号的因素主要有哪些？

答：引起运行变压器发"压力释放装置位置异常"信号的因素主要有：

（1）变压器内部发生故障，造成内部油压超过压力释放装置动作压力值，接点接通发出信号。

（2）胶囊呼吸不畅通、油位偏高，当温度升高时，引起运行变压器内部油压超过压力释放装置动作压力值，触点接通发出信号。

（3）检修工作中未将气体继电器连接导油管路两侧蝶阀打开，当温度上升时引起运行变压器内部油压超过压力释放装置动作压力值，触点接通发出信号。

（4）压力释放装置接线盒、二次电缆绝缘下降造成二次回路短路，引起误发信号。

（5）工作人员误碰、误操作，引起误发信号。

58. 为什么 110kV 及以上油浸式变压器多采用油浸电容式绝缘结构套管？

答：油浸电容式绝缘结构套管由电容芯子、上下瓷套、连接套管及其他固定附件组成。电容芯子的结构是在空心导电铜管紧密地绕包一定厚度的绝缘层后，然后在绝缘层外面绕包一定厚度的铝箔层（又称电容屏），之后又绕包一定厚度的电缆纸绝缘层，再绕包一层铝箔，如此交替地继续绕包下去，直到所需要的层数为止，这样便形成了以导电管为中心的多个柱形电容器，由于导电管处于最高电位，而最外面的一层铝箔（又称末屏）是接地的，在运行中相当于多个电容器相串联的电路。

根据串联电容分压原理，导电管对地的电压应等于各电容屏间的电压之和，而电容屏之间的电压与其电容量成反比，因此可以在制造时控制各串联电容的容量，使得全部电压较均匀地分配在电容芯子的全部绝缘上，从而可以使套管的径向和轴向尺寸减小，质量减轻。

因此，110kV 及以上油浸式变压器多采用油浸电容式绝缘结构套管。

59. 变压器低压侧三角形联结绕组出线套管数量为何有时为三支、有时为六支？

答：变压器低压侧三角形联结绕组出线套管根据接线位置可分为外接三角形和内接三角形，外接三角形使用六支出线套管，内三角形接线使用三支出线套管。

（1）内接三角形接线。它是先将低压侧绕组在变压器箱体内部按照变压器联结组别进行接线，然后再将三相绕组 a、b、c 首端分别使用套管引出，并接至低压侧 a、b、c 三相母线桥，总计三支套管。

（2）外接三角形接线。它是将各相绕组的首端和尾端都通过套管引出至变压器箱体顶部：即将 a 相的首端 a 和末端 x，b 相的首端 b 和末端 y，c 相的首端 c 和末端 z 分别使用套管引出，总计六支套管，然后再按照变压器联结组别的要求在箱体外部进行接线。

如联结组别为 Yd11 的变压器（见图 1 - 17）是将 a、y 标号套管出线并接，b、z 标号套管出线并接，c、x 标号套管出线并接，再分别接至低压侧 a、b、c 三相母线桥。

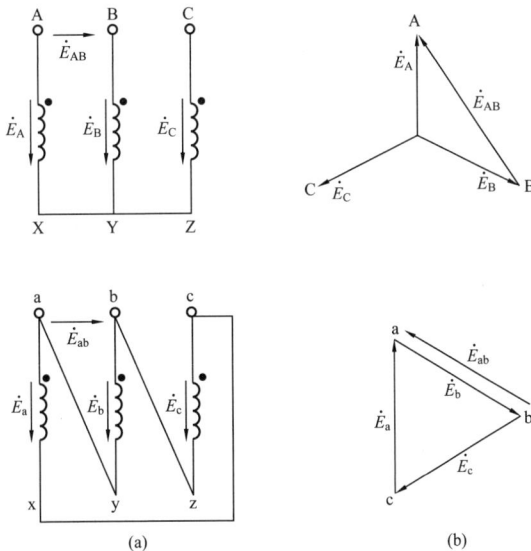

图 1 - 17　Yd11 联结组别

（a）联结图；（b）相量图

60. 进行变压器套管交接验收的项目主要有哪些？

答：变压器套管交接验收项目主要有：

（1）应具备套管及套管油试验合格报告。

（2）套管相位漆各相应完整正确，且与其他设备连接对应一致。

（3）套管接线端子安装正确，接触良好，连接套管引线牢固并满足相间及对外壳的安全距离，引线跨度适宜不造成摇摆、拉拽套管接线端子现象。

（4）套管瓷质部分无破损、污秽、放电痕迹及其他异常现象，与法兰连接部位防水胶未出现开裂现象。

（5）独立式充油套管无渗漏油现象，油位指示正常，应为满刻度的 1/2～2/3 处，非独立式充油套管投运前应在其放气堵处将其寄存气体排出。

（6）电容式绝缘结构的套管末屏应可靠接地。

61. 变压器的绝缘材料的耐热温度等级有哪些？

答：绝缘材料的绝缘性能与温度有密切的关系，温度越高，绝缘材料的绝缘性能越差，为保证绝缘强度，每种绝缘材料都有一个适当的最高允许工作温度，在此温度以下，可以长期安全地使用，超过这个温度就会迅速老化。按照耐热程度，把绝缘材料分为 Y、A、E、B、F、H、C 等级，如表 1-5 所示。

表 1-5　　　　　　　　　　绝缘材料的耐热温度等级

绝缘等级	Y	A	E	B	F	H	C
耐热温度（℃）	90	105	120	130	155	180	180 以上

变压器过热对变压器的使用寿命影响极大，当超过绝缘材料耐热温度范围后，温度每增加 6℃，变压器绝缘有效使用寿命降低的速度会增加 1 倍，习惯上称其为变压器运行的六度法则。

62. 对油浸式变压器的顶层油温一般有哪些运行规定？

答：变压器运行时，产生热量最多的是绕组，控制变压器的运行温度首要的是控制绕组温度，由于目前油浸式变压器普遍采用 A 类绝缘材料，绕组耐热温度的限制为 105℃，一般情况下绕组平均温度比顶层油温至少约高 10℃，所以顶层油温限制为 95℃。为保证变压器油在长期使用条件下不致迅速地劣化变质，变压器的上层油面温度不宜超过 85℃。

由于强迫油循环风冷变压器具有更强的热传递能力（油与外界环境的热传

递能力更强），其绕组与顶层油温之间具有较大的温度差，故强迫油循环风冷变压器的顶层温度规定限值比自然循环自冷、风冷变压器小（见表 1-6）。

表 1-6　　　　　　　　　　油浸式变压器顶层油温一般规定值　　　　　　　　　（℃）

冷却方式	冷却介质最高温度	最高顶层油温	顶层油温报警温度
自然循环自冷、风冷	40	95	85
强迫油循环风冷	40	85	80

63. 对 SF_6 气体绝缘变压器的顶层油温一般有哪些运行规定？

答：目前 SF_6 气体绝缘变压器普遍采用 E 类绝缘材料，绕组耐热温度的限制为 120℃，由于气体的对流热传递作用明显强于液体物质，对流可分自然对流和强迫对流两种，自然对流往往自然发生，是由于温度不均匀而引起的，强迫对流是由于外界的影响对流体搅拌而形成的，因此强迫气体循环变压器的热对流作用明显强于自然循环气体变压器，其绕组与顶层气温之间具有较大的温度差。

为确保气体变压器绝缘性能，顶层气体温度最高不得超过 105℃，绕组温度不得超过 120℃。当顶层温度超过 95℃或绕组温度超过 110℃时，应报警并采取措施防止温度过高，可以申请调度减负荷，也可以投入冷却装置。各种负载和温度下投入的冷却装置，应符合制造厂的规定，一般由自动装置控制，将冷却器分为两组，当负载大于 30％或绕组温度达到 50℃时，启动一组冷却器，当绕组温度达到 90℃时启动全部冷却装置。

64. 进行变压器测温装置交接验收的项目主要有哪些？

答：变压器测温装置主要由测温传感器、测温表计、远方数字显示装置等部件组成，其交接验收的项目主要有：

（1）测温装置传感器安装部位无渗漏油，测温表计指示应正确，远方控制室数显装置应与当地测温表计显示基本一致，相互差别不应大于 5℃。

（2）测温表计上用于油温报警的测温装置报警温度设置符合现场运行规程要求，并传动验收无问题。

（3）测温表计上用于启动风冷冷却装置回路的启动温度值及返回温度值设置应符合现场运行规程要求，并传动验收无问题。

65. 油浸式风冷变压器如何靠油温进行风扇启停的控制？

答：油浸式风冷变压器进行风冷控制方式主要有手动控制和自动控制两种：手动控制方式不依靠油温进行控制，只是人为地操作风扇电源开关进行启停控制；一般运行规定使用自动控制方式。

一般油浸式变压器冷却风扇在变压器顶层油温达到 65℃ 启动，达到 55℃ 返回。从图 1-18 可以看出，当油温达到 55℃ 时，继电器 KA3 并未励磁，只有油温达到 65℃ 时，继电器 KA3 才励磁带电，其相应的动合辅助触点接通，风扇主电源回路接触器 KM3 吸合，各风扇启动运行，当油温从 65℃ 逐渐降低时，虽然 65℃ 启动触点打开，但由于继电器 KA3 动合触点的自保持作用，继电器 KM3 还是励磁带电，风扇仍就处于运行状态，当油温降低至 55℃ 以下时，55℃ 启动触点也打开，此时继电器 KM3 失电，风扇主电源回路失电，风扇停止运转。

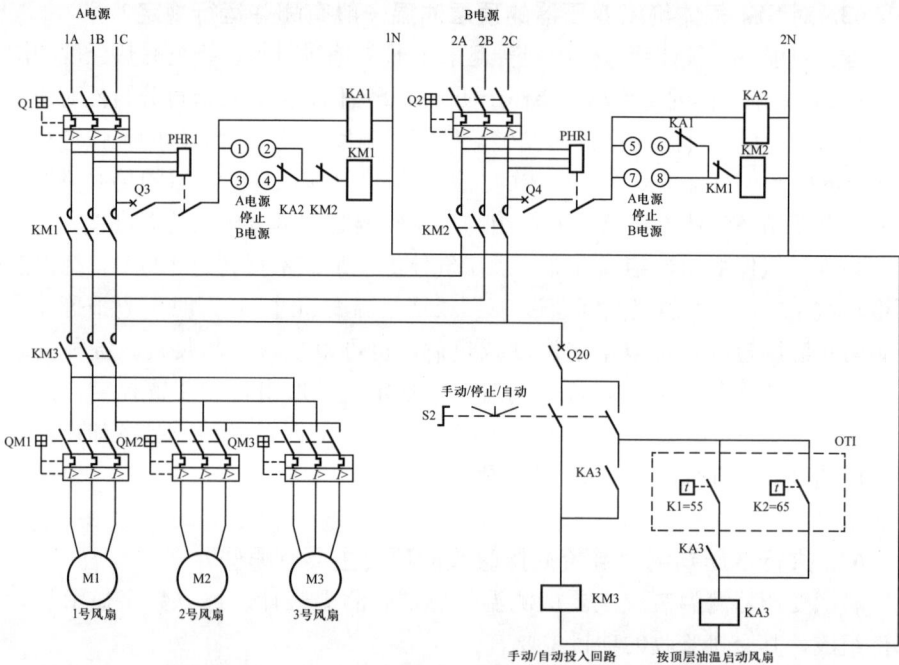

图 1-18　油浸式风冷变压器风扇启停温度控制回路

66. 引起变压器内部温度升高的因素主要有哪些？

答：变压器绕组（铜或铝）产生的热量通过内部介质（绝缘物质、油或 SF_6 气体）向外界环境（空气或水）进行热传递并通过测温装置进行温度实时监测，从热传递途径分析，引起变压器内部温度升高的因素主要有：

（1）绕组散热的影响：变压器满载或过负荷运行造成热损耗增大而温度升高。

（2）内部介质的影响：变压器内部绝缘物质出现过热性故障造成温度升高。

（3）外界环境的影响：变压器冷却装置故障或投入数量少；散热器连接本体蝶阀未开启；潜油泵、水泵或气泵故障或其电源相序相反造成循环颠倒；室内通风装置未开启等因素造成温度升高。

（4）测温装置的影响：温度传感器准确度降低、测温表计损坏等因素导致测温装置显示升高。

67. 变压器冷却方式的标志如何定义？常见有哪些？

答：变压器冷却方式的标志中，第一个字母表示与绕组接触的内部冷却介质，第二个字母表示内部冷却介质的循环方式，第三个字母表示外部冷却介质，第四个字母表示外部冷却介质的循环方式。

一般变压器内部冷却介质有 SF_6 气体（G）、油（O）等，外部冷却介质有：水（W）、空气（A）等。循环种类有自然循环（N），强迫非导向油循环（F）和强迫导向油循环（D）。

（1）干式变压器冷却方式一般常见的有：①干式自冷 AN；②干式风冷 AF。

（2）油浸变压器常见冷却方式有：①油浸自冷 ONAN；②油浸风冷 ONAF；③油浸强迫非导向油循环，风冷却 OFAF；④油浸强迫非导向油循环，水冷却 OFWF；⑤油浸强迫导向油循环，风冷却 ODAF；⑥油浸强迫导向油循环，水冷却 ODWF。

（3）SF_6 气体绝缘变压器常见冷却有：①气变风冷 GNAF；②气变强迫气循环风冷 GFAF。

68. 油浸式变压器采用的冷却方式特点主要有哪些？

答：油浸式变压器采用的冷却方式特点主要有：

（1）油浸自冷（ONAN）。该冷却方式是在油的对流循环作用下，本体油流经散热器并与外界环境实现热传递。

（2）油浸风冷（ONAF）。该冷却方式是在油浸自冷方式上增设风扇电机，依靠风扇的强力吹风，提高散热器周围的热量散发，使散热器内流动的油迅速得到冷却。其风扇的启停可按照顶层油温或依据变压器负荷电流进行控制。

（3）油浸强迫油循环风冷（OFAF/ODAF）。该冷却方式主要含有导向和无导向两类，强迫油循环导向风冷是在油浸风冷方式上增设潜油泵，并用潜油泵将冷油压入线圈之间，线饼之间和铁芯的油道中，加速冷却绕组温度，冷却效率更高，其油泵运转情况由油流继电器监视，而无导向大部分油通过箱壁和绕组之间的空隙流通，前者冷却效果强于后者。

（4）油浸强迫油循环水冷（OFWF/ODWF）。该冷却方式主要含有导向和无导向两类，是通过水冷却器将油路系统内部的油与水路系统中冷却介质水进行热传递，水冷却器的油路系统和水路系统是相互接触但彼此独立的，它们分别通过潜油泵和水泵强迫循环，并由油流继电器和水流继电器监视其工作状况。其中油路系统中热油的流动方向是从上部流向下部，而水路系统的冷却水流动方向是从下部流向上部，正好反向。

新建或扩建变压器一般不采用水冷方式。对特殊场合必须采用水冷系统的，应采用双层铜管冷却系统。在冷却器投入运行前应先启动油泵，待油压上升后才可启动水泵通入冷却水，并确保油压大于水压，停用冷却器时，应先停水泵再停用油泵，水冷却器冬季停用后应将水全部放尽。

由于散热结构设计的影响，强迫油循环冷却系统故障全停时，须经一定延时（可带负荷闭锁），跳开变压器各电源侧断路器。

69. 油浸式变压器油是如何通过油的对流原理散热的?

答：作为变压器冷却介质的变压器油，在变压器闭合的油路系统中通过油密度的变化而对流循环流动，即在变压器油箱内部，被变压器油所包围的发热元件（例如绕组与铁芯等）加热了周围的变压器油，受热的变压器油密度变小而形成浮力向上浮动，下部温度较低的油随之取代了上浮的油，使变压器油在变压器绕组及铁芯等发热元件中自下而上的流动。

发热元件表面热流密度较大的地方，其油的流动速度也将自然加快。热油至油箱顶部流入散热器，热油在散热器中将从变压器绕组等发热元件中带出的热量通过散热元件的外表面散失在周围空气中，从而使油的温度降低、比重变大，在重力作用下向下流动，重新回流到变压器的油箱下部，从而形成了变压器油在其封闭的油路系统中自然对流循环流动，其对流散热原理图如1-19所示。

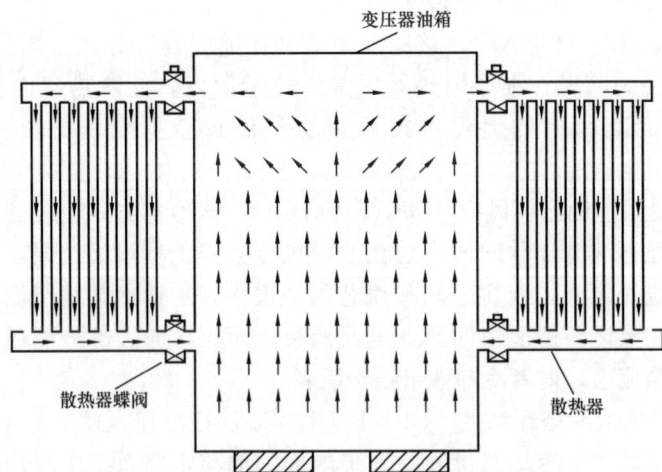

图 1-19 油浸式变压器油的对流散热原理

70. 强迫油循环风冷变压器冷却装置投入运行前应检查的内容主要有哪些?

答：强迫油循环风冷变压器运行时必须投入冷却装置，在合上变压器任一电源侧断路器时，冷却装置应自动投入。冷却装置投入运行前应检查的内容主要有：

（1）冷却装置应使用两个风冷控制箱，每个控制箱内有一路电源，两个控制箱的电源来自不同站用电系统低压母线，并分别带本体冷却装置，且两箱之间电源应设联络，当一路电源故障时，联络电源应能自动投入。

（2）冷却装置控制系统各级空气开关（熔断器）容量应配合，接触良好，各元器件动作正确，接线标识正确。

（3）冷却装置油路系统各蝶阀位于"开启"位置，油泵、油流继电器、风扇电机等元器件无漏油、异音、异常信号等现象，接线端子盒内接线正确，接线柱无腐蚀或烧灼痕迹。

（4）进行整组冷却器的"启动"、"停止"试验，油泵和风扇转动方向正确，检查油流继电器监视油泵运转是否正常，油泵运行时，油流指示器在"流动"或"ON"位置；油泵停用时，其油流指示器在"停止"或"OFF"位置。

（5）进行每组冷却器的"工作"、"辅助"、"备用"、"停止"位置的传动试验应正确。其中工作冷却器指主变压器冷却器在运行状态；辅助冷却器指随变压器内部温度或运行负荷控制的自动投切启动方式；备用冷却器指在工作冷却器全部停止运转或故障后，备用冷却器再投入运行；停用冷却器指主变压器冷却器在停用状态。

（6）传动验收监控系统涉及强油冷却装置的监视信号：①风冷工作电源I故障信号；②风冷工作电源II故障信号；③冷却器故障信号；④冷却器全停信号。

71. 变压器风扇所用三相异步电动机的结构、额定参量及其联结方式是什么?

答：变压器风扇所用三相异步电动机由定子和转子组成。定子包括定子铁芯和三相对称绕组，用 U_1U_2、V_1V_2、W_1W_2 分别表示三相三个绕组，其中 U_1、V_1、W_1 分别为三个绕组的首端，U_2、V_2、W_2 分别为三个绕组的末端，如图 1-20（a）所示。转子包括转子铁芯和转子闭合绕组，转子绕组有鼠笼式和绕组式两种，因而异步电动机又分为鼠笼式异步电动机和线绕式异步电动机，鼠笼式异步电动机由于结构简单、操作方便，得到广泛应用。一般风扇电动机铭牌有如下参量：

（1）额定电压 U_N：电动机的额定线电压。

（2）额定电流 I_N：电动机的额定线电流。

（3）额定功率 P_N：电动机轴上输出的额定功率。

（4）电动机的输入功率 P_1：$P_1 = \sqrt{3} U_N I_N \cos\varphi_N$（式中 $\cos\varphi_N$ 为额定功率因数）。

（5）额定效率 η_N：$\eta_N = P_N/P_1 = P_N/(P_N + \Delta P)$，式中 ΔP 为绕组铜损、铁芯铁损与机械摩擦损耗的功率总和。

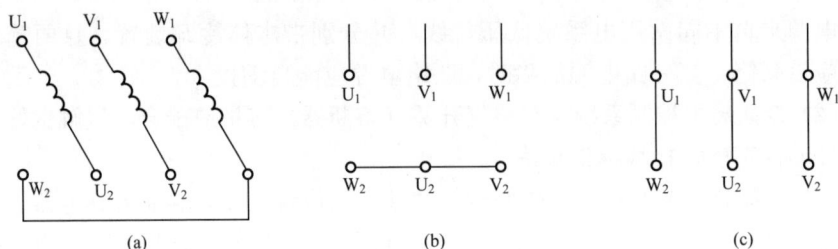

图 1-20　三相异步电动机绕组和连接方法
(a) 定子绕组；(b) "Y" 连接；(c) "△" 连接

三相异步电动机的联接方式与电源线电压有关，有星形"Y"联接和三角形"△"联接两种，所选联接方式应使每个绕组所加的电压等于它的额定电压。如每个绕组的额定电压为 220V，若三相电源线电压为 220V，应选用"△"联接，若三相电源线电压为 380V，则应选用"Y"联接。

（1）"Y"联接：三个绕组的末端 U_2、V_2、W_2 连接在一起，三个绕组的首端 U_1、V_1、W_1 分别与三相电源的三根火线 A、B、C 连接，如图 1-20（b）所示。

（2）"△"联接：三个绕组的首末端顺序、交叉相连，再分别与三相电源的三个火线 A、B、C 连接，如图 1-20（c）所示。

72. 油浸风冷变压器风扇不转或有异音的原因主要有哪些？

答：油浸风冷变压器风扇不转或有异音的原因主要有：

（1）风扇电机电源回路三相电压不正常，缺相或电压数值不正常造成风扇运转产生异音，通过万用表进行风扇电机电源测量即可判断。

（2）风扇电机启动控制回路故障，可能由于控制回路电流过大造成风扇空气开关或热偶跳闸、或者其整定电流与电机额定工作电流不匹配造成其掉闸；交流接触器线圈断线或接点失效；风冷温度表启动风扇接点失效等问题造成风扇电机无法启动运转。

（3）风扇电机轴承故障造成风扇电机转速异常或扇叶扫膛，进而引起异音较大，严重时会造成风扇电机卡涩不转。当拉开风扇电源，用手摇动风扇电机扇叶，扇叶卡涩或阻力很大，可以判断为风扇电机机械故障。

（4）风扇电机绕组损坏造成风扇不转。拆除风扇电机电源线，测量风扇电机绕组直流电阻和相间、对地绝缘电阻。如果三相电阻不平衡或相间、对地绝缘电阻低，则说明电机绕组损坏。

73. 强迫油循环风冷变压器装设油流继电器的作用及其工作原理是什么？

答：油流继电器安装在潜油泵出口端的联管上，是冷却器组的保护用附件，其油流方向必须与油流继电器联管上的箭头方向一致。它是监视油流量变化的报警信号装置，用来监视强油循环风冷却器和强油水冷却器的油泵运行情况，同时也监视油泵是否反转，管路蝶阀是否打开，有无堵塞等情况。

油流继电器主要由联管和油流继电器本体两部分组成，油流继电器本体由传动部分、电器部分和指示部分组成（见图1-21），其表盘指针位置可对应两个位置："流动"位置和"停止"位置，从外观上可以检查其动作情况，其潜油泵起动运转时就有油流循环：

（1）当油流流量达到额定油流量的约3/4时，挡板被吹动，和挡板在同一轴上的磁铁也随着旋转，旋转着的磁铁带动隔着薄壁的另一个磁铁转动，使微动开关的动合触点闭合，发出"正常工作"信号，指针指向"流动"位置。

（2）当油流流量减少到额定油流量的约1/2时，挡板借助弹簧的作用力返回，耦合磁铁也跟着返回，使微动开关的动断触点返回闭合，发出"停止工作"信号，指针指向"停止"位置。

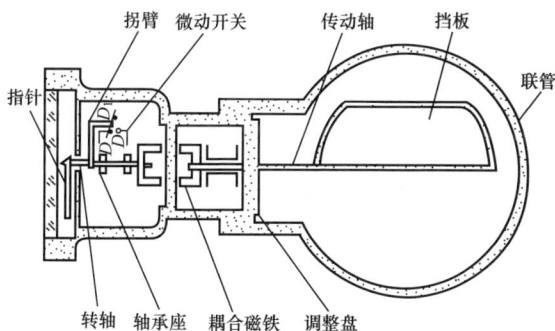

图1-21　油流继电器的结构

74. SF₆气体变压器的压力突变继电器结构及动作机理是什么？

答：气体压力突变继电器容器中装有微动开关、补偿均衡器、接线盒和测试插头，其中补偿均衡器由防尘用上下两个滤网和带有通气孔的板式螺帽和主体组成，测试插头用来测试该装置的动作特性，使用后务必用盖子密封，严禁触碰，以免压力突变继电器误动造成变压器掉闸。

气体压力突变继电器（见图 1-22）构成 SF_6 气体绝缘变压器的主保护，一般安装于本体气室、有载开关气室和电缆箱气室，其动作机理为：

（1）变压器正常运行时，由于气体压力增速均衡，通过补偿均衡器补偿压力突变继电器容器中气体的压力，使得变压器箱体侧的压力近似等于压力突变继电器容器中的压力，此时微动开关不会动作。

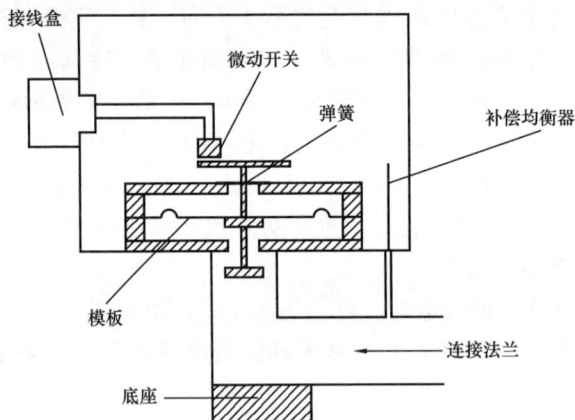

图 1-22 气体压力突变继电器结构

（2）变压器内部发生故障时，电弧激化内部 SF_6 气体分子，使气体涌动膨胀并压力骤然升高，由于补偿均衡器无法短时间对压力突变继电器容器中的压力补偿，故此时变压器箱体侧压力大于压力突变继电器容器中的压力，当压差满足要求时，压力继电器内部的模板和弹簧就会推动微动开关，此时微动开关触点闭合作于变压器跳闸。

其模板的位移量由压力突变继电器容器中与变压器箱体侧的压力差决定，当压力下降，通过补偿均衡器的压力补偿作用，压力差也随之降低，从而使微动开关自动复位。

75. SF_6 气体变压器压力突变继电器的动作特性是什么？

答：SF_6 气体变压器压力突变继电器的动作特性是指随着被保护气室压力的持续增长引起模板的位移量增大，当模板位移量以至推动微动开关闭合时，变压器动作于跳闸。

其动作特性一般用坐标图表示，横轴为动作时间，单位为秒（s）；纵轴为被保护气室压力增长速度，单位为千帕/秒（kPa/s），下面以某压力突变继电器动作特性图（见图1-23）为例进行说明。

（1）当被保护气室压力增长速度小于0.2kPa/s时，基本不动作，因为补偿均衡器补偿压力的作用已使得压力突变继电器容器内压力近似等于被保护气室中压力。

（2）当被保护气室压力增长速度大于0.2kPa/s时，其压力增长速度与变压器动作跳闸时间成反比，因为补偿均衡器补偿压力的作用已无法平衡压力增长速度。可以看出当被保护气室压力以1kPa/s速度增加时，压力突变继电器会在0.4～1.8s动作。

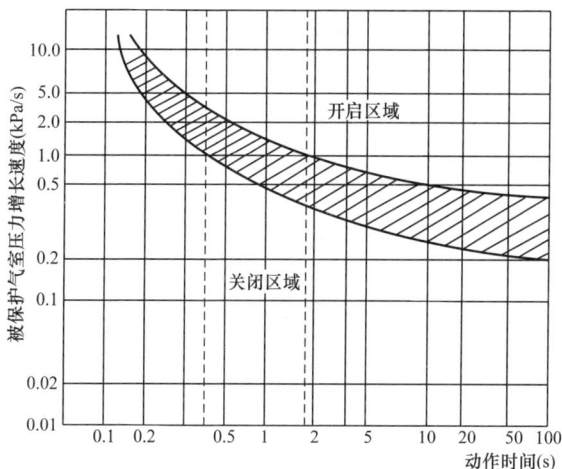

图1-23 压力突变继电器动作特性

（阴影区域表示必要的动作时间）

因受 SF$_6$ 气体变压器各气室容量、压力突变继电器设计规格、材质等因素的影响，压力突变继电器动作特性应以制造厂家的说明书或动作特性试验数据为依据。

76. 引起 SF$_6$ 气体变压器"压力突变"动作跳闸的因素有哪些？

答：引起 SF$_6$ 气体变压器"压力突变"动作跳闸的因素主要有：

（1）SF$_6$ 气体变压器内部故障，压力突变器触点接通，并动作于跳闸。

（2）检修工作人员进行补气、回收气体、测露点等涉及气室气体的工作未停"压力突变"跳闸连接片，其触点接通并动作于跳闸。

（3）压力突变继电器补偿均衡器损坏等自身原因造成误动跳闸。

（4）压力突变继电器接线盒、二次电缆绝缘下降造成二次回路短路，引起误动跳闸。

（5）工作人员误碰、误操作，引起误动跳闸。

77. SF_6 气体绝缘变压器的气体密度继电器的结构与作用有哪些?

答：由于 SF_6 气体的介电强度是随着 SF_6 气体密度的增大而增大，因此，从变压器的绝缘强度来考虑，SF_6 气体密度越大，变压器运行越可靠，同时 SF_6 气体密度越大，其压力也越大，对变压器箱体的要求也越高，因此既要必须考虑变压器内部的绝缘性能，同时又要考虑变压器箱体承受压力的能力，鉴于以上两方面的考虑，SF_6 气体绝缘变压器各气室需增加气体密度继电器加强监测。

SF_6 气体密度继电器又称密度型压力开关，它是由一个 SF_6 气体密度表和一组带触点的机械装置（继电器）组成。一般气体密度继电器安装于变压器本体、电缆箱、有载开关气室，其作用主要有：

（1）监测作用。对变压器内部气体密度及压力的监测，实质上不仅可以保证变压器的安全可靠的运行，同时可以监测变压器内部气体的泄漏情况。

当 SF_6 气体密度表指示压力值高于整定值时，发"气体压力高"报警信号；当压力值偏低于额定值时，发"气体低压力"报警信号。

（2）保护作用。

当压力值过低以致影响设备绝缘时，密度继电器动作于变压器各电源侧断路器跳闸，对变压器内部绝缘实现保护功能。

78. 引起 SF_6 气体变压器发"气体低压力"报警信号的因素主要有哪些?

答：引起 SF_6 气体变压器发"气体低压力"报警信号的因素主要有：

（1）变压器存在漏气现象，长期运行致使 SF_6 气体压力值低，气体密度继电器气体低压力触点接通，发出报警信号。

（2）检修工作后，未补气至规定位置，长期运行致使压力降低发出报警信号。

（3）SF_6 密度表至气室蝶阀处于未"打开"位置，检修工作误打开充放气蝶阀，致使压力降低发出报警信号。

（4）气体密度继电器接线盒、二次电缆绝缘下降造成二次回路短路，引起误发信号。

（5）工作人员误碰、误操作，引起误发信号。

79. 引起 SF_6 气体变压器"气体低压力"动作跳闸的因素主要有哪些?

答：引起 SF_6 气体变压器"气体低压力"动作跳闸的因素主要有：

（1）气体密度继电器压力值达到过低动作值，气体密度继电器气体低压力跳闸触点接通，造成变压器跳闸。

（2）变压器存在漏气现象，以至很快达到 SF_6 气体压力过低动作值，造成变压器跳闸。

（3）检修人员进行涉及气体密度继电器的工作，未停"气体低压力"跳闸连接片，造成误动。

（4）巡检人员敲击气体密度继电器，使其二次触点闭合，误发"气体低压力跳闸"动作信号。

（5）气体密度继电器接线盒、二次电缆绝缘下降，造成二次回路短路，引起误动跳闸。

（6）工作人员误碰、误操作，引起误动跳闸。

80. 对 SF_6 气体变压器气室补气的工作步骤是什么？

答：对 SF_6 气体变压器气室补气工作前，应依据 SF_6 气体密度表指示压力值，确认充气部位是本体箱、有载箱还是电缆箱，应针对性地将其气室气体压力突变及气体低压力保护掉闸连接片退出，方可进行补气工作，其步骤为：

（1）待用 SF_6 气体使用前应送检合格，其微水含量（20℃的体积分数）一般本体箱不大于 $150\mu L/L$，其余部位不大于 $250\mu L/L$。

（2）将 SF_6 气瓶接上减压阀，并将软管与充气接头连接好，先打开气瓶主阀，再打开减压阀，排净管路中的空气，直到软管内壁充分干燥并充满 SF_6 气体，此时关闭减压阀，再将充气接头接于充气部位阀门。

（3）先后将减压阀、充气部位阀门缓慢打开，用减压阀调节气流，依据气体压力—温度曲线检查气体密度表指示，当达到 SF_6 气体压力值要求时，关闭气瓶减压阀、气瓶主阀、充气部位阀门。

（4）充气部位经气体检漏仪进行检漏并合格，无漏气现象。

（5）恢复保护时，运行人员应测量其跳闸连接片对地电压无问题后，方可投入。

81. 引起变压器动作跳闸的因素主要有哪些？

答：引起变压器动作跳闸的因素主要有：

（1）变压器内部发生故障，如变压器内部绕组匝间故障、铁芯烧损等故障引起气体继电器动作于变压器跳闸。

（2）与变压器有关的外部设备故障，如变压器差动保护范围内电流互感器、断路器、隔离开关等设备故障引起差动保护动作于变压器跳闸。

（3）断路器拒动引起越级变压器跳闸。

（4）保护装置误动引起变压器跳闸。

（5）变压器保护二次跳闸回路因受潮或短路造成变压器跳闸。

（6）工作人员误碰、误操作引起变压器跳闸。

82. 引起变压器差动保护动作的因素主要有哪些？

答：引起变压器差动保护动作的因素主要有：

（1）变压器各侧差动保护电流互感器以内的一次设备故障，差动保护动作。

（2）穿越性区外故障电流大造成变压器某侧电流互感器饱和，差动保护差流大于整定值而误动作。

（3）变压器调节分接头导致的变比改变、差动保护差流可能大于整定值而误动作。

（4）变压器空载合闸投入电网或外部故障切除后电压恢复时，所产生的励磁涌流引起差动保护误动作。

（5）差动保护二次回路因二次线受潮或短路造成保护误动。

（6）变压器保护装置故障造成误动。

（7）工作人员误碰、误操作，引起保护误动。

83. 在进行变压器停电检修工作前应采取哪些安全技术措施？

答：变压器停电检修工作指需要将变压器停运后方可进行的检修工作，在进行检修工作前应采取的安全技术措施主要有：

（1）主变压器的各电源侧应有明显断开点，并且各侧应按规定挂地线，确保无突然来电造成人身触电事故。

（2）主变压器连接设备如进行试验，并且与变压器无断开点时，应采取断开措施，如变压器连接的串联电抗器试验应与变压器有明显断开点，防止电抗器试验造成变压器反高压的触电事故。

（3）对内桥接线的主变压器进行停电检修工作时，若其母联或进线断路器仍在运行的情况，应采取防止运行断路器掉闸的措施，如停主变压器本体及有载瓦斯掉闸连接片，或者停变压器非电量保护电源。

（4）对变压器非电量装置二次接线进行的检修工作，应采取措施防止人身直流触电或发生直流接地故障，如停变压器非电量保护电源。

（5）对影响主变压器检修工作的保护应进行停用，例如失灵保护、瓦斯保护、差动保护等。

（6）对变压器有载开关的检修工作，应将其调压装置交、直流电源停用，具有 VQC 或 AVC 调控分接头的情况，应申请退出 VQC 或 AVC 调控变压器分接头功能。

（7）对变压器冷却装置的检修工作，应将变压器冷却器电源断开。

84. 变压器差动保护回路检修后，在投入运行前应进行哪些工作？

答：变压器差动保护回路接线变动、拆动或电流互感器更换等工作后，在投入运行前必须带负荷进行测相量，换句话说就是要进行测相位、差电压和差电流，以检查变压器差动保护电流回路接线的正确性。投入运行前并应注意差动保护投入的顺序：

（1）在变压器空载冲击合闸时，应先将差动保护投入，确保变压器全部保护投入，以检查差动保护躲励磁涌流的性能，无问题后将其退出。

（2）变压器带负荷前应将差动保护退出，应先进行测相量工作，无问题后方可将变压器差动保护再次投入。

85. 油浸式变压器发生哪些异常时应做好倒负荷的准备？

答：当发现下列情况之一时，应报告调度及上级部门并详细检查设备，加强监视并做好倒备用变压器（或倒负荷）的准备。

（1）变压器出现异音。

（2）严重漏油致使油位下降。

（3）套管出现漏油、无油位、裂纹、不正常电晕现象。

（4）轻瓦斯保护动作（近期内油路有工作的情况除外）。

（5）强油循环水冷变压器，在油泵不停情况下冷却水源断水。

（6）变压器出现过温、过负荷现象。

（7）强油风冷（水冷）变压器冷却装置故障全停。

（8）套管接头严重发热。

（9）压力释放阀动作。

86. 油浸式变压器发生哪些故障时应尽快断开其电源？

答：当发现下列情况之一时，应尽快断开变压器电源，并报告调度及上级部门。

（1）内部发生强烈的放电声。

（2）防爆膜破碎并喷油冒烟，或压力释放阀喷油冒烟。

（3）套管严重破裂，放电，爆炸或起火。

（4）变压器起火或大量跑油。

（5）强油风冷（水冷）变压器的冷却装置，因故障全停，超过允许温度或时间。

（6）有载调压变压器调压操作后，发现有载调压装置内部有打火音响、冒烟等异常现象。

（7）变压器发生永久性的二次出口短路或其他危及变压器安全的故障而保护装置拒动。

（8）当变压器附近的设备起火、爆炸或有其他情况，对变压器构成严重威胁时。

87. SF₆ 气体变压器发生哪些异常时应做好倒负荷的准备？

答：当发现下列情况之一时，应报告调度及上级部门并详细检查设备，加强监视并做好倒备用变压器（或倒负荷）的准备。

（1）变压器出现异音。

（2）严重漏气致使压力下降，气体压力异常报警。

（3）套管出现裂纹、不正常电晕现象。

（4）变压器出现过温、过负荷现象。

（5）冷却装置故障全停。

（6）套管接头严重发热。

88. SF₆ 气体变压器发生哪些故障时应尽快断开其电源？

答：当发现下列情况之一时，应尽快断开变压器电源，并报告调度及上级部门。

（1）内部发生强烈的放电声。

（2）有载调压变压器调压操作后，发现有载调压装置内部有打火音响、冒烟等异常现象。

（3）变压器发生永久性的二次出口短路或其他危及变压器安全的故障而保护装置拒动。

（4）当变压器附近的设备起火、爆炸或有其他情况，对变压器构成严重威胁时。

89. SF₆ 气体变压器投运前的检查项目主要有哪些？

答：SF₆ 气体变压器投运前的主要检查项目主要有：

（1）检查应开启的阀门应在"打开"位置，尤其针对压力突变继电器侧阀门、气体密度继电器通往气室管路的阀门，气泵循环主管路的阀门等。

（2）检查应闭合的阀门应在"关闭"位置，尤其针对各气室补气、回收气体阀门等。

（3）检查本体箱、电缆箱和有载切换开关箱的气体密度表指示，依据气体压力—温度曲线，核对 SF_6 气体压力值是否正常，本体及其附件应无气体泄漏现象。

（4）检查变压器箱体、铁芯和夹件的引出套管（含接地引下线）、电容式套管的末屏端子、接地运行的中性点套管应可靠接地，套管 TA 备用二次端子应短接并接地。

（5）涉及变压器专项检修工作时，应着重对其检修质量检查，并经相关试验及传动验收。

（6）检查变压器，应无其他缺陷及异常，工作范围内无遗留工器具及短路线，符合变压器投运条件。

90. 油浸式变压器运行监督的内容主要有哪些？

答：对油浸式变压器运行监督的内容主要有：

（1）变压器运行声音应正常，无内部放电声和其他异音、异味，变压器本体及其附件应无渗漏油现象。

（2）变压器油温和温度计应正常，储油柜的油位应符合温升曲线规定，套管油位应正常，套管外部无破损、污秽、放电痕迹及其他异常现象。

（3）变压器附件压力释放器、防爆管及防爆膜应完好无损，有载分接开关的分接位置及电源指示正常，变压器的冷却装置运转正常，呼吸器潮解不超过 1/2，本体气体继电器内部无寄存气体等。

（4）变压器引线接头、电缆、母线应无发热迹象，必要时应进行红外测温、超声波监测等工作。

（5）本体端子箱、风冷控制箱、有载调压机构箱内部密封良好，无受潮、接线松动、过热、烧伤痕迹。

（6）室内变压器的通风装置工作应正常，通风装置出口风温应不高于 $50℃$，同时记录室内温度，大负荷期间应保证变压器室内空气畅通。

91. SF_6 气体变压器运行监督的内容主要有哪些？

答：对 SF_6 气体变压器运行监督的内容主要有：

（1）变压器运行声音应正常，无内部放电声和其他异音、异味。

（2）本体、电缆箱和有载切换开关箱的气体密度表指示，依据气体压力—温度曲线，核对 SF_6 气体压力值是否正常。

（3）气体温度指示应正常，顶层温度未超过或接近 95℃，必要时采取降温措施。

（4）冷却装置投运正常，片式散热器的片散温度应一致，各风扇、气泵、气流继电器工作应正常。

（5）变压器引线接头、电缆、母线应无发热迹象，必要时应进行红外测温、超声波监测等工作。

（6）本体端子箱、风冷控制箱、有载调压机构箱内部密封良好，无受潮、接线松动、过热、烧伤痕迹。

（7）室内变压器的通风装置工作应正常，通风装置出口风温应不高于 50℃，同时记录室内温度，大负荷期间应保证变压器室内空气畅通。

第二章

电 流 互 感 器

1. 电流互感器的工作原理及作用是什么？

答：电流互感器（TA）是根据电磁感应原理工作并专用于电流变换的设备，其工作原理与变压器类似，也是由铁芯、一次绕组、二次绕组、接线端子及绝缘支持结构等组成。

电流互感器一次绕组匝数很少，串联于一次系统中，二次绕组的匝数很多，供给仪表及继电器的电流线圈，并与之串联，其作用为：

（1）电流互感器是一种电流变换、测量元件，它将大电流按照一定比例变换为小电流，并实现用小电流量值准确反映大电流量值的变化。

（2）电流互感器是一次系统与二次系统的联络元件，各种测量仪表及继电器不直接与系统连接，可靠地隔离高电压，从而保证二次设备和人身的安全。

（3）电流互感器二次绕组的额定电流均设计为 5A 或 1A 标准电流值，使得测量仪表及继电器的电流线圈制造上得以标准化。

2. 电流互感器与变压器的运行工作状态有哪些区别？

答：与变压器一样，电流互感器是根据电磁感应的原理制造而成的，但电流互感器与变压器在运行中也有不同之处，主要体现在：

（1）电流互感器二次电流的大小随着系统一次电流的变化而变化，且一次电流一般不受其二次负载大小的影响，因此可以准确进行一次电流测量，即一次电流起主导作用；而变压器一次电流的大小随其二次负载的变化而变化，即二次电流起主导作用。

（2）电流互感器二次绕组近似于长时间短路工作状态，其二次绕组的负载是阻抗很小的仪表及继电器的电流线圈；而变压器不允许长时间短路运行，否则会造成变压器绝缘损坏性故障。

（3）电流互感器二次绕组不允许开路运行，而变压器允许某绕组侧开路运行（或空载运行）。

3. 电流互感器与电压互感器的运行工作状态有哪些区别？

答：电流互感器与电压互感器同属互感器类设备，是为方便实时采集与监测信息量而在一次设备与二次设备间搭建的一种联络设备，但电流互感器与电压互感器在运行中也有不同之处，主要体现在：

（1）电流互感器一次侧串接在系统中进行电流量的采集与监测，而电压互感器一次侧并接在系统中进行电压量的采集与监测。

（2）对于电流互感器而言，其一次侧相当于内阻很大的恒流源，基本不受二次负载的影响；而对于电压互感器而言，其一次侧相当于内阻很小的恒压源。

（3）电流互感器二次侧不允许开路运行，可以短路运行；而电压互感器二次侧不允许短路运行，可以开路运行。

（4）电流互感器正常工作时磁通密度很低，当短路故障时磁通密度大大增加，有时超过饱和值；而电压互感器正常工作时，磁通密度接近饱和值，当短路故障时磁通密度下降。

4. 电流互感器在变电站中如何进行配置？

答：电流互感器在变电站中的配置情况如下：

（1）凡装有断路器的回路均应装设电流互感器，其数量应满足继电保护装置、计量和自动装置的要求。

（2）在未设断路器的地点也应装设电流互感器，如变压器中性点、变压器的出口母线桥、桥形接线的跨条上等。

（3）对直接接地系统一般按三相配置，对非直接接地系统，依具体委托要求按两相或三相配置。

（4）3/2 断路器接线中，在满足继电保护和计量装置要求的条件下，每串宜装设三组电流互感器。

5. 为什么馈线间隔电流互感器宜安装于断路器线路侧？

答：对于馈线间隔中仅安装一组电流互感器，当电流互感器与断路器的相对安装位置不同时，若在此之间 K 点发生故障将引起保护的动作情况不相同：

（1）电流互感器安装于断路器线路侧时（见图 2-1），此故障属于线路保护的死区，而归属于母线保护区域，因而母线保护动作跳开该母线上的所有断路器。

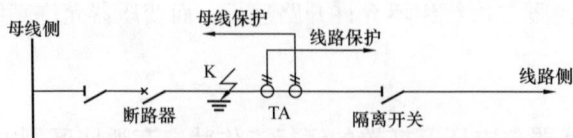

图 2-1　电流互感器安装于断路器线路侧

（2）电流互感器安装于断路器母线侧时（如图2-2所示），此故障属于母线保护的死区，而归属于线路保护区域，因而线路保护将跳开该线路断路器，但此时故障并未消除，而此故障又非母线保护区域内，只能依靠上级保护进行故障切除，扩大了停电范围，严重时还会引起系统振荡、解列等故障。

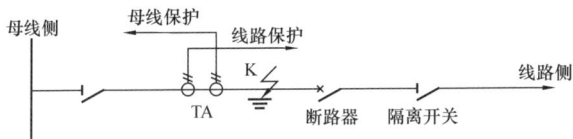

图2-2 电流互感器安装于断路器母线侧

因此，馈线间隔电流互感器宜安装于断路器的线路侧。

6. 电流互感器常见分类型式主要有哪些？

答：电流互感器常见分类型式主要有：

（1）按安装位置分为户内式和户外式。户内式主要安装在室内，其额定电压一般不高于35kV；户外式主要安装在室外，其额定电压一般在35kV以上。

（2）按用途分为测量用和保护用。测量用电流互感器用于提供计量装置及测量装置的电流量；保护用电流互感器用于提供保护装置的电流量。

（3）按绝缘介质分为干式、浇注式、油浸式和SF_6气体绝缘式。干式一般由普通绝缘材料包扎，经浸渍漆处理的绝缘结构；浇注式指环氧树脂或其他树脂混合浇注构成的绝缘结构；油浸式指内部是油和纸的复合绝缘结构；SF_6气体绝缘式指内部充满一定压力的SF_6气体作为主绝缘结构。

（4）按绝缘结构分为链式和电容式。链式绝缘结构其一、二次绕组构成互相垂直的圆环，采用双极绝缘，一半绝缘绕在一次绕组上，另一半绝缘绕在二次绕组上，一般用于66kV及以下电压等级；电容式绝缘结构又可分为正立式和倒立式，正立式一次绕组通常采用U形，主绝缘全部包扎在一次绕组上，而倒立式二次绕组通常采用吊环形，主绝缘全部包扎在二次绕组上，一般用于110kV及以上电压等级。

（5）按安装方式分为贯穿式、套管式和支柱式。贯穿式又称穿墙式，用于穿墙式安装；套管式又称装入式，没有一次导体，直接套装在变压器套管或断路器套管上；支柱式安装在平面或支柱上，兼做一次导体支柱用。

7. SF_6气体绝缘电流互感器的结构与特点有哪些？

答：SF_6气体绝缘电流互感器分独立式和套装式两类。独立式即单独安装使

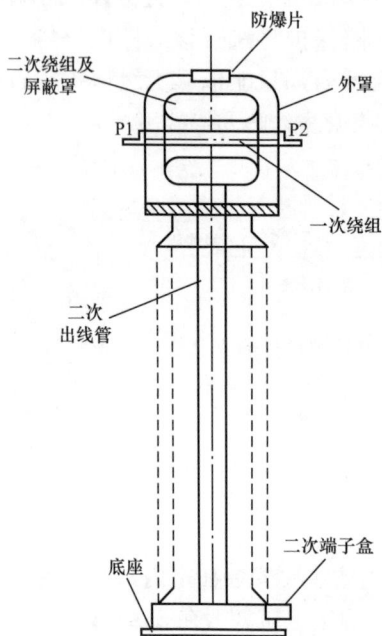

图 2-3 独立式 SF₆ 气体绝缘电流
互感器结构示意图

用，其结构示意图如图 2-3 所示；套装式即与其他电力装置配套使用，如 SF₆ 封闭式组合电器。

SF₆ 气体绝缘电流互感器内部充满 SF₆ 气体作为其主绝缘，由于 SF₆ 气体绝缘强度受电场影响很大，为此在其尖端或曲率半径较小的电极增加屏蔽罩，用于均匀电场。

独立式 SF₆ 气体绝缘电流互感器（见图 2-3）大都采用倒立式结构，外形与倒立式油浸电流互感器相似，一次绕组一般是一次连接导体 P1 端至 P2 端，二次绕组绕在环形铁芯上，并装入接地的屏蔽罩中。

为了防爆，在设备外罩的顶部装有防爆片，爆破压力一般取 0.7～0.8MPa。为了监视 SF₆ 气体压力是否符合技术要求，在底座设有阀门和 SF₆ 气体压力表及密度继电器，当 SF₆ 泄漏量达到一定程度，内部压力达到报警压力时，发出压力低报警信号。

8. 何谓电流互感器末屏？为什么末屏应接地运行？

答：电流互感器末屏概念是针对电容式绝缘结构的油浸式电流互感器而言的，根据其二次绕组所在位置可分为正立式和倒立式两种。

（1）正立式电容式绝缘结构的油浸式电流互感器电容芯子结构是在一次引线连接的空心导电铜管紧密地绕包一定厚度的绝缘层后，然后在绝缘层外面绕包一定厚度的铝箔层（又称电容屏），之后又绕包一定厚度的电缆纸绝缘层，再绕包一层铝箔，如此交替地继续绕包下去，直到所需要的层数为止，这样便形成了以导电管为中心的多个串联柱形电容器。由于导电管处于最高电位，根据串联电容分压原理，最外面的一层铝箔（电容屏）电位最低，因此最外层的电容屏称为末屏。

（2）倒立式电容式绝缘结构的油浸式电流互感器与正立式正好相反，包扎在二次绕组上的主绝缘最外层接近一次导体，故最外层电容屏电压最高，而最内层电容屏电压最低，因此最内层的电容屏称为末屏。

正常运行时，末屏应可靠接地运行，这样导电管对地的电压等于各电容屏间的电压之和，如果末屏不接地，则因在大电流作用下，其绝缘电位是悬浮的，电容屏不能起均压作用，在一次通有大电流后，将会导致电流互感器绝缘电位升高而烧毁电流互感器。

因此运行规定，电容式绝缘结构的油浸式电流互感器末屏应可靠接地。

9. 母线型电流互感器使用等电位线的机理是什么？

答：母线型电流互感器又称穿芯电流互感器，一般采用固体树脂绝缘电流互感器，串接并安装在 10kV 母线桥各相上，分别测量各相母线的电流值。由于通过电流互感器的电流较大，一般制造成一个封闭圆形铁芯式零序电流互感器，其母线就是电流互感器的一次绕组，而电流互感器本身只是一个具有足够绝缘的二次绕组，互感器的中心是一个能穿过一次母线的通孔，如图 2-4 所示。

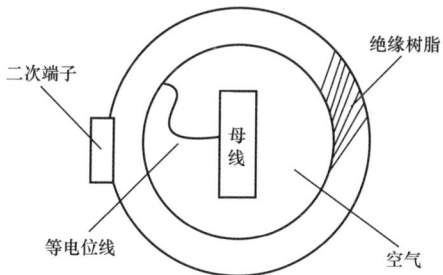

图 2-4　母线型电流互感器等电位线的机理

正常运行时，母线和电流互感器的二次绕组被绝缘。假如不采取其他措施，这时母线和二次绕组之间将相当于两个互相串联的电容器，这两个电容器分别为介电常数为 1 的空气介质电容器和介电常数为 4 的环氧树脂电容器。在高压运行时，空气介质电容器可能被击穿，产生高压电晕放电现象，并发生声响。

为此，在母线型互感器内腔铜材质表面设置等电位线，等电位线的末端接线耳板与一次电流母线用螺栓紧固，此时母线的电位接到互感器的内腔上，空气介质电容被等电位线短路，这样，在母线与电流互感器二次绕组之间就只有环氧树脂绝缘，避免发生电晕放电现象，这就是母线型电流互感器使用等电位线的机理。

10. 零序电流互感器的工作原理是什么？

答：零序电流互感器是一种零序电流过滤器，也是按照电磁感应原理工作的，常见有电缆型零序电流互感器，它将三芯电缆用一个铁芯包围住，二次绕组绕在同一个封闭的铁芯上，用于反映一次系统是否发生接地故障而产生零序电流。

正常运行情况下，由于一次侧三相电流对称，其相量和为零（$i_a + i_b + i_c = 0$），铁芯中不会产生磁通，故二次绕组中也不会感应电流。

当系统中发生接地故障时，三相电流相量之和不再为零（$\dot{i}_a + \dot{i}_b + \dot{i}_c = 3\dot{i}_0$），此时电流互感器在铁芯中感应零序磁通，该磁通在二次绕组将有感应电流，当数值达到启动整定值时，继电保护及自动化装置动作于跳闸或信号。

实际上由于三相导线排列不对称，它们与二次绕组间的互感彼此不相等，零序电流互感器的二次绕组中会有不平衡电流流过，因此启动整定值的设置需考虑不平衡电流值，防止造成保护装置误动。

11. 穿过电缆型零序电流互感器的电缆，其接地线应如何进行接地？

答：电缆型电流互感器一般采用固体绝缘互感器，例如树脂绝缘电流互感器，常常串接并安装在 10kV 开关柜三芯电缆出线上，用于测量通过电缆的零序电流值，常见类型有封闭型零序电流互感器和非封闭型零序电流互感器，非封闭型序电流互感器运行时二次绕组分段端子 K_1' 与 K_2' 应保持可靠连接，端子 K_1 与 K_2 为零序开口二次接线端子，如图 2-5 所示。

由于三芯电力电缆两端的屏蔽线均接地，若某种原因导致屏蔽线出现感应电压，则屏蔽线中就会出现电流，电流流过零序电流互感器一次侧，将在二次侧感应出不平衡零序电流，此电流并非电缆线路中的零序电流，将导致保护误动作。

因此规定：电缆通过零序电流互感器时，电缆金属护层和接地线应对地绝缘，电缆接地点在互感器以下时，接地线应直接接地；接地点在互感器以上时，接地线应穿过互感器接地，也可以理解为"上穿，下不穿"，如图 2-6 所示。

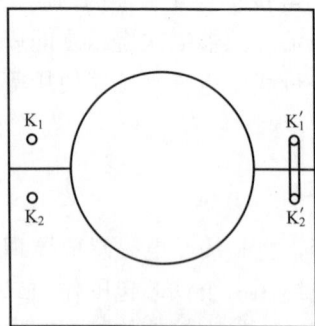

图 2-5　非封闭型零序电流
互感器结构

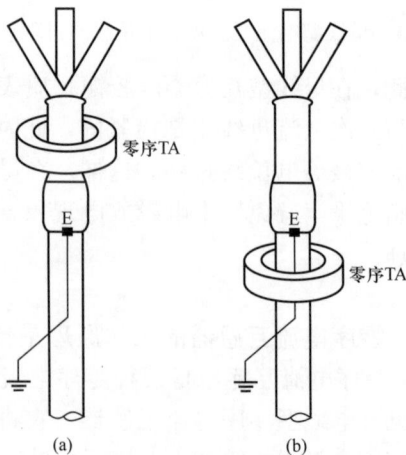

图 2-6　电缆终端接地线的正确接法
(a) 零序 TA 下端面在地线引出点 E 上方或两端平齐；
(b) 零序 TA 下端面在地线引出点 E 下方

这样即相当于在零序电流互感器一次侧流过大小相同而方向相反的屏蔽层电流，两个电流磁场抵消，从而不会在互感器二次侧感应出不平衡零序电流，不会导致保护误动作。

12. 油浸式电流互感器放油塞的用途有哪些？

答：油浸式电流互感器集油的最低位置设有放油塞，又称取油塞，可通过放油塞将其内部的油撤干净，运行维护中又可通过取油塞进行油样采集及监测工作，能及时诊断和发现电流互感器内部是否有受潮、放电等异常和故障，但全密封的油浸式电流互感器一般不宜取油。

油浸式电流互感器放油塞应有双重密封结构，油塞与互感器内部应保证密封良好，油塞外部应有一个罩盖，以防止油塞与空气直接接触，罩盖内部应保持清洁，另外罩盖也必须保持良好密封，并作为防止产品渗漏的第二道屏障。

13. 电流互感器金属膨胀器的结构有哪些？

答：电流互感器金属膨胀器按结构分主要有波纹式（PB 型）、盒式（PH型）和串组式（PC 型）三种结构。

（1）波纹式膨胀器由若干个不锈钢波纹片组成，不适宜放倒运输，因此运输时应采取定位保护措施，电流互感器投运前应将膨胀器的卡具拆除，其结构示意图如图 2-7 所示。

（2）盒式膨胀器由若干个固定在骨架上的不锈钢板膨胀盒组成。

（3）串组式膨胀器指波纹式膨胀器与盒式膨胀器的组合结构。

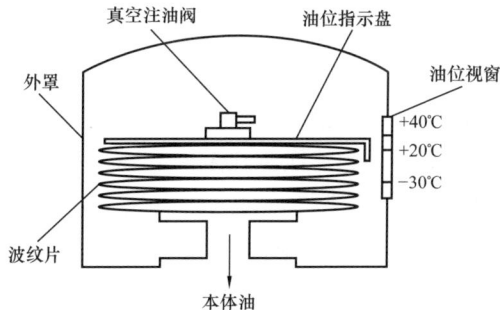

图 2-7　PB 型波纹式膨胀器结构示意图

14. 电流互感器金属膨胀器的用途主要有哪些？

答：金属膨胀器安装在电流互感器顶部外罩内，并与本体油室相连通，金属膨胀器等电位联结应可靠，防止电位悬浮，其用途主要有：

（1）构成油保护系统。与外部环境隔离，防止油的受潮和老化。

（2）调节油位。在环境温度变化引起油的热胀冷缩时，体积变化带动油位变动，确保电流互感器内部压力始终保持在一定微正压范围内。

（3）起一定防爆功能。在内部局部过热、放电等缓慢故障而产生积累压力时，对设备有一定的防爆裕度。

15. 电流互感器误差的定义是什么？影响误差的因素有哪些？

答：电流互感器的误差主要指比值（变比）误差和相位（角度）误差。

（1）比值误差：指二次侧电流 I_2 归算到一次侧与一次侧电流 I_1 的相对值，可用 $\Delta I\% = (K_i I_2 - I_1)/I_1$ 表示（K_i 为电流互感器变比）。

（2）相位误差：指二次电流相量与一次电流相量间的夹角，将二次电流相量超过一次电流相量的角度规定为正，反之则为负，单位以分（'）来计，其中 $60'$ 为 $1°$。

影响电流互感器误差的因素主要有：

（1）励磁电流 I_e 的影响。由于电流互感器励磁电流 I_e 是一次侧输入电流的一部分，传变不到二次侧，造成比值误差的存在，又由于励磁电流 I_e 与二次电流相位的偏差，造成相位误差的存在，因此，励磁电流 I_e 是电流互感器存在误差的主要因素。

（2）一次电流 I_1 的影响。一次侧电流比一次侧额定电流小得多时，由于 $I_1 N_1$ 较小，不足以建立励磁，则误差较大；当一次电流增大到一次额定电流附近时，符合电流互感器运行工况，误差最小；当一次电流增大，大大超过一次额定电流时，$I_1 N_1$ 很大，使磁路饱和，其误差很大。因此，电流互感器选型时应考虑一次额定电流与实际运行电流相匹配。

（3）二次负载 Z_2 的影响。如果一次电流不变，则二次负载阻抗 Z_2 及功率因数 $\cos\varphi$ 直接影响误差的大小。当二次负载阻抗 Z_2 增大时，二次输出电流将减小（励磁电流 I_e 将增大），即 $I_2 N_2$ 下降，对一次 $I_1 N_1$ 的去磁程度减弱，比值误差和相位误差都会增加；当二次功率因数 $\cos\varphi$ 变化时，比值误差和相位误差会出现不同的变化。因此，为避免误差增大，应将二次负载阻抗和功率因数限制在规定范围内。

16. 电流互感器额定容量为什么既有标伏安（VA）的，又有标欧姆（Ω）的，它们的关系是什么？

答：电流互感器额定容量 S_N 指二次额定电流 I_{2N} 通过二次额定负载 Z_N 所消

耗的功率，即 $S_N = I_{2N}^2 Z_N = (I_{2N} Z_N) \cdot I_{2N}$，可见其单位为伏安（VA）。

又因二次绕组额定电流值统一规定为 1A 或 5A 两种，故其额定容量也可以表示为 $S_N = Z_N$ 或 $S_N = 25Z_N$，从公式可以看出 S_N 的单位也可以用欧姆（Ω）进行表示。

分析可知，额定容量 S_N 与额定负载 Z_N 之间只差一个系数，成正比例关系，额定容量和额定负载一样，都可以表示电流互感器二次允许的各保护装置、计量装置以及连接导线的全部阻抗值。

通过试验测量电流互感器二次回路阻抗，就可以确定电流互感器容量是否满足运行要求，其二次负载额定值可根据实际需要选用 2.5、5、7.5、10、15、20、30VA，为确保电流互感器的准确等级要求，实际二次负载不得超过铭牌规定值。

17. 在相同额定容量条件下，二次绕组额定电流为 1A 和 5A 的电流互感器，哪个允许的二次负载大？

答：电流互感器的二次额定负载是指在二次绕组电流为额定值时，二次侧输出的功率为视在功率情况下的二次负载阻抗值，可用公式表示为：$Z_N = S_N / I_{2N}^2$。

因二次绕组电流额定值统一规定为 1A 或 5A 两种，当二次额定电流为 5A 时，其二次额定负载为 $Z_N = S_N/25$；当二次额定电流为 1A 时，其二次额定负载为 $Z_N = S_N$。对比分析可知，在相同额定容量条件下，二次额定电流为 1A 的电流互感器允许的二次负载比 5A 的电流互感器大。

因此，对于新建设备，有条件时宜选用二次额定电流为 1A 的互感器，同时应尽量避免一个变电站内同一电压等级的设备出现不同的二次额定电流，以免引起公共保护（如差动保护）整定的困难。

18. 电流互感器额定电压的含义是什么？

答：电流互感器额定电压是指高压一次绕组所串接线路上的线电压。电流互感器一次绕组是串联接在线路上的，所以电流互感器额定电压并不是电流互感器一次绕组两端的电压，而是电流互感器一次绕组对二次绕组和地的绝缘电压，因而电流互感器的额定电压只是说明电流互感器的绝缘强度，而和电流互感器的容量没有任何直接的关系。

电流互感器的额定容量只与额定负载有关，而与电流互感器的额定电压没有关系。如果按照变压器容量的概念来理解电流互感器的容量，认为额定容量为额定电压与额定电流的乘积，那显然是错误的，这是因为变压器的额定电压就是变压器一次或二次绕组的额定电压，而电流互感器的额定电压，既不是它一次绕组的电压，也不是它二次绕组的电压。

19. 何谓电流互感器准确等级?

答：电流互感器准确等级指在规定二次负载变化范围内，一次电流为额定电流时，电流互感器比值误差的百分值。

电流互感器用于保护、测量和计量三种回路，而这三种回路对电流互感器准确等级的要求是不同的。测量用电流互感器的标准准确等级有 0.1、0.2、0.5、1、3、5 级；对于特殊计量要求的还有 0.2S 和 0.5S 级，准确等级为 0.2S、0.5S 的电流互感器的精度分别比 0.2、0.5 的要高，适应于较大工作电流范围的情况；保护用电流互感器的标准准确等级有 5P 级和 10P 级，电流互感器误差限值见表 2-1。

表 2-1　　　　　　　　　　　电流互感器误差限值

准确等级	一次电流为额定电流的百分比（%）	误差限值		二次负载变化范围
		比值误差（%）	相位误差（′）	
0.1	5 20 100～120	±0.4 ±0.2 ±0.1	±15 ±8 ±5	$(0.25\sim1)\ Z_{2N}$
0.2	5 20 100～120	±0.75 ±0.35 ±0.2	±30 ±15 ±10	$(0.25\sim1)\ Z_{2N}$
0.5	5 20 100～120	±1.5 ±0.75 ±0.5	±90 ±45 ±30	$(0.25\sim1)\ Z_{2N}$
1	5 20 100～120	±3.0 ±1.5 ±1.0	±180 ±90 ±60	$(0.25\sim1)\ Z_{2N}$
3	50 120	±3.0	不规定	$(0.5\sim1)\ Z_{2N}$
5	50 120	±3.0	不规定	$(0.5\sim1)\ Z_{2N}$
0.2S	1 5 20～120	±0.75 ±0.35 ±0.2	±30 ±15 ±10	$(0.25\sim1)\ Z_{2N}$
0.5S	1 5 20～120	±1.5 ±0.75 ±0.5	±90 ±45 ±30	$(0.25\sim1)\ Z_{2N}$

注　1. Z_{2N}为电流互感器额定二次负载。

　　2. 0.2S 和 0.5S 准确等级只适用于二次额定电流为 5A 的电流互感器。

20. 保护用电流互感器准确等级如何标注？5P20 的含义是什么？

答：由于保护用电流互感器要求一次绕组流过超过额定电流许多倍的短路电流时，其误差不影响保护正确动作，此时电流互感器铁芯饱和，励磁电流大大增加，二次电流减少，误差增大，电流变比已呈现非线性关系，故此时误差只能用复合误差来分析，即励磁电流与一次电流之比的百分数。

保护用电流互感器应具有一定的准确等级，即要求复合误差不超过限值。保证复合误差不超过限值的最大一次电流就称为额定准确限值一次电流，其中规定额定准确限值一次电流与额定电流的比值称为额定准确限值系数。

保护用电流互感器按用途分为稳态保护（P）用和暂态保护（TP）用两类，其中稳态保护用电流互感器规定有 5P 和 10P 两种准确等级（见表 2-2），习惯上把保护用电流互感器的准确等级与准确限值系数连在一起标注，如 5P20、10P20 等。

表 2-2 　　　　　　　　稳态保护用电流互感器的准确等级

准确等级	额定准确限值一次电流比值误差（%）	额定准确限值一次电流相位误差（′）	额定准确限值一次电流复合误差（%）
5P	±1.0	±60	5
10P	±3.0	不规定	10

保护用电流互感器准确等级 5P20 含义是指：电流互感器是 5P 准确等级，额定准确限值系数为 20，只要流经电流互感器的一次电流 I_1 不超过 20 倍的一次额定电流 I_{1N}，其复合误差就不会超过 5%。

21. 何谓保护用电流互感器的 10% 误差曲线？

答：10% 误差曲线是保护用电流互感器的一个重要的基本特性。继电保护装置反应的是一次系统的故障状况，当一次系统故障时，一次电流通常是正常负荷电流几倍之多，当电流互感器达到铁芯饱和时，一次电流将有相当大的部分用于励磁电流，其一次、二次电流变比已不是线性关系，此时实测的二次电流 I_2 小于变比计算值，如图 2-8（a）所示，为使电保护装置能够正确反映一次系统状况而正确动作，要求其复合误差不大于 10%。

从另一个角度来讲，10% 误差曲线可描述为：复合误差为 10% 时，一次电流（I_1）与其额定电流（I_{1N}）的比值（$m_{10}=I_1/I_{1N}$）同二次负载阻抗（Z_L）的关系特性曲线，如图 2-8（b）所示，即在不同的一次电流倍数下，为使电流互感器的复合误差不超过 10% 而允许的最大二次负载阻抗。

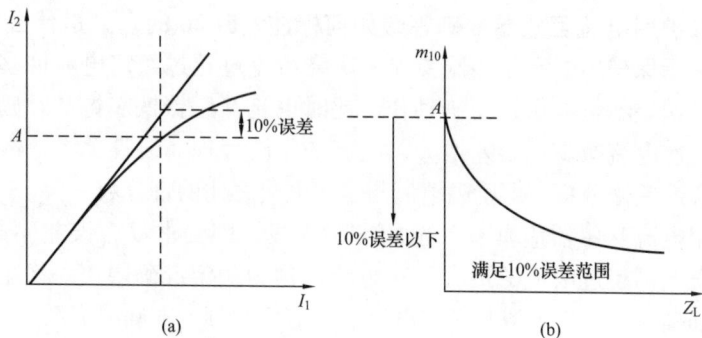

图 2-8　电流互感器的 10% 误差曲线
(a) 电流互感器一、二次电流关系；(b) 10% 误差曲线下最大允许负载

一个给定的电流互感器的误差主要由一次电流大小和二次负载大小两个因素决定，误差曲线反映了在给定误差范围内两个影响因素的相互制约关系。由图 2-8 (b) 可知，在电流互感器的 10% 误差允许范围内，一次电流和二次负载阻抗是相互制约的，一次电流越大，允许的二次负载阻抗就越小，二次负载阻抗越大，允许的一次电流就越小。

22. 保护用电流互感器不满足 10% 误差要求时可采取哪些措施？

答：保护用电流互感器不满足 10% 误差要求时，主要通过减少二次负载值或提高允许二次负载值，以防止一次短路电流过大而使保护用电流互感器不满足误差需求。工作中可采取的措施有：

(1) 更换伏安特性或励磁特性，较好地保护用电流互感器，使其饱和点延后。

(2) 增大二次电缆截面积，进而减少二次回路电缆负载阻抗，提高二次负载允许值。

(3) 串联备用电流互感器，使允许负载增大 1 倍。

(4) 提高电流互感器变比，实现在一次电流和额定容量不变的情况下，降低二次额定电流值，以提高二次负载允许值，如可将一次端子串联方式改成并联方式，也可将额定电流为 5A 的电流互感器更换为 1A 的。

23. 电流互感器绕组端子标注为何设计为减极性？

答：电流互感器绕组端子采用减极性标注，即当从一次绕组的同名端通入电流 I_1 时，二次绕组中感应出的电流 I_2 从同名端流出，以同名端为参考，一次、二次电流方向相反，因此称为减极性，如图 2-9 所示。

其中同名端的定义为：当分别从各侧绕组的一个端子通入相同方向的电流，它们在铁芯中产生的主磁通方向一致时，则定义此两个端子为同极性或同名端，否则为异极性或异名端。

从理论上分析理想状态下的电流互感器，铁芯中合成磁通势应为一次绕组与二次绕组磁通势的相量和，即 $N_1 I_1 - N_2 I_2 = N_0 I_1 = 0$，由此可推出：$I_2 = N_1 I_1 / N_2$，可

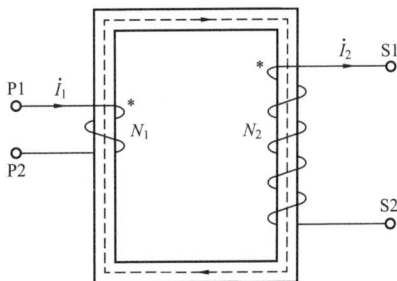

图 2-9　电流互感器减极性标注方式

见，一、二次电流的方向是一致的，是同相位的，因此我们可以用二次电流来表示一次电流，这正是减极性标注的优点。

24. 对电流互感器如何进行直流法极性校验？

答：电流互感器极性校验常采用直流法、交流法、仪器法进行，其中直流法应用广泛，校验的主要步骤为：

（1）首先将被试电流互感器对地放电，使电流互感器一次端子 P1、P2 空开。

（2）将 1.5～3V 干电池经刀闸 S 接于电流互感器一次端子 P1、P2 上，其中 P1 端子接干电池正极、P2 端子接干电池负极，在二次绕组端子 S1、S2 或 S1、S3 上连接一个极性表测试，接线如图 2-10 所示。

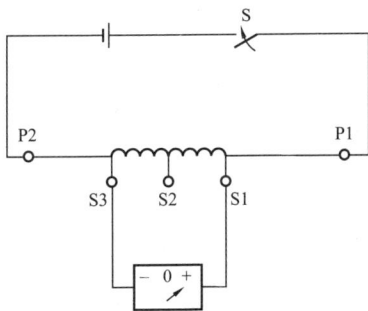

图 2-10　电流互感器直流法极性校验接线图

（3）检查接线无问题后，若瞬间合上刀闸 S 时，指针向"＋"端偏转，而拉开刀闸 S 时表计指针向"－"端偏转，则电流互感器采用的是减极性标注；若偏转方向与上述相反，则电流互感器采用的是加极性标注。

（4）按照上述方法依次对其他二次绕组进行极性校验。

25. 电流互感器的小极性和大极性是如何定义的？

答：电流互感器根据极性校验的地点和范围的不同可分为小极性和大极性：

（1）小极性是在电流互感器本体一次、二次绕组接线端子上进行的极性校

验，一般在新品安装或大修投运前进行校验。

（2）大极性是在电流互感器二次回路及控制电缆中电流专用端子处进行的极性校验，一般在电流互感器二次回路变动后需进行大极性校验，主要是考虑二次接线时将极性弄错，造成保护装置误动和计量装置测量不准确。

可见，电流互感器进行大极性校验的范围明显大于小极性，大极性小极性因此而得名。

26. 电流互感器一次、二次绕组极性错误有哪些原因？会造成什么后果？

答：电流互感器一次、二次绕组极性错误的原因有：

（1）一次绕组端子 P1、P2 标识错误，不符合减极性标注。

（2）二次绕组端子标识错误，不符合减极性标注。

（3）二次绕组内部抽头至二次面板接线端子接线错误。

如果电流互感器一次、二次绕组极性错误，将造成此相电流相位反相 $180°$，对于接于保护装置的差动保护或母线保护等保护均会造成误动作，对于测量装置指示的正确性和仪表计量的准确性都会受到影响。

因此，电流互感器一次、二次绕组接线变动工作后，工作人员应进行电流互感器的绕组极性校验。

27. 电流互感器一次、二次绕组接线端子标识如何定义？

答：电流互感器一次、二次绕组接线端子标识指一次端子与二次端子标识，并且用字母和数字组成，分别位于一次接线端子和二次接线端子近旁处。

（1）一次端子用 P1、P2 标识。

（2）一次分段端子用 C1、C2 标识，如图 2-11（a）所示。

（3）二次端子：单变比用 S1、S2 标识，如图 2-11（b）所示；具有中间抽头的多变比用 S1、S2（中间抽头）、S3 标识，如图 2-11（c）所示；如互感器有两个及以上二次绕组，各有铁芯，则可用 1S1、1S2；2S1，2S2，2S3；3S1、3S2 等标识（其中字母 S 代表一套绕组，字母前的数字表示铁芯的编号，字母后的数字表示二次绕组端子编号），如图 2-11（d）所示。

电流互感器一、二次绕组接线端子之间的关系为：

（1）一次端子 P1 与一次分段端子 C2 在电流互感器内部连通等电位，一次端子 P2 与一次分段端子 C1 在电流互感器内部连通等电位。

（2）一次端子 P1、一次分段端子 C1、二次端子 S1 在同一瞬间极性相同，即为同名端。

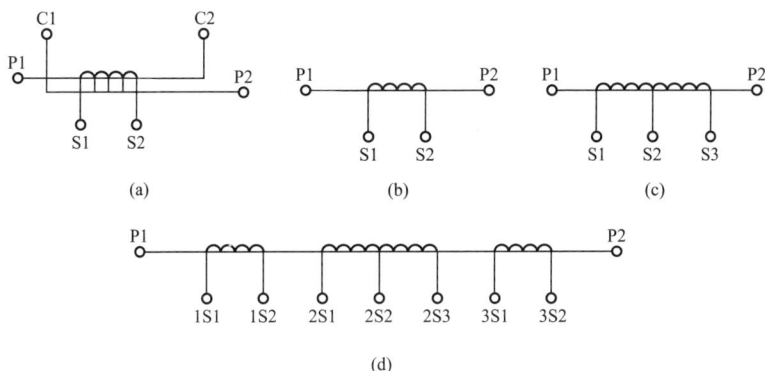

图 2-11　电流互感器绕组接线标志

(a) 互感器一次绕组分两段, 可以串联或并联; (b) 单电流比互感器; (c) 互感器具
有中间抽头; (d) 互感器具有三个二次绕组, 各有其铁芯

28. 电流互感器一次端子 P1、P2 标识及安装方向如何定义?

答: 电流互感器一次端子 P1、P2 安装方向是根据其一次绝缘水平和发生故障的概率确定的。

电流互感器的两个一次端子 P1、P2 串联于一次高压线路中, 一般情况下 P1 端子与上铁帽绝缘或通过小避雷器绝缘, P2 端子与上铁帽相连或通过等电位连接片相连。

电流互感器发生外部绝缘故障多呈现一次端子 P2 侧故障, 因而高压一次端子 P1 应靠近母线侧, 一次端子 P2 靠近线路侧或变压器侧, 这样的结构设计可以在铁帽发生闪络接地故障时, 线路保护动作, 只切除本线路断路器, 有效避免因电流互感器上铁帽发生闪络接地造成母线保护动作的扩大性停电事故。

29. 电流互感器额定电流变比如何定义?

答: 电流互感器的作用是将一次设备的大电流按照一定变比变换成二次设备使用的标准小电流, 其额定电流变比定义为一次额定电流 I_{1N} 与二次额定电流 I_{2N} 的比值, 即: $k_i = I_{1N}/I_{2N}$。

电流互感器应根据其所属一次设备的额定电流或最大工作电流选择适当的额定一次电流, 应使得在额定电流比条件下的二次电流满足该回路测量仪表和保护装置的准确性要求, 额定一次电流的标准值为: 10、12.5、15、20、30、

40、50、60、75A 以及它们的十进制倍数或小数。

由于电流互感器二次额定电流规定设计只有 5A 或 1A 两种，故电流互感器的变比又可以表示为：$k_i = I_{1N}/5$ 或 $k_i = I_{1N}$。它的含义是：

（1）额定一次电流 I_{1N} 不小于该设备可能出现的最大长期负荷电流，如此即可保证一般情况下电流互感器二次电流不大于 5A 或 1A。

（2）被保护设备发生故障时，在短路电流不使电流互感器饱和的情况下，电流互感器二次侧电流可以按照此变比从一次电流线性比例折算。

在实际应用中，当知道实测二次电流 I_2 数值时，I_2 乘以额定电流变比 k_i 就可得到实际一次电流 I_1 数值。

30. 电流互感器改变比的方式有哪些？

答：电流互感器改变比有一次改变比和二次改变比两种方式。一次改变比通过一次绕组分段端子 C1、C2 来实行，二次改变比通过在二次端子盒内选择二次绕组的抽头来实现。

电流互感器铭牌或说明书上一般对是否能进行一次改变比或二次改变比进行了标识，仅一次能改变比的用"×"表示，如 2×300/5；仅二次能改变比的用"－"表示，如 600－1200/5；一次、二次都能改变比的用：2×（600－1200/5）表示。

（1）电流互感器一次改变比。电流互感器一次改变比分为串联方式和并联方式两种。其中串联改变比方式通过专用等电位连接片短接一次分段端子 C1 与 C2 来实现；而并联改变比方式是：P1 端子侧与 C1 端子短接，P2 端子侧与 C2 端子短接。同等情况下，并联方式变比是串联方式变比的 2 倍。

（2）电流互感器二次改变比。电流互感器二次端子具有中间抽头，相当于对二次绕组的绕组匝数进行调节，由于电流互感器匝数比与电流变比成反比，因而选用 1S1－1S2 接线方式的变比小于 1S1－1S3 接线方式的变比，由于内部二次接线抽头位置的选择不同，变比扩大倍数不同（一般变比扩大 1 倍），因此应进行电流互感器变比试验确认。

31. 为什么电流互感器一次并联方式相对于串联方式的变比会扩大 1 倍？

答：电流互感器一次端子串接于一次系统中，其一次电流 I_1 是由系统决定的，当电流互感器一次端子改变比方式不同时，通过电流互感器铁芯的电流是不同的，具体分析如下：

（1）一次串联方式。从图 2－12（a）可以看出，通过铁芯的一次绕组电流为 $2I_1$，此时若假定电流互感器内部变比为 K_{in}，则此时的二次电流为 $I_2 = 2I_1/K_{in}$，而实际上我们只观测实际系统侧的一次电流与二次电流值，当假设电流互感器外部变比为 K_{out} 时，则 $K_{\text{out}} = I_1 / \left(\dfrac{2I_1}{K_{\text{in}}} \right) = K_{\text{in}}/2$。

（2）一次并联方式。从图 2-12（b）可以看出，通过铁芯的一次绕组电流为 I_1，此时若假定电流互感器内部变比为 K_{in}，则此时的二次电流为 $I_2 = I_1 / K_{\text{in}}$，而实际上我们只观测实际系统侧的一次电流与二次电流值，当假设电流互感器外部变比为 K_{out} 时，则 $K_{\text{out}} = I_1 \left/ \left(\dfrac{I_1}{K_{\text{in}}} \right) \right. = K_{\text{in}}$。

由此可见，电流互感器一次并联方式变比是串联方式变比的 2 倍，可以说并联方式相对于串联方式的变比会扩大 1 倍。

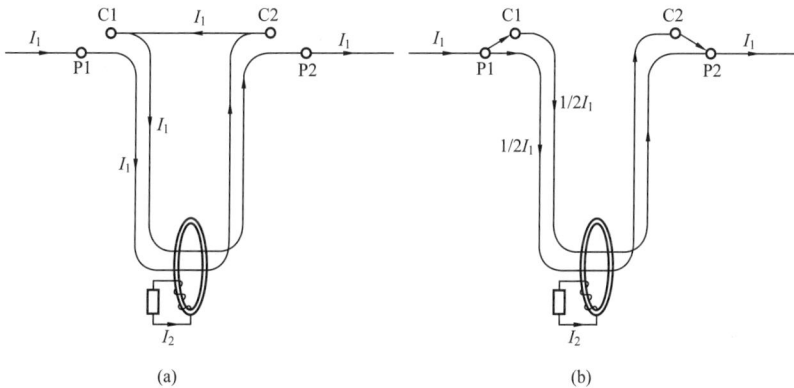

图 2-12　电流互感器一次端子改变比示意图
（a）电流互感器一次串联方式；（b）电流互感器一次并联方式

32. 电流互感器一次改变比的注意事项主要有哪些?

答：电流互感器一次改变比的注意事项主要有：

（1）必须按照制造厂家说明书示意的连接方式进行一次改变比。

（2）必须使用产品出厂时附带的专用等电位连接片进行一次改变比。

（3）必须经互感器变比试验合格满足要求，才能投入运行。

（4）检修人员应向设备运行人员出示设备变更说明书，由运行人员向保护、调度及计量等部门汇报变更情况。

（5）保护、调度及计量等部门应注意重新审核保护定值以及计量、仪表倍率。

33. 电流互感器的一次、二次绕组常见接线方式有哪些？

答：电流互感器的一次、二次绕组常见接线方式有：不完全星形接线和完全星形接线，其具体接线方式如图 2-13 所示。

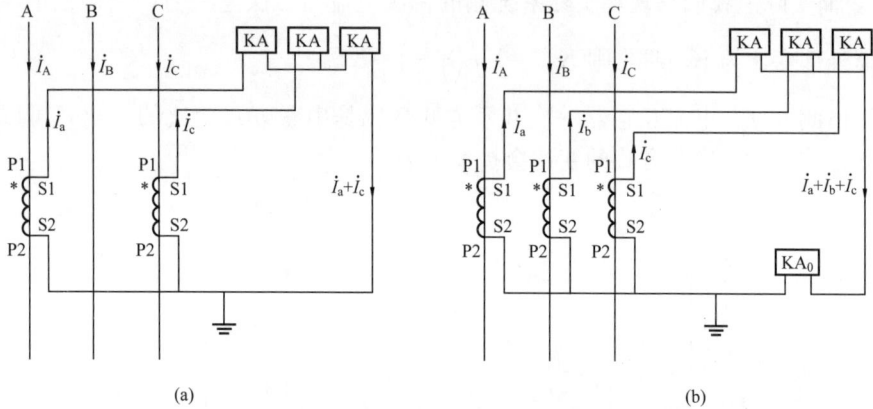

图 2-13　电流互感器的一次、二次绕组接线方式
(a) 不完全星形接线；(b) 完全星形接线

(1) 不完全星形接线。又称两相 V 形接线，仅在 A、C 两相配置电流互感器，可以实时获取 A、C 相二次电流值，由于中性线中流过的电流值为 $i_a + i_c$，恰好等效为未接电流互感器 B 相的二次电流（$-i_b$），但此种接线无法获取零序电流值，仅能反映相间短路故障，因此广泛应用于无论负荷平衡与否的三相三线制中性点不接地系统中，供测量或保护用。

目前，在不考虑"小电流接地选线"功能的情况下，10~35kV 架空线路多采用此接线方式，以节省一台电流互感器，否则，必须配置三台电流互感器来获得零序电流以实现"选线"功能。由于电缆出线配置了专用的零序电流互感器以实现"选线"功能，故电流互感器均可按不完全星形接线方式配置。

(2) 完全星形接线。三相（A、B、C）均配置电流互感器，可以实时获取各相二次电流值和零序电流值 $3i_0$。（$3i_0 = i_a + i_b + i_c$），能够反映各种相间短路及接地短路故障，因此广泛应用于三相三线制系统或三相四线制系统中，供测量或保护用。

目前 110~220kV 线路及变压器、10kV 电容器等设备配置的电流互感器均采用此接线方式。

34. 电流互感器的二次绕组端子引下处理有哪些规定？

答：电流互感器二次绕组端子引下处理的规定有：

（1）电流互感器二次面板虽有二次接线端子（二次接线柱），但面板内部并未设计二次绕组抽头引线与其接线，此时二次接线端子不需任何接线，不必进行引下处理。

一般我们可以从电流互感器铭牌中看出一共有几组二次绕组，也可通过电流互感器的变比试验或直阻试验进行确认。

（2）电流互感器二次面板内部二次绕组抽头引线已与二次接线端子连接，一般应将二次端子接线分别引下至本体端子箱处，再供给相应的保护、测量和计量装置。

1）对于二次绕组有中间抽头的情况，当使用某组二次抽头后，该组未使用的抽头不允许供给保护、测量和计量装置，不能与其他抽头连接，也不能接地。

2）备用二次绕组端子应进行短接并接地处理，严禁开路运行。

35. 保护用电流互感器二次绕组接入位置有哪些规定？

答：保护用电流互感器应根据保护原理与保护范围合理选择接入位置，以确保一次设备的保护范围没有死区。

一般保护用电流互感器二次绕组保护接入有母线保护、线路保护、主变压器差动保护、失灵保护等，根据保护原理及范围应确定靠近母线侧的第一、第二套绕组接入线路保护（或主变压器差动保护），第一、第二套次级绕组接入母线保护，并应考虑一套保护停用后不出现电流互感器内部故障时的保护死区。

对油浸正立式 U 型绝缘结构的电流互感器，为防止其电流互感器内部油箱底部受潮造成绕组 K 点对地闪络放电故障，其母线保护的二次绕组接入位置应选择靠近 U 型的 P1 侧，如图 2-14（a）所示。

图 2-14（b）中母线保护 1 与母线保护 2 所选二次绕组接入不合理，此时如果在电流互感器内部油箱底部绕组 K 点对地闪络的故障，将会造成线路保护与母线保护均动作，扩大了停电范围，而图 2-14（a）中母线保护所选二次绕组接入位置正好避免了上述情况的发生。

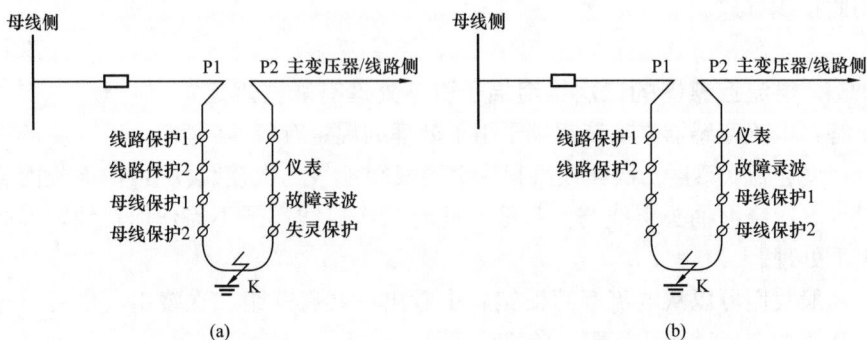

图 2-14 保护用电流互感器二次绕组接入位置示意图
(a) 二次绕组接入位置合理；(b) 二次绕组接入位置不合理

36. 当电流互感器二次绕组需串接多个二次负载时有哪些规定？

答：当电流互感器二次绕组需串接多个二次负载时，其接入顺序的原则是：方便设备调试及调试中的安全，并使串接多个二次负载所用电缆最短。

(1) 保护装置。尽量将不同的保护装置单独接入不同的二次绕组回路（两套互为备用的主保护应接入不同的二次绕组回路），应先主保护再后备保护，先出口跳闸的保护装置再不出口跳闸的保护装置。

(2) 测量、计量装置。一般仪表回路的顺序为电流表、功率表、电能表、记录型仪表、变送器或监控系统。

保护装置和测量、计量装置宜用不同的二次绕组回路供电，若受条件限制需共用一个二次绕组时，其性能应能同时满足保护、测量和计量装置的要求，且接线方式不影响仪表校验时保护装置的正常工作。

如电流互感器某二次绕组回路需接入线路保护、失灵保护、故障录波等装置时，应根据所定原则按次序接入，这样在运行中要做录波器试验，可将其退出运行而不影响线路保护与失灵保护等装置的正常运行（见图 2-15）。

37. 电流互感器二次回路为什么严禁开路运行？

答：电流互感器一次侧绕组串接一次系统中，流过的一次端子的电流 $\dot{I}_1$ 始终为系统电流，其值由系统负载而决定，当电流互感器二次侧开路时，二次侧电流值 $\dot{I}_2$ 为零，由磁通势平衡原理 $\dot{I}_1 N_1 + \dot{I}_2 N_2 = \dot{I}_0 N_0$ 可知，一次电流全部用于励磁，使铁芯严重饱和，这样可能导致如下后果：

(1) 二次绕组上产生很高的电压，严重地威胁二次设备和人身安全。

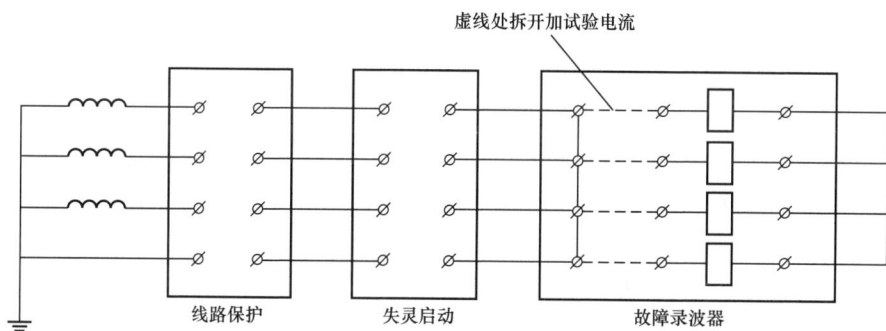

图 2-15 电流互感器多个二次负载接入顺序

（2）可能造成铁损严重过热，内部绝缘会因过热而烧损，引发内部放电等严重故障，一次负荷电流很大时将伴随异常大的噪声。

（3）二次电流近似为零，仪表指示不正常，长时间运行会在铁芯上产生剩磁，使电流互感器误差增大，影响保护、测量及计量装置的准确性。

（4）监控系统发出"TA 断线"或"TA 开路"等信号，也可能造成保护装置的误动或拒动。

38. 为什么电压互感器以及变压器二次回路可以开路，而电流互感器二次回路却不能？

答：电压互感器以及变压器的一次侧电压是恒定的，一次侧电流可以随着二次侧负载的变化而变化，而电流互感器的一次侧电流却是恒定不变的，始终为系统电流。

当二次侧开路时，电压互感器以及普通变压器一次侧为空载电流，约为额定电流的 10%，并不足以使铁芯饱和，而此时电流互感器一次侧电流仍然保持为系统电流并全部用于励磁，导致铁芯饱和，造成二次回路过电压、铁芯发热等故障。

因此，电压互感器以及变压器二次回路可以开路，而电流互感器二次回路却不能。

39. 电流互感器二次回路开路应如何处理？

答：在处理电流互感器二次回路开路时，首先应根据表计现象、电流采集量信息，分清故障属于哪一组电流回路、开路的相别，对保护有影响时应申请调度将其退出运行。其处理方式如下：

（1）电流互感器二次回路开路并伴随一次负荷电流很大时，将会在二次回路开路处产生高电压，此时应尽可能停电处理，如果不能停电也要设法转移或降低一次负荷电流，待高峰负荷渡过后，再停电处理。

（2）如果电流互感器开路点在本体二次绕组接线端子处，限于安全距离不够，人员不能靠近，必须停电进行处理。

（3）如果一次系统负荷很小且满足工作安全距离时，在就近的实验端子上，认准接线位置，用专用短路线将开路点回路短接，再检查开路点。

若短接时有火花，说明短接有效，故障点在短接点以后的回路中，可进一步查找，若短接时没有火花，说明短接无效，故障点在短接点以前的回路中，可以逐点向前变换短接点，缩小范围。

40. 在电流互感器二次回路上进行带电工作时应注意什么？

答：在电流互感器二次回路上进行带电工作时应注意：

（1）认真填写二次工作安全措施票，对需动用的二次端子接线应在措施票上标记清楚，对不涉及工作的二次端子接线应采取"反措"措施，如封贴绝缘胶带等。

（2）工作中严禁因损坏元件或误操作致使二次回路断线而引起电流互感器二次回路开路的现象。

（3）在需要将电流互感器二次某回路短路后方可工作时，应采取专用短路片或短路线，严禁使用熔丝或导线缠绕。

（4）严禁在电流互感器与短路点之间的回路上进行任何工作，避免分流造成保护装置误动，必要时可向调度申请停相关保护。

（5）工作结束后按照二次工作安全措施票记录进行短路线拆除工作，恢复正确接线并检查无遗留工具、短路线。

41. 为什么电流互感器二次回路只能有一点接地？

答：电流互感器二次回路必须一点接地，并且只允许有一个接地点，这个接地点可称为安全接地点，具体原因分析如下：

（1）电流互感器二次回路必须有一点接地。当一次与二次之间因绝缘降低发生击穿放电时，可通过接地点进行泄流，保证了二次设备和人身的安全。

（2）电流互感器二次回路只允许有一个接点地。

1）系统正常运行时，如果电流互感器二次回路非中性线两点接地（如 N 点与 K1 点），当这两个接地点构成的并联回路短接二次负载装置电流线圈时，使流过二次负载装置电流线圈的电流大为减少，影响表计正确测量及保护装置动作的正确性，如图 2 - 16（a）所示。

2) 系统发生接地故障时，如果在中性线有两点接地（N 点与 K2 点）并且距离较远时，变电站的地网上这两点的纵向电位差 U_{NK2} 要向二次回路供电，在二次回路中产生附加电流，影响表计正确测量及保护装置动作的正确性，如图 2-16（b）所示。

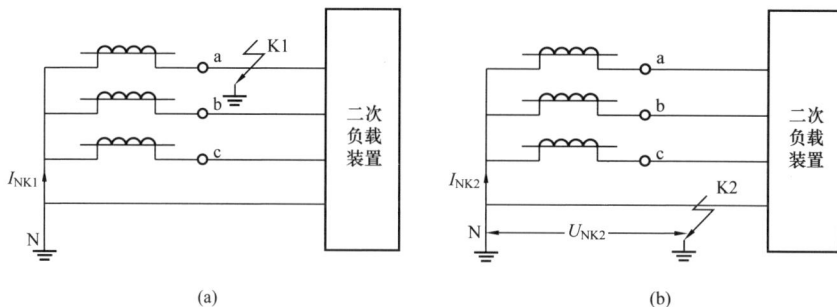

图 2-16 电流互感器二次回路发生两点接地示意图
（a）系统正常运行时；（b）系统发生接地故障时

42. 电流互感器二次回路的接地点应设在何处？

答：电流互感器二次回路的接地点可以设在保护屏，也可设在开关场。保护屏接地时，工作人员与保护屏及设备均在同一电位水平，安全性好；开关场接地时，保护设备与接地点可能产生电位差，形成共模干扰问题，但电缆沟设铜排可大大降低电压差干扰问题，并且假如电流互感器一次、二次击穿，就地接地可以很好地就地泄流。运行规定：

（1）电流互感器每套二次绕组的接地点应分别引出接地线，接至接地铜排，不得将各二次绕组的公共端在端子排连接后引出一根接地线。

（2）独立的，与其他电流互感器的二次回路没有电气联系的二次回路应在开关场一点接地。

（3）当有几组电流互感器的二次回路连接构成一套保护时，公共电流互感器二次回路只允许且必须在相关保护柜屏内一点接地。

43. 联结组别为 YNd11 的变压器差动保护电流互感器的接线方式有什么特点？

答：联结组别为 YNd11 变压器的差动保护电流互感器接线方式特点有：

（1）常规电磁差动保护。由于变压器绕组各侧接线方式不同，可造成电流相位差 30°，从而在变压器差动保护的差电流回路中产生较大的不平衡电流，为此要求电流互感器二次侧采用电流相位补偿法接线：将变压器星形接线侧的电流互感器二次绕组接成三角形接线，而将变压器三角形接线侧的电流互感器二次绕组接成星形接线，如图 2-17 所示。

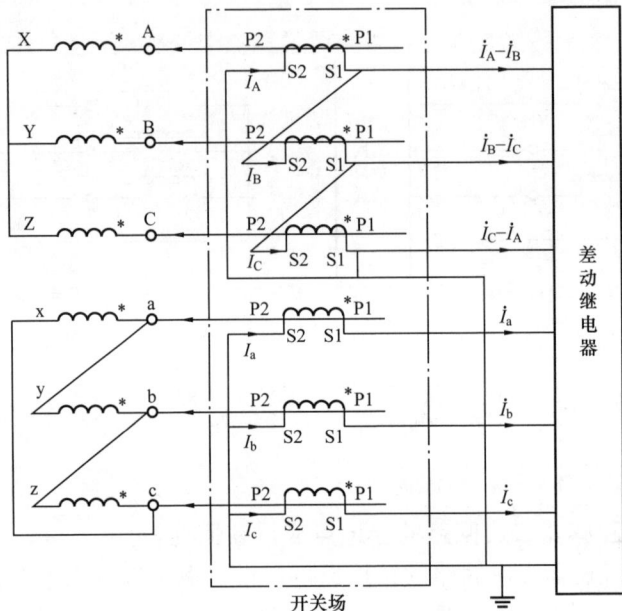

图 2-17　联结组别 YNd11 的变压器差动保护电流互感器的接线方式

以 A 相为例，输入差动继电器的电流 $\dot{I}'_A$ 为两电流互感器二次电流的差值（$\dot{I}_A - \dot{I}_B$），可实现 $\dot{I}'_A$ 电流相位超前原相电流 $\dot{I}_A$ 30°。以此类推，其他各相输入差动继电器的电流相位都超前原相电流 30°，如图 2-18 所示。

由于联结组别为 YNd11 的变压器本身三角形接线侧的电流相位超前星形接线侧的电流 30°，这样，差动继电器获得的变压器两侧各相电流就同相位了，实现了相位补偿。

（2）微机差动保护。由于软件计算的灵活性，允许变压器各侧都按星形接线，在差动计算时，由软件对变压器星形接线侧电流相位校准及电流补偿，微机差动保护装置一般要求各侧差动电流互感器的一次、二次绕组极性均指向变压器。

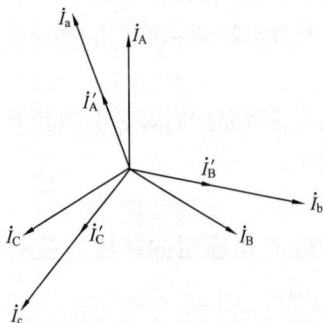

图 2-18　联结组别为 YNd11 变压器差动保护电流互感器各侧电流相量图

44. 对联结组别为 YNd11 的变压器微机差动保护如何进行电流平衡的调整?

答：对联结组别为 YNd11 的变压器各侧电流互感器二次绕组均接成星形接线，由软件进行相位校准后，由于变压器各侧额定电流不等及各侧差动电流互感器变比不等，还必须对各侧计算电流值进行平衡调整，才能消除不平衡电流对变压器差动保护的影响。

(1) 计算变压器各侧一次额定电流 $I_N = S/\sqrt{3} U_N$（S 为变压器额定容量，U_N 为本侧额定线电压）。

(2) 计算变压器各侧二次输出电流 $I_{2C} = \dfrac{I_{1N}}{K_i} K_{jx}$（$K_i$ 为变压器本侧变比，K_{jX} 为电流互感器接线系数，变压器星形侧 $K_{jx} = \sqrt{3}$，三角形侧 $K_{jx} = 1$）

(3) 计算电流平衡调整系数 K_z。首先规定变压器高压侧的 I_{2C} 为电流基准值 I_n，然后对其他各侧电流互感器变比进行计算调整，其调整系数整定按下式计算：

$$K_z = \frac{I_n}{I_{2C}}$$

将计算所得调整系数 K_z 输入微机保护装置，通过软件即可平衡变压器各侧二次输出电流，确保区外故障时，不平衡电流很小不造成误动，区内故障时可靠动作。

45. 变压器差动保护的不平衡电流是怎样产生的?

答：变压器差动保护不平衡电流产生的原因有：

(1) 稳态情况下的不平衡电流。

1) 由于变压器各侧电流互感器型号不同，即各侧电流互感器的饱和特性和励磁电流不同而引起的不平衡电流。

2) 由于实际电流互感器变比和计算变比不同引起的不平衡电流。

3) 由于改变变压器调压分接头而引起的不平衡电流。

(2) 暂态情况下的不平衡电流。

1) 由于短路电流的非周期分量主要为电流互感器的励磁电流，使铁芯饱和，误差大而引起的不平衡电流。

2) 变压器空载合闸时，仅在变压器一侧有励磁电流而引起的不平衡电流。

46. 为什么不允许电流互感器长时间过负荷运行? 负荷限值是多少?

答：电流互感器过负荷会使铁芯磁通密度达到饱和或过饱和，使电流互感器误差增大，影响继电保护及计量装置的正确性，不容易掌握实际负荷。另外，由于磁通密度增大，使铁芯二次绕组过热，绝缘老化加速，甚至出现绝缘损坏等情况。

因此规定：运行中的电流互感器一次电流不得超过额定值的120%，制造厂家有特殊规定的应按照其规定限值进行负荷监控，当长时间过负荷运行时，应及时汇报调度，申请倒负荷或者采取停电等措施。

47. 引起电流互感器发出不正常声响的原因有哪些？

答：引起电流互感器发出不正常音响的原因主要有：

（1）电流互感器过负荷，超过额定运行裕度限值。

（2）电流互感器二次回路开路造成二次断开点处放电，铁芯饱和严重，电磁振动加大，发出异常声响。

（3）电流互感器二次回路连接端子松动，可能断断续续产生打火现象和放电声响。

（4）电流互感器内部绝缘损坏发生电晕或放电现象。

（5）电流互感器内部铁芯松动，设备质量出现严重问题。

48. 发现有电流互感器哪些异常应及时汇报调度？

答：发现电流互感器有下列异常时应及时汇报调度，需要立即停用时应将电流互感器退出运行（注意保护的投切）：

（1）电流表计指示异常，监控系统发出"TA断线"信号，电流互感器二次回路有烧灼痕迹。

（2）电流互感器一次接线端子松动、弯曲或断裂、严重过热。

（3）电流互感器膨胀器异常。

（4）电流互感器内部有异音或放电声。

（5）电流互感器套管破裂，闪络放电。

（6）电流互感器有异味，跑油冒烟。

（7）油浸电流互感器严重漏油，游标管内看不到油面，SF_6电流互感器气体泄漏，压力降低报警。

49. 电流互感器常见异常的判断及处理方法有哪些？

答：电流互感器常见异常的判断及处理方法有：

（1）电流互感器过热，可能是内、外接头松动，一次过负荷或二次开路。

（2）电流互感器产生异音，可能是铁芯或零件松动，电场屏蔽不当，二次开路或电位悬浮，末屏开路及绝缘损坏放电。

（3）电流互感器绝缘油溶解气体色谱分析异常，应进行故障判断并跟踪分析。若仅氢气含量超标，且无明显增加趋势，其他组分正常，可判断为正常。

（4）电流互感器二次回路开路处理：

1）立即报告调度，按继电保护和自动装置有关规定退出有关保护。

2）查明故障点，在保证安全前提下，设法在开路处附近端子上将其短路，短路时不得使用熔丝。如不能消除开路，应考虑停电处理。

50. 更换电流互感器的注意事项主要有哪些？

答：更换电流互感器的注意事项主要有：

（1）更换电流互感器时应选用电压等级、变比与原来相同，极性正确，伏安特性或励磁特性相近并满足仪表及保护装置对容量、饱和倍数和准确等级要求的试验合格设备。

（2）如需整组更换电流互感器时，应确保不影响涉及更换互感器的各保护动作的关系（例如变压器差动回路），同时注意重新审核保护定值以及计量、仪表倍率。

（3）新更换的电流互感器一次端子串、并联电气联结符合设计要求，对导引线所受的机械力不应超过制造厂家规定的允许值，防止发生接线端子压弯或断裂性故障。

（4）电流互感器的二次引线端子和末屏引出小套管应有防转动措施，以防内部引线扭断。

（5）更换电流互感器二次电缆时，应考虑截面、芯数等必须满足最大负载电流，二次回路负载阻抗（含电缆阻抗）不超过铭牌规定值。

51. 电流互感器投运前的主要检查项目有哪些？

答：电流互感器投运前的主要检查项目有：

（1）电流互感器的一次端子串、并联电气联结符合设计要求并接触良好，防止过热性故障，且端子标号应正确。

（2）电流互感器的二次引线端子接线应牢固并分别引下至本体端子箱处，二次回路有且仅有一点接地，二次备用端子应短接并接地，严禁开路现象，新改动后的二次接线，必须进行极性校验。

（3）电流互感器外壳及安装用构架应有两处与接地网可靠连接，电流互感器套管应清洁，无裂纹，法兰应完整。

（4）电流互感器波纹式金属膨胀器内部的卡具投运前应拆除，膨胀器外罩等电位联结应可靠，防止出现电位悬浮。

（5）油浸式电流互感器油面应符合油位—温度指示规定，无渗漏油情况；SF_6 电流互感器气体压力值符合压力—温度曲线值，无漏气现象。

（6）电容式绝缘结构的电流互感器末屏应可靠接地，严防出现内部悬空的假接地现象。

52. 电流互感器运行监督有哪些主要内容？

答：电流互感器运行监督的主要内容有：

（1）电流互感器一次电流不得超过额定值的 120％，电流表计指示应正常。

（2）监控系统未发"TA 断线"信号，电流互感器二次回路无烧灼痕迹。

（3）电流互感器内部无异音、无放电声及剧烈振动声。

（4）电流互感器一次连接引线接头牢固，无弯曲断裂、发热等现象，互感器及其引线周围未搭挂异物。

（5）油浸式电流互感器油位正常，油色透明不发黑，无渗漏油现象；SF_6 电流互感器压力值在合格范围，无漏气现象；干式电流互感器无流膏子现象。

（6）电流互感器绝缘子、套管应完好，无裂纹及放电痕迹，对硅橡胶套管和加装硅橡胶伞裙的瓷套，应经常检查硅橡胶表面有无放电现象。

（7）电流互感器控制箱及机构箱门应关严，密封良好，防火防小动物封堵无问题，内部应保持干燥、清洁，驱潮电热已按规定投入或退出。

第三章

电 压 互 感 器

1. 电压互感器的工作原理及作用是什么?

答：电压互感器主要指电磁式电压互感器（TV）和电容式电压互感器（CVT）两类，前者根据电磁感应原理直接进行电压变换，而后者先通过电容分压原理分压后，再根据电磁感应原理进行电压变换，两者都含有电磁单元，是一种特殊降压变压器，因此也包括铁芯、一次绕组、二次绕组、接线端子及绝缘支持结构等。

电压互感器的一次绕组具有较多的匝数，并接于三相一次系统的相间或单相上，其绝缘应随实际系统电压的高低而定，二次绕组匝数很少，供给测量仪表及继电器的电压线圈，并与之并联，其作用为：

（1）电压互感器是一种电压变换、测量元件，它将高电压按照一定比例变换为低电压，并实现用低电压量值准确反映高电压量值的变化。

（2）电压互感器是一次系统与二次系统的联络元件，各种测量仪表及继电器不直接与一次高电压相连接，以保证二次设备和人身的安全，电压互感器解决了高压测量的绝缘、制造工艺等困难。

（3）电压互感器二次绕组的额定电压均设计为 $0.1/\sqrt{3}$、$0.1\mathrm{kV}$ 或 $0.1/3\mathrm{kV}$ 标准电压值，使得测量仪表及继电器的电压线圈制造上得以标准化。

2. 电压互感器在变电站中主要应用在哪些方面?

答：电压互感器在变电站中主要应用在以下几个方面：

（1）继电保护装置的电压信号源，用于构成设备保护的电压信息量，如低电压保护、距离保护、功率方向保护、断路器重合闸或合闸时用于检同期、检无压信号源等。

（2）自动控制装置的电压信号源，用于构成自动控制的电压信息量，如自投装置、低频减载装置、交流绝缘监测装置等。

（3）计量装置的电压信号源，用于构成计量的电压信息量，如用于线路出口或电网关口电能的计量。

（4）应用于变电站倒闸操作中新投运设备并网核相功能。

（5）电磁式电压互感器可兼作并联电容器组的泄能设备，电容式电压互感器可以兼作载波通信的耦合电容器。

3. 电压互感器与变压器的运行工作状态有哪些区别？

答：电压互感器与变压器的运行工作状态区别主要有：

（1）电压互感器能用来准确测量电压，而变压器主要作为电压传变。电压互感器的特点是容量小，一般只有几十或者几百伏安，其负载是测量仪表和继电器的电压线圈，阻抗大，因此二次电流很小，正常运行时，电压互感器总是接近于空载状态运行，二次电压基本等于二次感应电动势的值，所以电压互感器能用来准确测量电压。

（2）电压互感器的额定电压变比指一次额定电压与二次额定电压的比值，又近似等于一次绕组与二次绕组匝数的比值，而变压器的额定电压变比只能规定为一次额定电压与二次额定电压的比值，只有变压器满额定负荷运行时，才能近似等于一次绕组与二次绕组匝数的比值。

这是因为变压器二次负荷不恒定，负荷随系统的运行变化范围比较大，故变压器电压变比不能用绕组匝数比代替。

（3）电压互感器中性点一次接地与否并不改变系统的接地性质。因为电压互感器的容量很小，阻抗极大，对单相接地电流基本无影响，而变压器中性点接地是系统零序电流的流通通道。

4. 电压互感器的型式按哪些使用条件来选择？

答：电压互感器的型式按下列使用条件选择：

（1）3～20kV户内配电装置宜采用树脂浇注绝缘结构的电磁式电压互感器。

（2）35kV户外配电装置宜采用油浸绝缘结构的电磁式电压互感器。

（3）110kV及以上配电装置，当容量和准确度等级满足要求时，宜采用电容式电压互感器。

（4）SF_6全封闭组合电器的电压互感器宜采用电磁式电压互感器。

（5）在满足二次电压和负载要求的条件下，电压互感器宜采用简单接线，当需要零序电压时，3～20kV宜采用三相五柱电压互感器或三个单相式电压互感器，35kV及以上电压等级宜选用三个单相式电压互感器。

5. 电压互感器在变电站中如何进行配置？

答：电压互感器的数量和配置与主接线方式有关，并应满足继电保护装置、计量和自动装置的要求，应能保证在运行方式改变时，保护装置不得失压，同期点两侧都能提取到电压。

（1）6～220kV 电压等级的每组主母线的三相上应装设电压互感器，旁路母线上是否需要装设电压互感器，应视各回出线外侧装设电压互感器的情况和需要确定。

（2）110kV 及以上配电装置的电压互感器配置，可以采用按母线配置方式，也可以采用按回路配置方式。

（3）当需要监视和监测线路侧有无电压时，出线侧的一相上应装设电压互感器。

（4）当需要在 330kV 及以下主变压器回路中提取电压时，可尽量利用变压器电容式套管上的电压抽取装置。

6. 电磁式电压互感器与电容式电压互感器有什么区别？

答：电磁式电压互感器与电容式电压互感器的区别主要有：

（1）电压变换原理不同。电磁式电压互感器是根据电磁感应原理变换电压，而电容式电压互感器则是先通过电容分压原理将一次电压分压，再通过电磁感应原理将分压后的电压转换为所需的二次标准电压。

（2）铁磁谐振影响不同。电磁式电压互感器与具有断口并联电容的断路器配合使用时，可能造成铁磁谐振问题，而电容式电压互感器不存在上述问题。

（3）可兼功能不同。电磁式电压互感器可以兼作并联电容器组泄能和兼作限制切断空载长线过电压的用途，而电容式电压互感器可以兼作载波通信的耦合电容器。

7. 电容式电压互感器的主要组成部分有哪些？

答：电容式电压互感器核心构成部分主要指电容分压器单元和电磁单元，另外还包括高压一次接线端子、低压二次接线端子箱、绝缘支持结构等。

（1）电容分压器单元。电容分压器单元主要作用是将一次电压进行分压，降低电磁单元的一次电压输入值，从而降低电磁单元的制造难度和成本。

电容分压器单元指构成交流分压器的电容器（叠柱）单元，主要由高压电容器 C_1 和中压电容器 C_2 组成（一般 $C_1 \leqslant C_2$），高压电容器 C_1 指接于线路高压端子和与中压端子之间的电容器，中压电容器 C_2 指接于中压端子和低压端子之间的电容器。中压端子指连接中压电路（电容式电压互感器的电磁单元）的端子，低压端子指直接接地或通过额定频率下阻抗值可以忽略的排流线圈接地的端子（N），该端子供电力线路载波使用。

载波附件包括一个排流线圈（工频下阻抗很小而在载波频率下相当大）

和一个限压装置（保护间隙或避雷器），应接在电容分压器低压端子与接地端子之间，载波附件为可选配置。带载波附件的 CVT 典型电气连接原理图如图 3-1 所示。

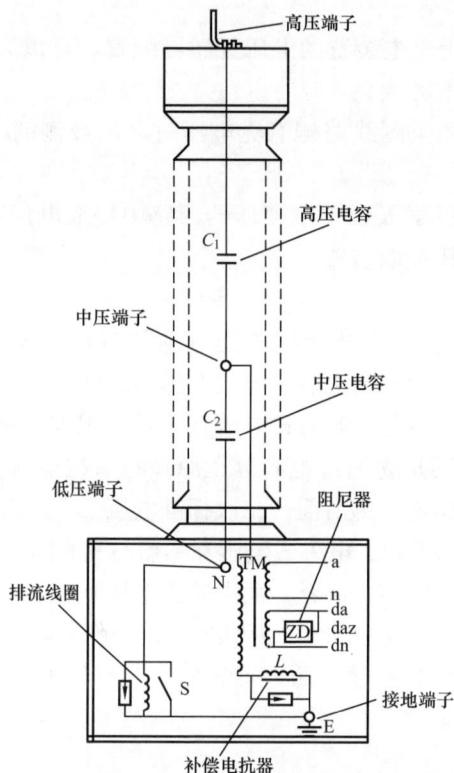

图 3-1　带载波附件的 CVT 典型电气连接原理图

（2）电磁单元。电磁单元主要是实现一次、二次高电压隔离，并将中间电压通过中间变压器变换为保护、测量及计量装置需要的标准二次电压值。

电磁单元接于电容分压器的中压端子与接地端子之间（或当使用载波耦合装置时直接接地），主要由中间变压器 TM、补偿电抗器 L 和阻尼器 ZD 等组成。电容式电压互感器投运前，应先检查电磁单元外接阻尼器是否接入，若未接入严禁投入运行。

8. 电容式电压互感器电磁单元为何增设串联补偿电抗器？

答：电容式电压互感器首先将系统一次电压 $\dot{U}_1$ 通过电容分压器单元获得一个中间电压 $\dot{U}_m$，再通过电磁单元中间变压器 TM 将中间电压 $\dot{U}_m$ 变换为保护、测量及计量装置所需的二次电压 $\dot{U}_2'$，其分压原理如图 3-2 所示。

对电容式电压互感器中电容 C_2 左边部分应用戴维南定理，得到其等值电路如图 3-3 所示。图中 X_{T1} 为一次绕组漏电抗，X_{T2}' 为二次绕组等效漏电抗，X_k 为补偿电抗器电抗，R_1、R_2' 分别为一、二次绕组等效电阻之和，Z_m 为励磁阻抗。

（1）当电容分压器单元不带任何负载时（二次空载开路），此时获得的中间电压 $\dot{U}_m$ 始终为 $\dfrac{C_1}{C_1+C_2}\dot{U}_1$。

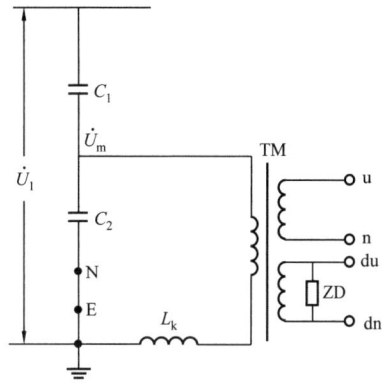

图 3-2　电容式电压互感器分压原理图

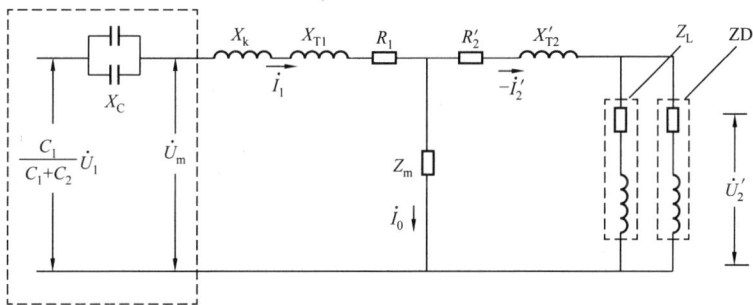

图 3-3　电容式电压互感器等值电路图

（2）当电容分压器单元直接通过电磁单元接上保护、测量及计量装置负载阻抗 Z_L 时，其中间电压 $\dot{U}_m$ 由于内阻抗 X_C 的原因产生了压降，即 $\dot{U}_m=\dot{U}_1\dfrac{C_1}{C_1+C_2}-\dot{I}_1X_C$，其中 $X_C=1/\mathrm{j}\omega(C_1+C_2)$，中间电压 $\dot{U}_m$ 受 X_C 的影响而造成电压传变误差。为此，在经电磁单元前串联补偿电抗器 L_k，如果取 $X_k\approx X_C-X_{T1}-X_{T2}$，则经中间变压器 TM 传变到二次侧的电压 U_2' 只受到很小的 R_1、R_2' 影响，电压互感器的二次电压与一次电压将获得正确的幅值与相位关系。

另外，补偿电抗器 L_k 的大小选择还应考虑串联谐振等因素，使其等值电路呈现过补偿运行方式。

9. 电压互感器的误差定义是什么？影响误差的主要因素有哪些？

答：电压互感器的误差主要指比值（变比）误差和相位（角度）误差。

（1）比值误差。二次侧电压 U_2 归算到一次侧与一次侧电压 U_1 的相对值，

可用 $\Delta U\% = (k_i U_2 - U_1)/U_1$ 表示（k_i 为电压互感器变比）。

（2）相位误差。二次电压相量与一次电压相量间的夹角，将二次电压相量超过一次电压相量的角度规定为正，反之为负值。

影响电压互感器误差的主要因素有：

1）电压互感器一次、二次漏阻抗的影响。由于电压互感器并非理想变压器，从 T 型等值电路分析，其一次、二次漏阻抗的存在，必然会导致漏阻抗分压，使其存在误差。

2）一次电压的影响。当一次电压在电压互感器额定电压附近时误差较小，电压降低或升高很多时均会引起误差增大，保护用电压互感器对一次电压较低的情况下的误差有更高的要求。

3）二次负荷及功率因数的影响。要保证电压互感器的测量误差不超过规定值，应将其二次负载阻抗不小于额定负载值，当二次负载阻抗很小时，将使得二次电流增大，二次漏阻抗分压增大，进而引起误差增大。

10. 何谓电压互感器准确等级？

答：电压互感器准确等级指：在规定的一次电压和二次负载变化范围内，当二次负载功率因数为 0.8（滞后）时，电压互感器比值误差的百分值。

电压互感器用于三种回路：保护、测量和计量，而这三种回路对电压互感器的准确等级要求不同。一般 0.1、0.2 级用于实验室的精密测量，0.2、0.5 级用于计量电能表，0.5、1 级用于发配电设备的测量和保护，3 级用于非精密测量。保护用电压互感器的标准准确等级有 3P 级和 6P 级（见表 3-1）。

表 3-1 电压互感器的误差限值

准确等级	误差限值		一次电压变化范围	二次负载变化范围
	比值误差（%）	相位误差（′）		
0.1	±0.1	±5	$(0.8\sim1.2)\,U_{1N}$	$(0.25\sim1)\,Z_{2N}$
0.2	±0.2	±10		
0.5	±0.5	±20		
1.0	±1.0	±40		
3.0	±3.0	不规定		
3P	±3.0	±120	$(0.05\sim1)\,U_{1N}$	
6P	±6.0	±240		

注 U_{1N} 为电压互感器一次额定电压，Z_{2N} 为电压互感器额定二次负载。

11. 何谓电压互感器电压因数？

答：电压互感器电压因数指：在规定时间内能满足电压互感器温升及准确

等级要求的最高一次电压与额定一次电压的比值，它与系统最高电压及中性点运行方式有关，如表3-2所示。

根据电压互感器厂家提供的电压因数即可求得设备运行允许最高电压值，一般运行规定：6~66kV电压互感器一次电压不得超过额定值的190%，110kV及以上的电压互感器一次电压不得超过额定值的120%，在设备出厂说明书中有另行规定时，应参照设备说明书执行。

表3-2 电压互感器额定电压因数标准值

额定电压因数	额定时间	适用范围
1.2	连续	中性点直接接地系统
1.5	30s	110kV及以上中性点有效接地系统
1.9	8h	6~66kV中性点不接地系统

运行人员工作中应实时监控电压互感器一次运行电压值，防止电压长时间过高运行引起绕组温升超过限值，进而造成铁芯发热、绝缘击穿、跑油爆炸等故障。

12. 电压互感器额定容量有什么含义？

答：电压互感器额定容量 S_N 指：在二次额定电压下允许的二次额定负载所消耗的功率，即 $S_N = U_{2N}^2/Z_N = I_{2N}Z_N I_{2N}$，单位为（VA），由于二次额定电压定义为0.1kV，则电压互感器额定容量又可以表示为 $S_N = 0.01/Z_N$，由此可见，电压互感器额定容量与额定负载成反比关系。

由于电压互感器的准确等级受二次负载大小影响，因此对应于每个准确等级，都有一个额定容量（见表3-3），电压互感器额定的二次绕组及剩余电压绕组容量输出标准值有10、15、25、30、50、75、100、150、200、250、300、400、500VA。

表3-3 某电压互感器额定容量与准确等级的标注对应关系

额定容量/准确等级	300VA/0.2级			400VA/0.2级		
额定容量/准确等级 二次绕组名称	150VA/0.2 1a-1n	150VA/0.2 2a-2n	100VA/3p da-dn	150VA/0.2 1d-1n	250VA/0.2 2a-2n	100VA/3p da-dn

注 由于低电压保护启动值主要由剩余绕组开口提供，其数值较低，对准确等级要求较高，故保护用电压互感器准确等级一般针对剩余绕组而言。

在实际安装中要求保证额定容量能满足一台电压互感器带双母线所有线路二次侧负载的能力（并联支路越多，负载阻抗越小），即选用测量仪表或继电保护等线圈所消耗的功率（或额定功率）之和小于其电压互感器的额定容量。

可见，如果知道电压二次回路实际负载 z 的大小，即能确定是否超过额定容量的要求，另外根据额定容量的大小，也可以得出二次回路的额定电流值，方便工作人员对二次回路中二次空气开关或熔断器额定电流的选择。

13. 电压互感器一次侧安全运行应采取哪些必要的技术措施？

答：电压互感器一次侧安全运行应采取的必要技术措施有：

（1）电压互感器（含手车电压互感器）的一次侧应经隔离开关并联电网，并经核相确保相位正确。

（2）35kV 及以下电压等级的电磁式电压互感器，一次侧应安装限流电阻或合格熔断器。

（3）电磁式电压互感器高压绕组的接地端（X 或 N）、电容式电压互感器的电容分压器部分的低压端子（δ 或 N）均应可靠接地（用于载波装置的可经结合滤波器工作接地），严防出现内部悬空的假接地现象。

（4）电压互感器具有特殊投运要求的应按照设备投运要求进行并网，确保设备安全运行。

14. 电压互感器二次侧安全运行应采取哪些必要的技术措施？

答：电压互感器二次侧安全运行应采取的必要技术措施有：

（1）电压互感器二次侧有且仅有一点接地，防止设备绝缘损坏，高压窜入二次侧，以保障二次设备及人身安全。

（2）电压互感器二次主绕组回路应装设自动空气开关或熔断器，防止短路故障造成设备损坏及人身触电。

（3）电压互感器二次回路一般应串接一次隔离开关辅助触点以防一次隔离开关断开后，二次回路未断开而向一次反充电。

（4）电压互感器的保护间隙（或 ZnO 避雷器）及阻尼器 ZD 应投入，防止电网谐振过电压，造成设备绝缘损坏。

15. 电压互感器一次、二次绕组接线方式常见有哪些？

答：电压互感器的一次、二次绕组接线方式主要指电磁式电压互感器绕组接线方式和电容式电压互感器绕组接线方式，虽然电压变换原理不同，但一次、二次绕组接线方式基本相同，其中一次绕组并接于一次电网中，二次绕组由若干个主二次绕组和一个剩余绕组（又称辅助绕组或开口三角绕组）组成，主绕组一般用于提供线电压或相电压值并供给保护、测量及计量装置等，而剩余绕组构成零序电压过滤器并供给保护装置或接地绝缘监察装置等。

常见的电压互感器一次、二次绕组接线方式有：单台相电压接线、单台线电压接线、V_v 接线（不完全星形接线）、YNynD 接线，具体接线如图 3-4 所示。

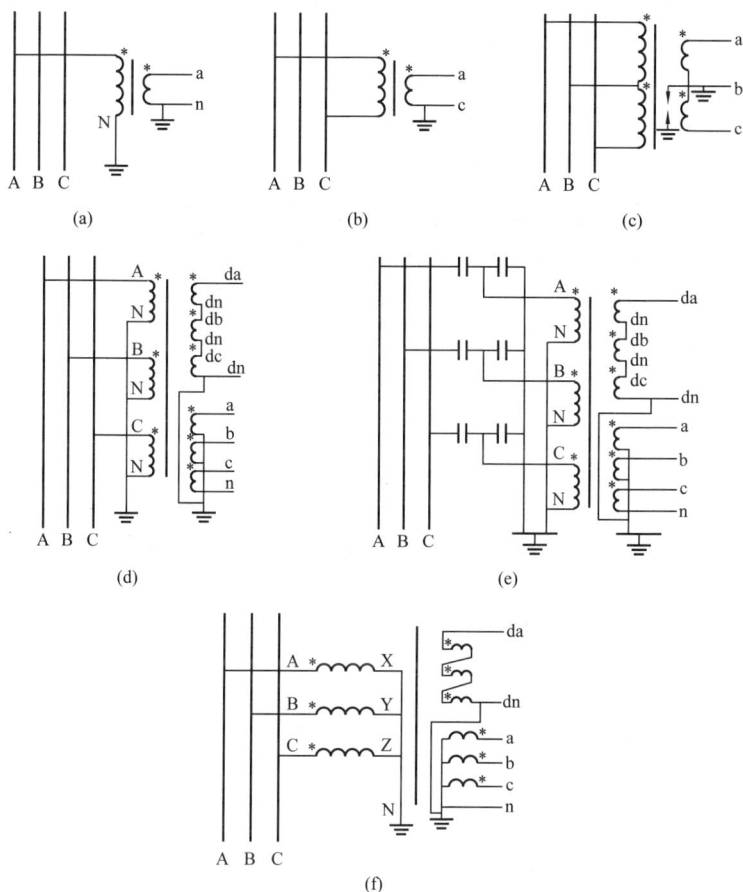

图 3-4　电压互感器一、二次绕组接线方式

（a）单台相电压接线；（b）单台线电压接线；（c）V_v 接线（不完全星形接线）；
（d）三台单相电磁式电压互感器 YNynD 接线；（e）三台单相电容式电压互感器 YNynD 接线；
（f）单台三相五柱式电压互感器 YNynD 接线

16. 电压互感器采用单台相电压接线方式的特点有哪些？

答：电压互感器采用单台相电压接线方式的特点有：

（1）选择匹配系统最高电压并满足运行绝缘水平的接地电压互感器，其一次绕组的高压一次接线端子并接于电网某相，接地端子 N 应可靠接地，二次绕组要求一点接地，能实现测量某相对地电压，如图 3-4（a）所示。

（2）电压互感器一次绕组额定电压为额定相电压 $U_N/\sqrt{3}$，二次绕组额定电压

为标准电压 $0.1/\sqrt{3}$，一次、二次绕组额定电压变比为 $\dfrac{U_N}{\sqrt{3}}\bigg/\dfrac{0.1}{\sqrt{3}}$。

（3）采用此种接线方式的电压互感器一般安装于直接接地系统中线路侧某相，常用于提供线路保护电压信息量，以此判线路无压或者同期。

17. 电压互感器采用单台线电压接线方式的特点有哪些？

答：电压互感器采用单台线电压接线方式的特点有：

（1）选择匹配系统最高电压并满足运行绝缘水平的不接地电压互感器，其一次绕组的两个高压一次接线端子并接于电网两相之间（一般选 A、C 两相），二次绕组要求一点接地，能实现测量该两相相间电压，如图 3-4（b）所示。

（2）电压互感器一次绕组额定电压为额定线电压 U_N，二次绕组额定电压为标准电压 0.1kV，一次、二次绕组额定电压变比为 $U_N/0.1$。

（3）采用此种接线方式的电压互感器一般用于非直接接地系统中判别线路无压或者同期，因为非直接接地系统允许单相接地，如果只用一只单相对地电压互感器，当电压互感器正好在接地相时，该相测得的对地电压为零，则无法检定线路是否确已无压，若错判则可能造成非同期合闸。

18. 电压互感器采用 Vv 接线方式的特点有哪些？

答：电压互感器采用 Vv 接线方式的可以由一台具有三个高压端子的三相不接地电压互感器构成，也可由两台具有两个高压端子的单相不接地电压互感器构成，该接线方式的特点有：

（1）选择匹配系统最高电压并满足运行绝缘水平的不接地电压互感器，将高压端子按照运行要求分别接至电网各相上，二次绕组采用 B 相安全接地，能实现测量各相间电压，无法测量相对地电压及零序电压，如图 3-4（c）所示。

（2）电压互感器采用 Vv 接线方式不允许一次侧接地，否则相当于一次侧绕组发生接地短路故障，为安全起见，二次绕组应采用 B 相安全接地，必要时电压互感器二次对地应接入保护击穿间隙。

（3）电压互感器一次绕组额定电压为额定线电压 U_N，二次绕组额定电压为标准电压 0.1kV，一次、二次绕组额定电压变比为 $U_N/0.1$。

（4）采用此种接线方式的电压互感器常用于 35kV 及以下中性点不接地系统中。

19. 电压互感器采用 YNynD 接线方式的特点有哪些？

答：电压互感器接线为 YNynD 形式的可以由三台单相三绕组电压互感器组

成，对于 10kV 及以下电压等级的中性点非直接接地系统，也可以由一台三相五柱式电压互感器构成。该接线方式的特点有：

（1）选择匹配系统最高电压并满足运行绝缘水平的接地电压互感器，将高压端子按照运行要求分别接至电网各相上，接地端子 N 应可靠接地，二次绕组要求一点接地，能实现测量相对地电压及零序电压，如图 3-4（d）～图 3-4（f）所示。

（2）用于中性点直接接地系统的电压互感器应选取：一次绕组额定电压为额定相电压 $U_N/\sqrt{3}$，主二次绕组额定电压为标准电压 $0.1/\sqrt{3}$，剩余绕组各绕组额定电压值 0.1kV，一次、二次绕组额定电压变比为 $\dfrac{U_N}{\sqrt{3}}\left|\dfrac{0.1}{\sqrt{3}}\right|0.1\text{kV}$。

（3）用于中性点非直接接地系统的电压互感器应选取：一次绕组额定电压为额定相电压 $U_N/\sqrt{3}$，主二次绕组额定电压为标准电压 $0.1/\sqrt{3}\text{kV}$，剩余绕组各绕组额定电压值 0.1/3kV，一次、二次绕组额定电压变比为 $\dfrac{U_N}{\sqrt{3}}\left|\dfrac{0.1}{\sqrt{3}}\right|\dfrac{0.1}{3}\text{kV}$。

（4）采用此种接线方式的电压互感器适用于需获取相对地电压及零序电压的工作场所。

20. 为什么电压互感器剩余绕组额定电压有 0.1kV 和 0.1/3kV 两种标准值？

答：电压互感器剩余绕组是由 A、B、C 三相二次绕组首尾顺次相连构成的开口三角形绕组，每相绕组分别获得各相对地电压值，即 $\dot{U}_a$、$\dot{U}_b$、$\dot{U}_c$，而剩余绕组开口两端的电压值为各绕组对地电压的相量和 $\dot{U}_{LN}$，即 $\dot{U}_{LN}=\dot{U}_a+\dot{U}_b+\dot{U}_c$。

系统正常运行时，组成剩余绕组的各绕组对地电压值三相对称互差 120°，其相量和为零，即 $\dot{U}_{LN}=0$。

系统发生接地故障时，为使剩余绕组开口两端产生的电压值符合保护及绝缘监察装置所需的 0.1kV 标准电压值，对组成剩余绕组的各绕组则有了 0.1kV 和 0.1/3kV 两种标准值，具体分析如下。

（1）对于直接接地系统［见图 3-5（a）］，假如系统发生 A 相金属性接地故障，此时接地 A 相电压为零，而其他两相相电压不变，则其剩余绕组开口两端电压有 $U_{LN}=U_{AN}/k$，其中变比 $k=U_{AN}/U_{aN}$（U_{AN} 为一次绕组额定电压，U_{aN} 为组成剩余绕组的 a 相绕组额定电压）。若想得到 $U_{LN}=0.1\text{kV}$，从上述公式可以看出，只能定义组成剩余绕组的 a 相绕组额定电压值为 $U_{aN}=0.1\text{kV}$。

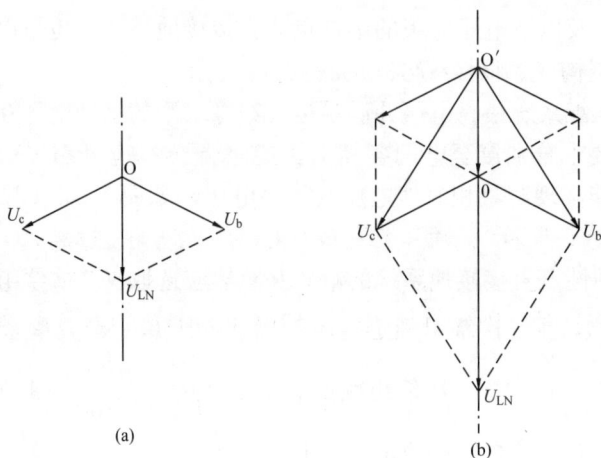

图 3-5　系统 A 相金属接地电压相量图

(a) 直接接地系统；(b) 非直接接地系统

（2）对于非直接接地系统 ［见图 3-5（b）］，假如系统发生 A 相金属性接地故障，此时接地 A 相电压为零，但系统中心点由 O 点发生偏移至 O′，其他各相电压升为相电压的 $\sqrt{3}$ 倍，则其剩余绕组开口两端电压有：$U_{LN}=3U_{AN}/k$，其中变比 $k=U_{AN}/U_{aN}$。若想得到 $U_{LN}=0.1$kV，从上述公式可以看出，只能定义组成剩余绕组的 a 相绕组额定电压值为 $U_{aN}=0.1/3$kV。

因此，电压互感器剩余绕组额定电压有 0.1kV 和 0.1/3kV 两种标准值，在选用时应分析系统的中性点运行方式。

21. 电压互感器剩余绕组不平衡电压较高的主要影响因素有哪些?

答：电压互感器剩余绕组不平衡电压较高的主要影响因素有：

（1）电压互感器本身三相误差不平衡，三相电压变化及相角误差不一样，互感器二次绕组三相工频电压合成相量不为零。

（2）电网电源及负荷产生的高次谐波的影响，其中尤其是三次谐波影响最大。

（3）电网电源及负荷产生的三相电压和相位不平衡。

（4）电压互感器在制造上参数的差异，特别是辅助绕组的等值电容、等值电感的差异等，因而在频率变化及温度变化时，各台电压互感器误差不一样，从而产生附加工频分量进入开口三角绕组回路。

22. 电压互感器二次回路的接地方式有哪些?

答：电压互感器二次回路的接地方式主要有中性点接地和 B 相接地两种方

式。一般而言，110～500kV 变电站各电压等级电压互感器宜统一采用同一种接地方式，推荐采用中性点接地方式。

（1）中性点接地主要应用于三台单相电压互感器星形接线，能获取线电压、相对地电压以及系统零序电压。

（2）B 相接地主要用于非直接系统中电压互感器采用 V_v 接线方式时的二次侧接地，不能测量相对地电压及系统零序电压，可获取线电压值。

若二次绕组回路装设熔断器保护，B 相接地点应选在熔断器与保护装置之间，不能选在熔断器与电压互感器二次绕组之间，为防止接地相熔断器熔断接地点丢失后影响人身和设备的安全，在电压互感器的二次对地应接入保护间隙。

1）B 相接地点选在熔断器与保护装置之间时，当电压互感器二次绕组一相对地绝缘损坏，此时电压互感器二次回路发生短路故障，故障电流使得 B 相熔断器熔断，此时会形成"TV 断线"，并不会造成电压互感器烧毁，如图 3-6（a）所示；

2）B 相接地点选在熔断器与电压互感器二次绕组之间时，若发生上述故障，此时的短路电流不会消失，会造成电压互感器烧毁等故障，如图 3-6（b）所示。

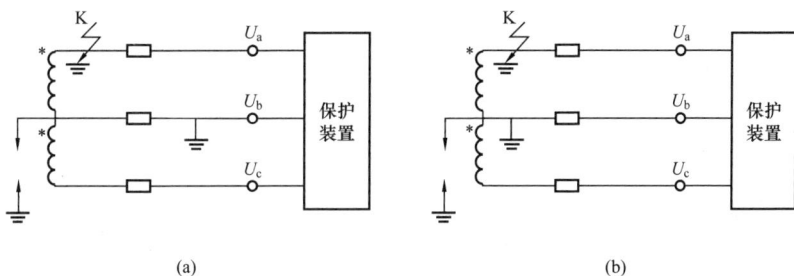

图 3-6　电压互感器二次绕组 B 相接地点示意图

(a) 正确 B 相接地；(b) 错误 B 相接地

23. 电压互感器二次回路应在何处接地？

答：电压互感器的二次回路只允许一点接地，接地点宜设在保护屏，为了管理方便，一般接地点设在保护屏内 N600 小母线上。独立的、与其他互感器无电联系的电压互感器也可在开关场实现一点接地。为保证接地可靠，各电压互感器的中性线不得接有可能断开的开关或熔断器。

电压互感器的接地与电流互感器的接地都是安全接地，但也有不同之处：

（1）电流互感器一次绕组匝数较少，若一次对二次绝缘击穿，二次必在就地对地击穿。

（2）电压互感器一次绕组匝数较多，若一次对二次绝缘击穿，二次不一定在就地击穿。

因此，已在保护屏一点接地的电压互感器二次绕组，为防止互感器高压窜入，必要时需在开关场将二次绕组中性点经放电间隙或氧化锌避雷器接地。

24. 为什么电压互感器二次回路只能有一点接地？

答：电压互感器二次回路要求一点接地，其目的是防止一次绕组与二次绕组发生绝缘击穿影响设备及人身安全，并且二次回路中只能有一个接地点，具体分析如下：

（1）系统正常运行时，如果电压互感器二次回路非中性线两点接地（如 N 点与 K1 点），当这两个接地点构成的并联回路短接电压互感器二次绕组时，会造成电压互感器二次绕组烧毁，严重时会造成电压互感器爆炸，如图 3-7（a）所示。

（2）系统发生接地故障时，如果在中性线有两点接地（N 点与 K2 点）并且距离较远时，一次系统的故障零序电流经线路、地网、变压器中性点形成回路，在地网任意两点之间会形成纵向电压 U_{NK2}，此时二次负载装置采集到的电压量将产生电压偏移，影响保护、测量及计量装置运行的可靠性，如图 3-7（b）所示。

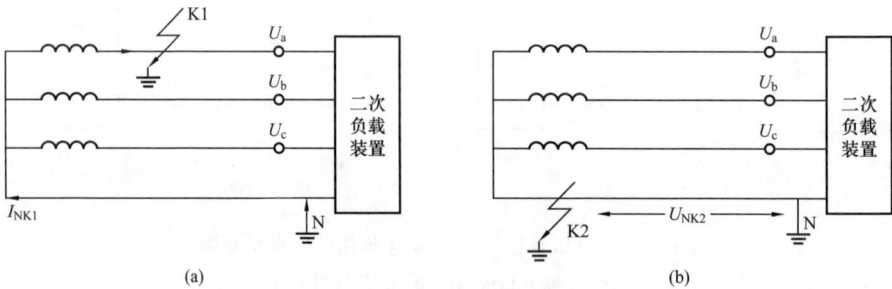

图 3-7　电压互感器二次回路发生两点接地示意图

（a）系统正常运行时；（b）系统发生接地故障时

因此，电压互感器二次回路只能有一个接地点。

25. 接线方式为 YNynD 的电压互感器一次绕组中性点处于悬空状态会造成什么现象？

答：电压互感器一次绕组中性点必须进行可靠接地运行的规定是针对一次、

二次绕组接线方式为 YNynD 而言的。

如果在运行中发现电压互感器一次绕组中性点处于悬空状态，即中性点未能可靠接地，虽然在负荷对称的情况下，三相相电压值对称，剩余绕组开口电压值并未达到启动值，不会造成保护装置误发信号，但在三相对地电容不相等，或者三相负荷不平衡时，一次绕组中性点悬空状态的缺陷就显露出来，具体现象为：

（1）一次侧绕组的电压产生偏移，三相电压分别通过电压互感器传变到二次侧的电压自然也是三相不平衡的，因此二次侧的电压值不能准确反映该相对地电压值，三相相电压值偏差大。

（2）对于具有剩余绕组的开口绕组必然会产生一个不平衡电压，如果此时不平衡电压值超过报警整定值，即会导致保护装置误发信号，如"母线接地"、"TV 断线"等信号。

因此，在进行接线方式为 YNynD 的电压互感器一次绕组中性点接地验收过程中，应确保一次绕组中性点接地良好。

26. 为什么三相三柱式电压互感器一次绕组中性点不允许接地运行？

答：由于三相三柱式电压互感器铁芯是三相三柱的，对同方向的零序磁通不能在铁芯中形成闭合回路，只能通过空气或油闭合，使磁阻变得很大，因而零序电流将增加很多。

此时若将电压互感器中性点接地，当系统发生接地短路故障时，将有零序磁通在铁芯中出现，三相三柱式电压互感器零序电流过大时会造成电压互感器线圈过热，甚至烧毁。

因此，三相三柱式电压互感器一次绕组中性点不允许接地运行，只能测量各相相电压，不能测量各相对地电压，更不能用于绝缘监视用，用于绝缘监视用的电压互感器只能是三相五柱式电压互感器或由三台单相电压互感器接成YNynD 接线方式。

27. 为什么电压互感器二次星形绕组中性线与剩余绕组接地线不能共用同一芯电缆接地？

答：电压互感器二次星形绕组中性线与剩余绕组接地线不能共用同一芯电缆并接地，以防止二次绕组中性线与剩余绕组接地线间产生附加压降，造成测量及保护的不正确。

假设电压互感器二次星形绕组中性线与剩余绕组接地线在室外连在一起，用一根 5 芯电缆（a、b、c、n、L）引至保护屏，如图 3-8 所示。当发生接地故障时，如果剩余绕组有相当的负载阻抗时，由于 $3\dot{U}_0$ 电压较大，在剩余绕组回路将流过不可忽略的电流，则在 N'N 线路上产生附加压降 $\dot{U}_{N'N}$，此时引入继电保护装置的不是真实的相电压 $\dot{U}_A$、$\dot{U}_B$、$\dot{U}_C$，而是

$$\dot{U}'_A = \dot{U}_A + \dot{U}_{N'N}$$

$$\dot{U}'_B = \dot{U}_B + \dot{U}_{N'N}$$

$$\dot{U}'_C = \dot{U}_C + \dot{U}_{N'N}$$

$$3\dot{U}'_0 = \dot{U}'_A + \dot{U}'_B + \dot{U}'_C = 3\dot{U}_0 + 3\dot{U}_{N'N}$$

若 $3\dot{U}_0$ 回路负载阻抗为 R，电缆芯线 N'N 段电阻为 r，按正常极性接线，剩余绕组与主绕组电压比为 $\sqrt{3}$ 倍，则有

$$\dot{U}_{N'N} = -\frac{r}{R+2r} \times 3\sqrt{3}\dot{U}_0$$

将其代入上述 $3\dot{U}'_0$ 公式可得

$$3\dot{U}'_0 = \left(1 - \frac{3\sqrt{3}r}{R+2r}\right) \times 3\dot{U}_0$$

如果因为某种原因，引起 $\frac{r}{R+2r} > \frac{1}{3\sqrt{3}}$ 时，将使 $3\dot{U}'_0$ 与 $3\dot{U}_0$ 反方向，于是接地零序保护正方向拒动而反方向误动，另外由于附加电压 $\dot{U}_{N'N}$ 的存在，也使各相电压相位失真，影响测量、计量的准确性。

因此要求电压互感器二次星形绕组中性线与剩余绕组接地线应分别引至保护屏，不允许共用一根电缆。

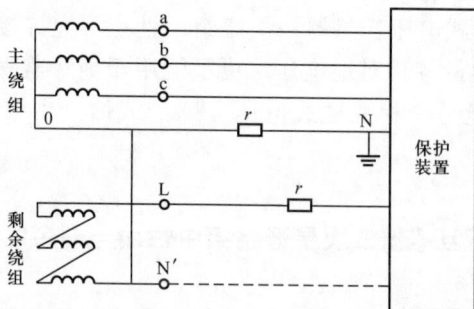

图 3-8　电压互感器二次星形绕组中性线与剩余绕组接地线共用示意图

28. 电压互感器与电流互感器二次侧为什么不允许连接？

答：电压互感器的二次回路负载主要指计量、保护及自动化装置的电压线

圈，二次负载阻抗相对较大，而电流互感器的二次回路负载主要指计量、保护及自动化装置的电流线圈，二次负载阻抗相对较小。

在正常运行工况下，电压互感器与电流互感器回路中的电流及电压量各不相同，当两者二次回路连接在一起，可能会造成计量、保护及自动化装置的电流线圈烧毁，严重时会造成电流互感器二次开路，过电压、绝缘击穿、设备烧损等故障，严重威胁设备及人身安全。

因此，电压互感器与电流互感器二次回路在任何地方（接地点除外）都不允许连接。

29. 电压互感器为何也采用减极性标注？

答：对一次绕组施加电压，当二次绕组在同一瞬间所产生的感应电动势与一次绕组所施加的电压方向相同时，称为减极性，相反时称为加极性。

如某三相电压互感器，其一次绕组的首尾端常分别用 A、B、C 和 X、Y、Z 标记，其二次绕组分别用 a、b、c 和 x、y、z 标记，如果采用减极性标注方式（见图 3-9），则：

(1) 一次绕组瞬时流过电流 I_A 时（以 A 相为参考），其二次绕组中感应出的电流 I_a 当以极性端为参考时，一次、二次电流方向相反，可见，电压互感器极性标注方式和电流互感器相同。

(2) 当忽略电压比值误差和相位误差时，一次、二次各相电压同相位，并可用同一相量表示，这样可以通过二次电压量反映一次电压量，这也是为何采用减极性标注的原因。

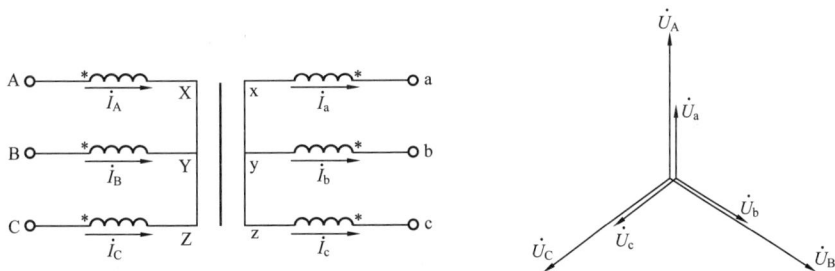

图 3-9　三相电压互感器的减极性标注方式

30. 如何进行电压互感器极性校验，有哪些注意事项？

答：电压互感器的极性校验通常采用直流法进行极性校验，其校验方法是将 1.5～3V 的干电池经刀闸 S 并接在电压互感器二次绕组端子 u、x 上，其余二绕组端子开路，在电压互感器一次绕组 U、X（δ）上并接一个极性表，如图 3-10 所示。

当合上刀闸 S 瞬间，若表计指针向"＋"端偏转，而拉开刀闸 S 瞬间表计指针向"－"端偏转时，则电压互感器采用的是减极性标注，若偏转方向与上述相反，则电压互感器采用的是加极性标注，依次按此方法对其他二次绕组进行校验。

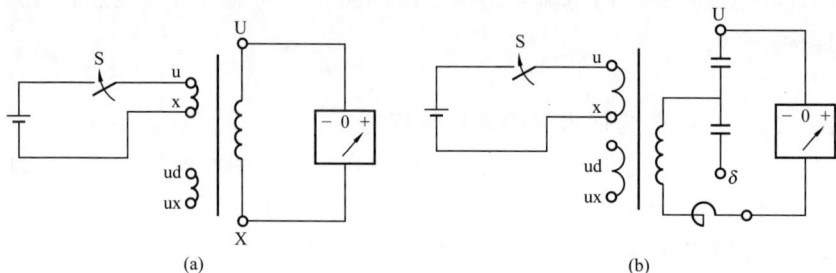

图 3-10　直流法测量电压互感器极性的接线图
（a）电磁式电压互感器；（b）电容式电压互感器

在用直接法校验电压互感器绕组极性时应注意以下几点：

（1）将电压互感器对地放电，使电压互感器一次绕组端子空开。

（2）将干电池和表计的同极性端接绕组的同名端，如干电池的正极接电压互感器的二次绕组端子 u 上，则表计正端应接在电压互感器一次绕组端子 U 上。

（3）选用带有指针偏向，且零位在中央的毫伏指针式表计，可方便观察表计指针偏转方向。

（4）测量变压比较大的电压互感器时，应加较高的直流电压（6～9V），并用小量程表计，以便仪表有明显指示。

（5）拉合刀闸时应有一个时间间隔，试验人员应相互呼应，反复操作几次，以便观察清楚指针摆动方向。

31. 电压互感器一次、二次绕组极性错误有哪些原因，会造成什么后果？

答：电压互感器一次、二次绕组接线变动后应进行绕组极性校验，其一次、二次绕组极性应相互对应，符合电压互感器减极性的标注。一般造成绕组极性错误的原因有：

（1）具有两个以上的一次绕组端子标识错误，不符合实际减极性标注。

（2）二次绕组端子标识错误，不符合实际减极性标注。

（3）二次绕组内部抽头至二次面板接线端子接线错误。

如果绕组极性错误，会造成此相电压的相位反相180°，对于接于各主绕组及剩余绕组二次电压的采集都会造成测量错误，也可能对具有方向性或电压相位式的保护装置产生误动或拒动现象。

因此，对于电压互感器一次、二次绕组接线变动工作后，工作人员应进行电压互感器的绕组极性校验。

32. 为什么严禁电压互感器二次回路发生短路？

答：正常运行时，电压互感器一次侧额定电压为系统并联侧电压值，二次回路负载主要与测量仪表、保护装置的电压线圈关联，因为测量仪表、继电保护装置的电压线圈阻抗大，因此，电压互感器在正常运行时相当于一个空载运行的降压变压器，二次侧仅有很小的负载电流。

如果二次回路发生短路，此时负载阻抗为零或很小，又因为电压互感器二次绕组匝数很少，阻抗很小，此时二次回路通过的电流将很大，进而造成二次回路熔断器熔断或自动空气开关跳闸，影响计量及保护装置的正确性，如果熔断器容量选择不当，极易引起一次、二次击穿损坏电压互感器，因此，电压互感器二次回路严禁发生短路。

33. 电压互感器二次回路装设自动空气开关或熔断器有哪些要求？

答：电压互感器二次回路装设自动空气开关或熔断器要求如下：

（1）电压互感器二次主绕组回路应装设自动空气开关或熔断器，当电压互感器二次回路发生短路故障时，自动空气开关能够自动跳闸或者熔断器熔断，迅速将故障部分切除，避免造成电压互感器二次绕组绝缘烧损。

（2）电压互感器剩余绕组不装设自动空气开关或者熔断器，因正常情况下剩余绕组两端的电压值为零，装设后无法监视该回路的完好性。

（3）电压互感器二次回路接地线不装设自动空气开关或者熔断器，防止失去二次回路接地点。

（4）在二次回路装设熔断器应满足以下条件：

1）当二次回路发生短路时，熔断器熔断的时间应小于保护动作时间，防止因电压降低造成保护误动。

2）熔断器熔断电流应大于最大二次负荷电流，并应考虑带全部负荷，但不应超过额定电流的1.5倍。

如果熔断器不能满足上述条件，应装设自动空气开关作为二次过流脱扣保护，这样不仅可以避免以上两个原则，又可以通过其所带的辅助触点进行二次回路的监视。

34. 电压互感器二次空气开关跳闸的现象及原因主要有哪些？

答：电压互感器二次空气开关跳闸发生现象有：母线电压表、有功功率表、无功功率表（包括母线上的主变压器及馈线有功功率、无功功率表）指示接近零，电流表有读数，监控系统发"电压回路断线"光字牌。造成电压互感器二次空气开关跳闸的主要原因有：

（1）电压互感器二次绕组出现匝间故障或对外壳放电故障时，二次回路过流造成二次空气开关跳闸。

（2）电压互感器二次回路绝缘降低或异物搭挂造成短路故障，二次回路过流造成二次空气开关跳闸。

（3）电压互感器二次并列运行，而一次侧母联开关未合闸运行时，此时电压互感器二次环流过大造成二次空开跳闸。

（4）二次空气开关内部故障，自行脱扣跳闸。

（5）工作人员误碰、误操作造成二次空气开关跳闸。

35. 电压互感器二次空气开关跳闸的处理方式是什么？

答：电压互感器二次空气开关跳闸（或熔断器熔断）时，应对保护作相应处理后立即试发，试发不成功时，应将故障互感器所在母线的电压切换回路断开（或者断开分路熔断器），试发电压互感器二次小母线。对于老式的装设熔断器的切换回路，可以通过取下熔断器的方法断开相应的电压切换回路；对于新式的没有熔断器的切换回路，只能通过在端子排处"甩抽头"的方式断开相应电压切换回路。

如果试发成功，应再逐路试投各路电压切换回路（或分路熔断器），找出故障点。将故障点甩开后恢复正常电压切换回路（或分路熔断器），在未找出故障点之前严禁倒母线。

如试发不成功，应将互感器一次、二次电源断开：单母线接线的上报专业人员处理，双母线接线的应断开故障母线切换装置直流电源后，再将故障母线各路倒至另一条母线恢复保护运行，上报专业人员处理。

当某一电压互感器二次回路有故障时，严禁将正常的电压互感器二次回路与之并列。

36. 电压互感器二次电压如何进行传递？

答：电压互感器二次端子接线一般应引下至本体端子箱或汇控柜处，与保护、测量及计量装置构成二次电压回路，并负责电压量的提供。

（1）不需进行二次电压切换的变电站，一般将电压互感器二次电压信息量通过电压接口屏进行汇总，并直接传递给保护、测量及计量装置所需的电压信息量。

（2）需进行二次电压切换的变电站，一般将各电压互感器二次电压信息量分别传递至电压接口屏的电压小母线。它主要负责全站电压互感器电压信息量的汇总和转接，如图 3-11 所示。

1）将电压信息量转接给保护装置配套的电压切换装置（也有使用保护装置自身切换功能，而不使用独立切换装置的情况），再将切换后的电压传递给保护装置所需的电压信息量；

2）将电压信息量转接给电压切换屏，通过在该屏上的电压切换继电器进行电压切换，并传递给测控及计量装置所需的电压信息量。

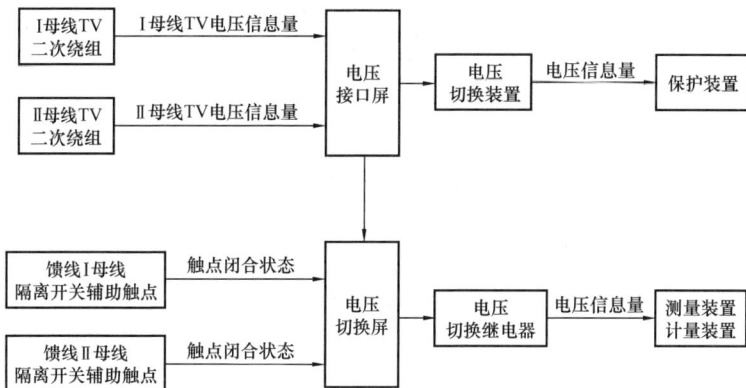

图 3-11　双母线接线方式下的电压信息量传递示意图

37. 电压互感器二次电压切换常采用什么方式？

答：电压互感器二次电压切换主要指双母线接线方式下的二次电压切换（下面以 4 母线和 5 母线标识双母线），常采用的电压切换方式有：

（1）通过各馈线母线侧隔离开关的拉合对应启动电压切换屏上的切换继电器，实现电压互感器二次电压切换，如图 3-12 所示。

当位于 4 母线的隔离开关合上时，动合辅助触点闭合，如 2214-4 隔离开关合上时，动合辅助触点闭合，启动切换继电器 KM1，KM1 的动合辅助触点闭合，此时电压切换量采集切换至 A630、B630、C630、L630 交流电压小母线。

（2）通过电压切换装置的电压切换功能实现电压互感器二次电压切换，如图 3-13 所示。电压切换装置主要由双线圈、带磁保持的直流继电器组成，其中

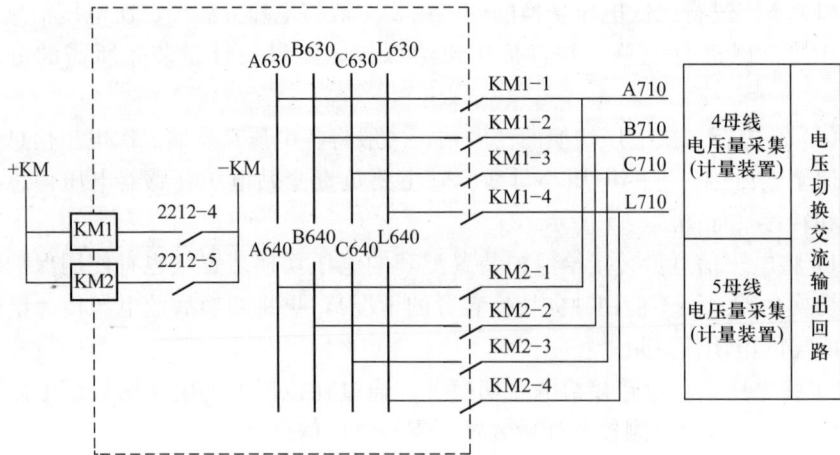

图 3 - 12　双母线电压切换继电器交直流切换回路

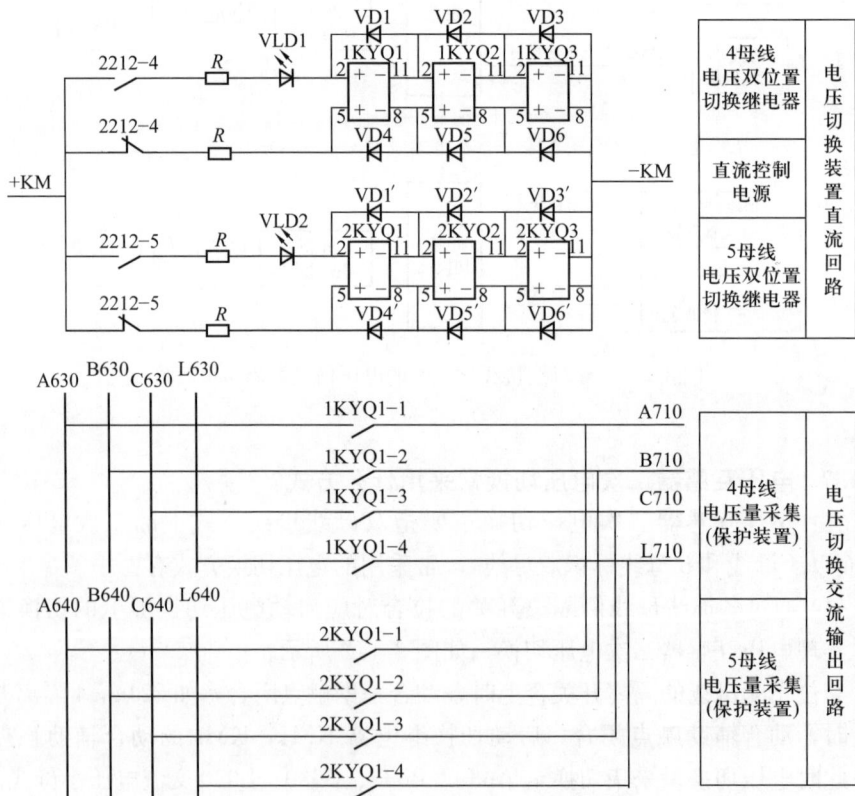

图 3 - 13　双母线电压切换装置交直流切换回路

变电站设备运行实用技术问答

1KYQ1、1KYQ2、1KYQ3 为一组，是切换至 4 母线电压互感器二次回路的控制直流继电器；2KYQ1、2KYQ2、2KYQ3 为一组，是切换至 5 母线电压互感器二次回路的控制直流继电器。

当位于 4 母线的隔离开关合上时，动合辅助触点闭合，如 2214-4 隔离开关动合辅助触点，此时第一组继电器 1KYQ1、1KYQ2、1KYQ3 的动作线圈 2-11 励磁带电，使继电器启动，它们的动合辅助触点接通 4 母线交流电压二次回路，由于继电器是带磁保持的，即使直流电源 KM 消失，继电器仍然保持在启动状态，确保交流电压回路正常。

当 2214-4 隔离开关拉开时，动合触点返回打开状态，动断触点返回闭合状态，第一组继电器 1KYQ1、1KYQ2、1KYQ3 的动作线圈 5-8 励磁带电，使继电器返回，它们动合辅助触点断开 4 母交流电压二次回路，切断 4 母电压二次回路。

同理，对于 5 母线的电压切换原理如上所述，其中 A630、B630、C630、L630 为 4 母线交流电压小母线；A640、B640、C640、L640 为 5 母线交流电压小母线，通过交流电压二次切换送至 A710、B710、C710、L710，供保护、测量装置采用，N600 作为公共接地小母线，图中未画出。

38. 电压互感器二次能否并列运行？如何进行二次电压并列？

答：电压互感器二次并列运行主要指一次主接线为桥形接线、单母分段接线方式下的各母线电压互感器通过母联或者分段断路器实现并列，另外，对于双母线接线方式在进行电压切换过程中也会存在二次电压并列运行的情况。

电压互感器在二次并列运行前，一次侧必须经母联或者分段断路器并列运行，确保电压互感器一次侧电压等电位并列，否则，若母联断路器在分位，当电压互感器二次并列后，由于各母线侧一次电压在幅值、相位上的差别，使电压互感器二次回路环流较大，容易引起电压互感器二次回路自动空气开关掉闸或熔断器熔断，造成保护装置误动，测量及计量装置失去电压信息量，若自动开关或熔断器选择不适当并未及时掉闸时，会造成二次绕组烧损故障。

图 3-14 为单母线二次电压并列交直流回路图，当母联断路器 145 及两侧隔离开关 145-4、145-5 均合上时，为与一次运行方式一致，将母线电压并列转换开关 QK 切至并列位置，它的触点 1-2 接通，继电器 3KYQ1、3KYQ2、3KYQ3 的动作线圈 2-11 励磁带电，使继电器启动，它们的动合辅助触点将 4 母和 5 母电压二次回路连接在一起，实现两条母线二次电压并列运行；

当 4 母线与 5 母线分列运行时，只要断开母联开关 145 及两侧隔离开关 145-4、145-5 中任意一个，或将母线电压并列转换开关 QK 切换至断开位置（即触点

3－4接通），均可使继电器3KYQ1、3KYQ2、3KYQ3的动作线圈5－8励磁带电，使继电器返回，它们的动合辅助触点断开交流电压二次并列回路。

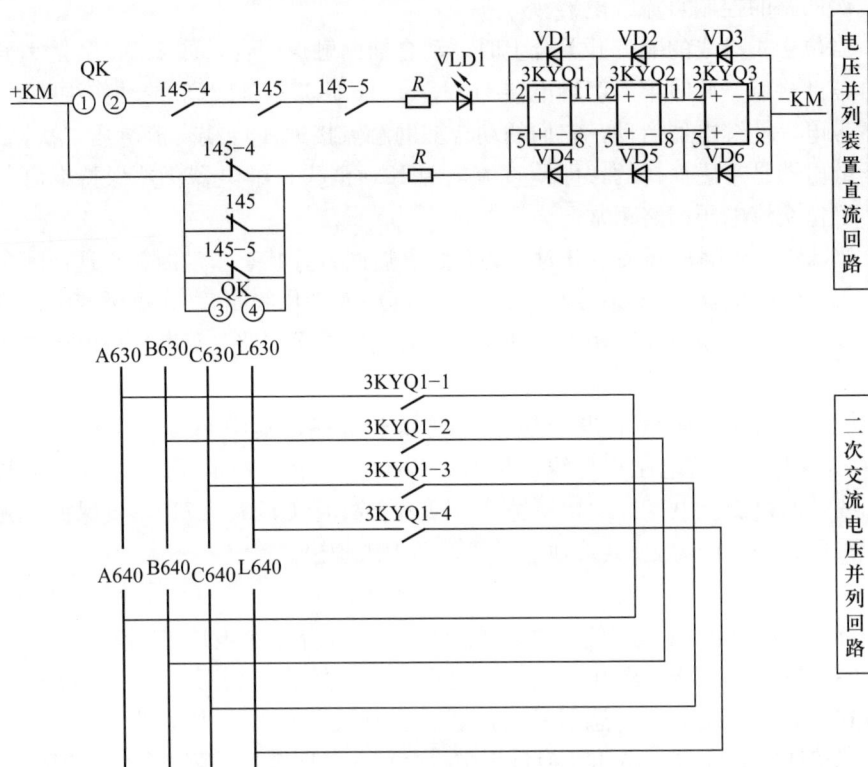

图3－14 单母线二次电压并列装置交直流回路

39. 电压互感器是如何出现二次反高压现象的？

答：所谓电压互感器二次反高压，是指电压互感器一次已经停电的情况下，由于某些特殊原因，使得电压互感器二次仍然有电压，二次电压将通过电压互感器在一次感应出高压的现象。一般来讲电压互感器二次反高压将会在电压互感器二次回路上出现较大的电流，从而引起电压互感器二次空开跳闸，使所带保护失去电压量。

电压互感器二次反高压的发生一般有两个条件：一是两条母线没有并列；二是电压互感器二次发生并列。

两条母线通过断路器和隔离开关连接在一起时，能保证两条母线电压一致，即为并列，此时两条母线均有一样的电压，自然不存在二次反高压的可能。

两台电压互感器二次并列时，即两台电压互感器二次回路由于某种原因连接在一起，只要一台电压互感器在运行中，就会使另一台不运行的电压互感器二次带电。发生电压互感器二次并列有三种情况：

（1）第一种并列通过设置电压互感器并列手把进行。这种回路主要用于一台电压互感器检修时，将其二次负荷由另一台电压互感器带，从而使相应的母线不需要随着电压互感器一起停电。这种并列是人为地直接将两台电压互感器的二次电压母线并列在一起。

（2）第二种并列发生在电压切换回路。正常双母线接线时，保护、计量等装置通过电压切换回路选择从哪一条母线的电压互感器取得电压量，从而实现当线路在两条母线上切换时，其二次电压也能随之切换。倒母线过程中，一条线路的两个母线隔离开关均合上时，两台电压互感器二次回路即实现了并列。

（3）第三种并列仍发生在电压切换回路。当一条线路的两个母线隔离开关均没有合上，却发生了隔离开关二次触点与一次位置不对应时，电压互感器二次回路仍然可能会并列上。

综上所述，以下情况会发生二次反高压：

（1）当两条母线一条带电、另一条不带电（或者两条母线电压值差别较大时），人为误操作通过并列手把将电压互感器二次并列上。

（2）在倒母线结束后，未断开停运电压互感器二次的情况下，将母联断路器拉开（或者母联断路器偷跳），同时由于隔离开关二次触点的问题，导致两台电压互感器二次回路仍然并列在一起。

40. 电压互感器什么情况下要进行核相工作？如何进行核相？

答：电压互感器进行大小修、安装及其二次回路工作后，其投入运行时应进行电压互感器的核相工作，主要包括：①测量相及相间电压应正常；②测量相序应为正相序；③进行定相，确定相位正确。

所谓定相就是将电压互感器的一次侧接于同一电源上，测量二次侧的电压相位是否相同，步骤如下：

（1）校验定相所用的三相电压是否对称，确保不会影响定相的准确性。

（2）按接线组别情况分别测量两电压互感器（正常运行电压互感器与待核相工作的电压互感器）二次端子间的电压。

（3）根据测量结果，检查二次端子的标号及所接端子排是否正确。

如果相序和相位不正确，会造成以下不良后果：

（1）破坏同期的正确性。

（2）电压互感器并列运行时，不同相位造成环流很大，造成熔断器熔断或空开掉闸，严重会造成二次线路或装置烧损。

41. 电压互感器常见的异常判断与处理有哪些？

答：电压互感器常见的异常判断与处理有：

(1) 三相电压指示不平衡：一相降低（可为零），另两相正常，线电压不正常或伴有声、光信号，可能是互感器高压或低压熔断器熔断。

(2) 中性点非有效接地系统的三相电压指示不平衡：一相降低（可为零），另两相升高（可达线电压），或指针摆动，可能是单相接地故障或基频谐振；如三相电压同时升高，并超过线电压（指针可摆到头），则可能是分频或高频谐振。

(3) 高压熔断器多次熔断，可能是内部绝缘严重损坏，如绕组层间或匝间短路故障。

(4) 中性点有效接地系统的母线倒闸操作时，出现相电压升高并以低频摆动，一般为串联谐振现象；若无任何操作，突然出现相电压异常升高或降低，则可能是互感器内部绝缘损坏，如绝缘支架、绕组层间或匝间短路故障。

(5) 中性点有效接地系统中，电压互感器投运时出现电压表指示不稳定，可能是高压绕组 N（X）端接地接触不良。

(6) 电压互感器回路断线处理。

1) 根据继电保护和自动装置有关规定，退出有关保护，防止误动作。

2) 检查高、低压熔断器及自动空气开关是否正常，如熔断器熔断、应查明原因立即更换，当再次熔断时则应慎重处理。

3) 检查电压回路所有接头有无松动、断开现象，切换回路有无接触不良现象。

42. 电容式电压互感器常见的异常判断有哪些？

答：电容式电压互感器常见的异常判断有：

(1) 二次电压波动。二次连接松动，分压器低压端子未接地或未接载波线圈。如果阻尼器是速饱和电抗器，则有可能是参数配合不当。

(2) 二次电压低。二次连接不良，电磁单元故障或电容单元 C2 损坏。

(3) 二次电压高。电容单元 C1 损坏，分压电容器接地端未接地。

(4) 电磁单元油位过高。下节电容单元漏油或电磁单元进水。

(5) 投运时有异音。电磁单元中电抗器或中压变压器螺栓松动。

43. 10～35kV 电压互感器高压侧熔断器熔断与哪些因素有关？

答：10～35kV 电压互感器高压侧熔断器一般采用石英砂填充，具有良好的灭弧性能和断流容量，同时具有限制短路电流的作用，一般熔断器熔丝的额定电流应满足安装地点的断流容量要求，通常选 0.5～1A。当故障电流大于其额定电流值时，高压侧熔断器熔断，以防止电压互感器遭受持续的故障电流冲击。高压侧熔断器熔断的因素常见有：

（1）10～35kV 系统发生单相间歇性电弧接地故障，产生过电压，励磁电流急剧增加，使高压侧熔断器熔断。

（2）10～35kV 系统由于运行方式或参数的改变，正好符合铁磁谐振的条件，铁磁谐振使电压互感器励磁电流增大几十倍，使高压侧熔断器熔断。

（3）电压互感器发生内部匝间绝缘故障，或者对地绝缘放电故障，致使高压侧过流，使高压侧熔断器熔断。

（4）电压互感器二次绕组回路发生短路，二次回路熔断器或自动空气开关未及时掉闸，此时高压侧过流，使高压侧熔断器熔断。

44. 35kV 及以下电压互感器一次侧与二次侧 A 相熔断器熔断后有哪些电压量变化？

答：35kV 及以下电压互感器一次侧与二次侧熔断器熔断的区别是：一次侧 A 相熔断器熔断时，电压互感器二次侧剩余绕组开口处有电压；而二次侧 A 相熔断器熔断时，电压互感器二次侧剩余绕组开口处无电压或电压很低，基本属于不平衡电压值。其二次侧主绕组所测电压值变化主要为：

（1）一次侧 A 相熔断器熔断。由于熔断相与非熔断相之间的磁路还是畅通的，非熔断相两相的合成磁通可以通过熔断相的铁芯及其边柱构成磁路，结果在熔断 A 相的主二次绕组中会感应一定的电压值。而未熔断 B、C 相所测电压值基本不变，其余未熔断相 U_{bc} 线电压不变，与熔断相有关的 U_{ab}、U_{ac} 线电压指示降低。

（2）二次侧 A 相熔断器熔断：因电压互感器实际运行二次有负载，二次电压可通过连接的电压表或电能表以及继电器的电压线圈构成回路，所以熔断相有较小的电压，故熔断 A 相有较小的电压。而未熔断 B、C 相所测电压值基本不变，与熔断相有关的 U_{ab}、U_{ac} 线电压指示降低。

45. 35kV 及以下电压互感器一次侧熔断器熔断的处理方法是什么？

答：35kV 及以下电压互感器一次侧熔断器熔断的处理方法是：

（1）首先拉开电压互感器二次空气开关，并用隔离开关或手车断开电压互感器，检查电压互感器是否有烧灼放电、喷油痕迹，如发现外观异常，应进行电压互感器绝缘遥测后方可进行熔断器更换工作。

（2）如果外观检查无异常，检查熔断器熔断相，更换符合要求的熔断器后试发，更换时应戴高压绝缘手套或使用高压绝缘钳进行，当试发又断或熔断两相以上时，应对故障电压互感器进行绝缘摇测，无问题后方可恢复运行。

（3）电压互感器遥测绝缘的基本步骤是：断开电压互感器各相一次绕组接地端，摇测电压互感器本体一次绕组对地、二次绕组对地、一次绕组对二次绕组绝缘电阻值，当绝缘电阻在 1000MΩ 以上时绝缘合格。

46. 避免电压互感器发生铁磁谐振的方法有哪些？

答：在中性点不接地系统中，电磁式电压互感器与母线或线路对地电容形成的回路在一定激发条件下可能发生铁磁谐振而产生过电压和过电流，使电压互感器损坏，因此应采取消谐措施，具体措施有：

（1）采用励磁特性较好的电磁式电压互感器或改用电容式电压互感器。

（2）在电磁式电压互感器开口剩余绕组上加装阻尼电阻，如 10kV 三相五柱式电压互感器，可并联 50～60Ω，容量为 500W 的电阻。

（3）选择消弧线圈安装位置时，应尽量避免由于电网运行方式改变而使部分电网失去消弧线圈。

（4）安装电网消谐装置，自动调节系统 L、C 变化，防止谐振过电压发生。

47. 电压互感器电压回路断线的现象及原因主要有哪些？

答：电压互感器电压回路断线有以下现象：监控机发出 TV 回路断线光字牌，有功功率表指示失常、电压表指示为零或者三相不一致、电能表停走或走慢、低电压继电器动作，若是高压熔断器熔断，可能还有"×母接地"信号，绝缘监视电压表较正常值偏低。电压互感器电压回路断线的原因主要有：

（1）电压互感器高压一次熔断器熔断。

（2）电压互感器低压二次空气开关跳闸。

（3）电压互感器二次回路接头松动或者断线。

（4）电压切换回路辅助触点和电压切换开关接触不良。

母线电压互感器隔离开关辅助触点切换不良牵涉该母线上所有回路的二次电压回路，线路的母线隔离开关辅助触点切换不良只涉及本线路取用电压量的保护。

48. 35kV 及以下非直接接地系统交流绝缘监察装置是如何工作的？

答：35kV 及以下非直接接地系统交流绝缘监察装置的工作原理如图 3-15 所示，它是通过母线电压互感器实现对系统电压的监视，一般电压互感器采用三相五柱式或三个单相组成，其各相一次绕组、二次主绕组、剩余绕组的额定电压变比为 $\dfrac{U_N}{\sqrt{3}}\Big/\dfrac{0.1}{\sqrt{3}}\Big/\dfrac{0.1}{3}$ kV。

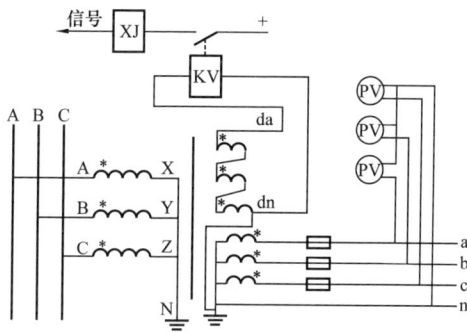

图 3-15　交流绝缘监察装置工作原理图

（1）系统正常运行时，每相绕组对地电压对称，故二次侧主绕组电压为 $0.1/\sqrt{3}$ kV，A、B、C 三个电压表指示均为 $0.1/\sqrt{3}$ kV；剩余绕组各相绕组的电压为 $0.1/3$ kV，其剩余绕组开口电压为互差 120° 的电压相量和，近似为 0kV。

（2）当系统发生单相接地故障时，接地相二次主绕组电压近似为 0kV，其他两相绕组的电压升高到线电压，即相电压的 $\sqrt{3}$ 倍：0.1kV，若接地故障相为 A 相，则三个电压表中，A 相电压表指示为 0kV，B、C 相电压表指示近似为 0.1kV。

（3）当系统发生单相接地故障时，剩余绕组的接地相绕组感应电压为 0kV，非接地相绕组感应电压升高为线电压，即相电压的 $\sqrt{3}$ 倍：$0.1\sqrt{3}/3$ kV，三相绕组电压相量和即为开口电压值，即 0.1kV。此时加到电压继电器 KV 上的电压由正常时的 0kV 升高到 0.1kV，电压继电器 KV 线圈励磁带电，信号继电器 XJ 动作发出信号。

49. 35kV 及以下非直接接地系统发生单相接地时的现象有哪些？

答：35kV 及以下非直接接地系统发生单相接地时的现象有：

（1）三个线电压数值指示正常（AB、BC、CA）。

（2）三个相电压数值，接地相降低（金属性接地时降至零），两正常相电压升高（金属性接地时升至线电压）。

（3）当 35kV 系统接地相电压低于 10kV，10kV 系统接地相电压低于 3kV，6kV 系统接地相电压低于 2kV 时，即认为系统发生接地。

（4）电压互感器剩余绕组回路电压超过相电压的 30%，且发出信号。

（5）消弧线圈的电压表、电流表有指示，且发出报警。

50. 为什么非直接接地系统发生接地故障，电压互感器允许运行时间为 8h？

答：电压互感器制造标准规定：6～66kV 电压等级中性点不直接接地系统

运行的电压互感器，应能承受 1.9 倍额定电压 8h 而无损伤（如表 3－2 所示）。可见，在制造电压互感器时，已考虑到非直接接地系统发生接地故障时，非接地相电压升高的情况，此时的铁芯不会达到饱和程度，因此电压互感器在系统发生接地时不致过负荷运行。

由于各厂家生产的电压互感器制造标准及工艺不同，往往并未能按照 8h 运行标准设计，当运行人员忽视此问题，若处理接地故障不及时，很容易造成电压互感器铁芯严重饱和，绕组发热、烧损放电等故障。

因此运行规定，非直接接地系统发生接地故障时，电压互感器允许运行 8h，但设备制造厂有特殊规定时应严格遵守设备说明书执行。

51. 35kV 及以下非直接接地系统发生谐振的现象有哪些？

答：35kV 及以下非直接接地系统发生谐振的现象如下：

（1）相电压表一相或多相无规律的升高，甚至超过线电压值，同时表计指针不断抖动。

（2）线电压表变化不大，表计指针抖动。

（3）表计指针快速抖动时是高频谐振，抖动较慢时是分频谐振。

（4）谐振严重时瓷质绝缘有放电声响，电压互感器有异常声响。

（5）装有消弧线圈的系统，由于系统运行方式的改变，可能引起消弧线圈与网络电容的参数谐振，此时消弧线圈电压表、电流表均有指示，并且指针抖动。

52. 电压互感器倒闸操作注意事项主要有哪些？

答：电压互感器倒闸操作注意事项主要有：

（1）电网正常时，220kV 及以下隔离开关可以拉、合电压互感器。

（2）严禁就地用隔离开关或高压熔断器拉开有故障（油位异常升高、喷油、冒烟、内部放电等）的电压互感器。

（3）66kV 及以下中性点非有效接地系统发生单相接地或产生谐振时，严禁就地用隔离开关或高压熔断器拉、合电压互感器。

（4）为防止串联谐振过电压烧损电压互感器，倒闸操作时不宜使用带断口电容器的断路器投切带电磁式电压互感器的空母线。

（5）分别接在两段母线上的电压互感器，二次并列前，应先将一次侧经母联断路器并列运行。

（6）当电压互感器停电时，应断开电压互感器二次回路，以免从低压反送电，危及人身与设备安全；电压互感器送电时，在电压互感器二次无电压情况下，可先投二次，后投一次；停电时可先停一次后停二次。

（7）操作过程中严禁电压互感器发生二次短路。

（8）停用电压互感器时，应考虑对继电保护、自动装置的影响。

53. 电压互感器检修工作应注意哪些内容？

答：电压互感器检修工作主要指不停电二次回路检修工作和停电检修工作两类，进行不停电的二次回路检修工作时，应采取措施防止电压互感器二次回路发生短路故障，另外还不能造成相关保护误动、计量装置失去电压量等。电压互感器的停电检修工作应注意：

（1）首先应考虑其所在母线及其线路所带相关保护、自动装置及计量装置不失去电压量，应按有关规定要求变更运行方式，防止继电保护误动，例如可通过倒母线方式进行电压切换。

（2）拉开电压互感器一侧隔离开关，在隔离开关电压互感器侧验电无电后挂接地线。

（3）断开电压互感器二次空气开关或取下二次熔断器，并在其上挂"禁止合闸 有人工作"牌，防止人员误合闸造成电压互感器反高压的人身触电事故。

（4）电容式电压互感器断开电源后，在接触电容分压器之前，应对分压电容器单元逐个放电，直至无火花放电为止，然后可靠接地。

54. 电压互感器投运前设备需接地的检查项目有哪些？

答：电压互感器在投运前应检查满足设备运行需要的接地位置是否可靠接地，检查项目主要有：

（1）接线方式为 YNynD 的电压互感器一次中性点应可靠接地。

（2）电磁式电压互感器高压绕组的接地端（X 或 N）、电容式电压互感器的电容分压器部分的低压端子（δ 或 N）均应可靠接地，严防出现内部悬空的假接地现象。

（3）电压互感器二次回路有且仅有一点接地。

（4）手车式电压互感器的二次接地点不应接于手车上，应在开关柜手车室内经端子排接至接地铜排。

（5）电压互感器外壳及其安装用构架应有两处与接地网可靠连接。

55. 电压互感器运行监督主要有哪些内容？

答：电压互感器运行监督的内容主要有：

（1）6～66kV 电压互感器一次电压不得超过额定值的 190％，110kV 及以上的电压互感器一次电压不得超过额定值的 120％。

（2）电压指示仪表显示正常，监控系统未发"系统接地故障"、"TV 断线"等信号。

（3）电压互感器内部无异音、无放电声及剧烈振动声，二次回路空开未掉闸、未有烧灼痕迹。

（4）电压互感器连接引线接头牢固，无弯曲或断裂、发热现象，电压互感器及其引线周围未搭挂异物。

（5）电压互感器瓷质部分应清洁完整、无裂纹、放电痕迹及电晕声响。充油互感器油位正常，油色透明不发黑，无渗漏油现象；SF_6 气体绝缘电压互感器 SF_6 气体压力合格，无漏气现象。

（6）电压互感器控制箱及机构箱门应关严，密封良好，防火、防小动物封堵无问题，内部应保持干燥、清洁，驱潮电热已按规定投入或退出。

第四章

高 压 断 路 器

1. 断路器在变电站中的作用主要有哪些?

答:断路器(俗称开关),指能够关合、承载和开断正常运行条件下的负载电流,并能在规定时间内关合、承载和开断规定的过负荷电流(包括故障电流)的电力设备。

断路器串接于一次系统并由动触头、静触头、灭弧装置、操动机构及支持绝缘子等组成,在操动机构中还有与断路器传动轴联动的辅助触点,主要串接于断路器的控制、连锁、信号等回路中实现对断路器的状态监控。断路器在变电站中的作用主要有:

(1)系统正常运行时,由于系统运行方式或设备运维的需要,依靠断路器的灭弧能力,可通过断路器与隔离开关等其他电力设备的倒闸操作配合,实现对系统运行方式或设备状态的改变。

(2)系统发生故障时,通过与继电保护及自动控制装置的配合实现断路器的分、合闸动作,能起到保护和控制两方面作用:对永久性故障能迅速切断故障电流,防止事故扩大,保证系统的安全运行;对瞬时性故障能借助自动重合闸装置迅速恢复送电,避免造成长时间停电事故。

2. 断路器对电流的关合、承载、开断有何含义?

答:断路器对电流的关合、承载、开断含义是:

(1)关合。指断路器合闸于系统预伏短路故障时,断路器能够关合而不发生触头熔焊或其他损伤,且能避免故障电动力的影响,其技术参数用额定(短路)关合电流表示,一般取值应等效于开断电流的 2.55 倍。

(2)承载。指断路器在合闸运行状态下应能长期承载系统正常运行时的负荷电流,并能短时间内承载系统故障时的短路电流,并确保设备的动稳定性能及热稳定性能,其技术参数分别用动稳定电流与热稳定电流表示:

1)动稳定电流:又称额定峰值耐受电流,指断路器的峰值耐受电流的大小,一般取值应等效于开断电流的 2.55 倍。

2)热稳定电流:又称额定短时耐受电流,指在规定的短时间内(通常取 3s)断路器能承受的短路电流有效值,一般取值应等效于开断电流。

（3）开断。指断路器合闸运行状态下，系统发生故障能可靠动作并切除故障电流，其技术参数用额定（短路）开断电流表示：在额定电压下，断路器能保证可靠开断的最大短路电流周期分量有效值。

3. 断路器运行对开断电流参数有哪些要求？

答：断路器的开断电流是表征断路器开断能力的参数，我国规定的断路器额定开断电流等级主要有：1.6、3.15、6.3、8、10、12.5、16、20、25、31.5、40、50、63、80、100kA。

额定开断电流决定了断路器灭弧室的结构和尺寸，选型安装上要求开断电流参数值应不小于安装地点最大运行方式下的母线短路电流，并应满足电网运行要求：

（1）当开断电流数值明显小于需开断的短路电流值时，不得投入使用，以免断路器开断系统短路故障时，造成灭弧室爆炸。

（2）当开断电流有不满足电网运行可能的情况时，应将操动机构用墙或金属挡板与该断路器隔开，并设远方控制，当地不允许操作，重合闸装置应停用。

4. 变电站对断路器的型式有哪些选择？

答：断路器的型式选择除应满足各项技术条件和环境条件外，还应考虑便于施工调试和运行维护，并经技术经济比较后确定，目前变电站对断路器的型式选择有：

（1）投切操作较频繁的断路器（如并联电容器组、并联电抗器组等），宜选用真空断路器或 SF_6 断路器；

（2）35kV 及以下电压等级的断路器，宜选用真空断路器或 SF_6 断路器；

（3）66kV 及以上电压等级的断路器，宜选用 SF_6 断路器，在高寒地区，SF_6 断路器宜选用罐式断路器，并应考虑 SF_6 气体液化问题。

5. 断路器按外形结构有哪些分类？

答：断路器按外形结构可分为：

（1）瓷柱式断路器。这种类型的断路器的灭弧室处于高电位，靠支柱绝缘子对地绝缘，它可以用串联若干个灭弧室和加高对地支柱绝缘子的方法组成更高电压等级的断路器，整体呈"I"字形或"T"字形布置。

（2）罐式断路器。这种类型的断路器灭弧室及触头系统装在接地的金属箱中，导电回路由套管引出，对地绝缘由绝缘介质承担，它可以在进出线套管上装设电流互感器，整体呈"V"字形布置。

（3）组合电器式断路器。这种结构是把断路器同隔离开关、互感器等设备按一次主接线要求连接成组合电器，并封装在接地的金属箱内。

6. 断路器按灭弧装置内部的灭弧介质有哪些分类？

答：断路器按灭弧装置内部的灭弧介质可分为：

（1）油断路器。指采用变压器油作为灭弧和绝缘介质的断路器，一般可分为少油断路器（S）和多油断路器（D）两类。

（2）空气断路器（K）。指以高压空气作为灭弧介质及触头断开后弧隙的绝缘介质，也兼作操动机构能源的断路器。因其结构复杂，又需配用一套空气压缩装置，现已逐步淘汰使用。

（3）真空断路器（Z）。指将触头置于密闭真空容器中，利用高真空作为绝缘和灭弧介质的断路器，具有体积小、质量轻、性能稳定、免维护等特点，目前只生产用于 35kV 及以下电压等级的真空断路器。

（4）SF_6 断路器（L）。指采用非燃 SF_6 气体作为灭弧和绝缘介质的断路器，具有断流能力大，绝缘距离小，检修周期长，免维护等特点，是目前 35kV 以上电压等级的首选设备。

7. 高压少油断路器与多油断路器有哪些区别？

答：油断路器是以密封的变压器油作为灭弧及绝缘的电气设备，主要指少油断路器和多油断路器两种形式。

（1）少油断路器（S）。少油断路器的绝缘油只作灭弧介质和触头开断后的弧隙绝缘介质，因其内部的绝缘油相对较少，故称为少油断路器。铁质油箱外壳一般涂为红色，表示带电危险，对地绝缘由绝缘子支柱来实现，目前个别变电站中还有使用少油断路器的情况。

（2）多油断路器（D）。多油断路器的触头浸在装满绝缘油的钢桶内，绝缘油除作为灭弧介质及触头开断后的弧隙绝缘外，还作为带电部分与接地外壳绝缘之用，因其内部的绝缘油相对较多，故称为多油断路器。其钢桶外一般涂为灰色标记，表示壳体不带电，多油断路器体积大、用油多，新建变电站已不再使用。

8. 油断路器发生严重渗漏油有哪些危害？应采取的措施有哪些？

答：运行规定：断路器的油标管应有明显的油位监视线，并且油位在冬季不低于油标的 1/3，夏季不高于油标的 4/5，本体无渗漏油现象。

（1）对少油断路器而言，由于本身油量很少，当渗漏油严重时，很可能造成内部异常放电现象；在开断短路故障时，很可能造成断路器灭弧室爆炸，如果渗漏部位由于内部负压而产生进水现象，同样会加剧此类故障的发生。因此，巡检工作应加强对其油位及渗漏油部位的监视，室外少油断路器应检查防雨帽是否安装良好。

（2）对多油断路器而言，本身的油不仅起灭弧作用，还起绝缘作用，当渗漏油严重时，同样会因绝缘下降造成断路器故障。因此，巡检工作应加强对其油位及渗漏油部位的监视。

当断路器漏油致使油面消失或严重缺油，这种状态的断路器，原处于分闸位置时，不得进行合闸操作；原处于合闸位置时，应采取断开其控制电源或停保护跳闸出口连接片的措施防止其分闸，然后申请调度采取带路等措施将其退出运行。

9. 真空断路器的灭弧原理是什么？

答：真空断路器是利用灭弧室内的真空作为灭弧介质的断路器，其灭弧室内的气体压力非常低（$1.3 \times 10^{-5} \sim 1.3 \times 10^{-4}$Pa），在这样低的气压下只有极少的气体分子存在，电极间的耐电强度很高，有很高的介质强度恢复速度，因此，要使真空断路器能够长期稳定地工作，关键在于灭弧室内必须长期保持一定的真空度。

真空断路器通过操动机构操作导电杆实现灭弧室内部的动、静触头分合，导电杆一端通过金属波纹管和动触头连在一起，动触头能在真空灭弧室内作直线运动，另一端通过绝缘杆和操动机构相连，静触头通过静触头座和外部相连，如图 4-1 所示。

当动、静触头切断电流分离时，将产生电弧，电弧的高温使触头部分的材料熔化蒸发出的金属蒸汽维持电弧，当电流过零时，由于四周真空中气体分子极少，更由于触头在电流通过时产生磁场，电弧在磁场作用下沿触头表面切线方向快速扩散，因此电弧金属蒸汽及所带质点能很快地向四周扩散到金属屏蔽罩上并被冷却而重新凝结起来，使触头间隙在电流过零后几微秒内，就重新恢

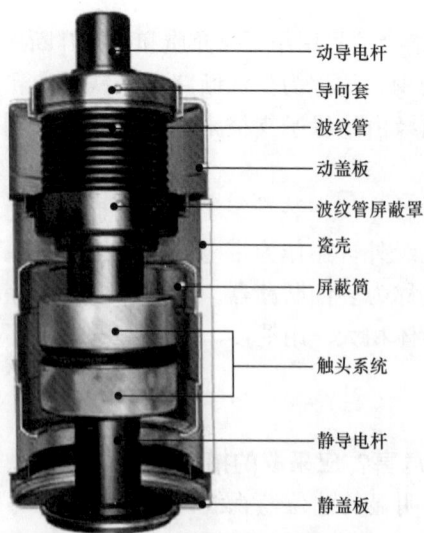

动导电杆
导向套
波纹管
动盖板
波纹管屏蔽罩
瓷壳
屏蔽筒
触头系统
静导电杆
静盖板

图 4-1 真空断路器灭弧室结构

复到比较高的真空状态，恢复了很高的绝缘强度，从而阻止电弧在电流第一次过零后重燃。

10. SF$_6$ 断路器的基本结构主要包括哪些？

答：SF$_6$ 断路器的基本结构和其他断路器相似，功能上基本相同，主要包括：

（1）导电部分。导电部分包括动、静弧触头和主触头，以及各种形式的过渡连接等，其作用是通过工作电流和短路电流。

（2）绝缘部分。绝缘部分主要包括 SF$_6$ 气体、瓷套、绝缘拉杆等，其作用是保证导电部分对地之间、不同相之间、同相断口之间具有良好的绝缘状态。

（3）灭弧部分。灭弧部分主要包括动、静弧触头，喷嘴以及压气缸等部件，其作用是提高熄灭电弧的能力，缩短燃弧时间。

（4）操动机构。操动机构主要指各种型式的操动机构和传动机构，其作用是实现对断路器规定的操作，并使断路器能够保持在相应的分、合闸位置。

11. SF$_6$ 断路器装设的 SF$_6$ 气体压力表应具备哪些功能？

答：SF$_6$ 断路器是采用非燃 SF$_6$ 气体作为灭弧和绝缘介质的新型断路器，内部的 SF$_6$ 气体压力值是确保其绝缘性能的重要指标，当压力值降低到设备绝缘限值时，断路器内部会发生绝缘降低故障，甚至会发生爆炸。因此，SF$_6$ 断路器应装设具有压力指示、信号报警及分、合闭闸锁功能的 SF$_6$ 气体压力表。

（1）压力指示功能。SF$_6$ 气体压力表应适合设备要求，压力值所属正常区、报警区、闭锁区的颜色容易分辨，刻度清晰，方便运行人员巡视观察，并且应标有明显的压力下限（报警值）指示线。

（2）信号报警功能。当压力降到某数值 S_1 时，气体压力表一对触点提供用于发出"SF$_6$ 气体压力低"报警信号，也称气体补气信号。

（3）分、合闸闭锁功能。当压力降到某数值 S_2 时（其中 $S_2 < S_1$），气体压力表一对触点启动中间继电器 KM，KM 动断触点、动合触点分别提供用于闭锁断路器分、合闸控制回路和发出"SF$_6$ 气体压力低闭锁"报警信号。

12. SF$_6$ 断路器装设吸附剂净化装置的作用主要有哪些？

答：一般 SF$_6$ 断路器要求必须装设吸附剂净化装置，它主要由过滤罐和吸附剂组成。由于断路器结构的不同，其净化装置的安装位置也不相同，有的安装在灭弧室的上部，有的安装在灭弧室的下部，吸附剂净化装置的作用主要有：

（1）吸附 SF$_6$ 断路器内部 SF$_6$ 气体中的水分，防止水分凝结在绝缘表面降低其绝缘性能；

（2）吸附 SF$_6$ 断路器内部 SF$_6$ 气体经电弧高温作用产生的某些灰白色有毒分解物，防止其分解物在水分的参与下腐蚀断路器内部结构材料。

SF$_6$ 气体中的水分对 SF$_6$ 断路器性能的危害最大，直接影响到设备的安全可靠运行，所以 SF$_6$ 气体中的水分含量应作为一项重要考核指标，并采取有效措施进行严格控制，一般要求其含水量不大于 150μL/L（20℃）。

13. 断路器配置并联电容的作用是什么？

答：断路器配置的并联电容（也称均压电容）主要是与断路器灭弧断口相并联的，是改善断路器分、合闸特性的重要附属元件，一般由电容和瓷套组成并联电容结构。

随着技术的不断发展，高压断路器每相断口也由多断口向单断口发展，但从经济与技术方面考虑，对超高压或特高压的 SF$_6$ 断路器，还是以多断口为主，断路器采用多断口结构后，电弧拉长的速度也成倍增加，因而能提供灭弧能力，但每个断口在开断位置的电压分配和开断过程中的恢复电压分配并不是均匀的，每个断口的工作条件并不相同，为使各个断口的工作条件接近相等，在每个断口上并联一个适当容量的电容 C，此电容称为并联电容。

并联电容应能承受断路器 2 倍额定相电压，其绝缘水平应与断路器断口间的耐压水平相同。并联电容在高压断路器中的作用是：

（1）在多断口断路器中，使在开断位置时的每个断口的电压均匀分配，开断过程中每个断口的恢复电压均匀分配，每个断口的工作条件接近相等。

（2）在断路器分闸过程中，当电弧电流过零后，降低断路器触头间弧隙的恢复电压速度，提高近区故障的开断能力。

14. 断路器配置并联电阻的作用是什么？

答：断路器配置的并联电阻（也称合闸电阻）主要是与断路器灭弧断口相并联的，是改善断路器分、合闸特性的重要附属元件，并联电阻片一般是由碳质烧结而成，外形与避雷器阀片相似，但其热容量要大得多。

按安装方式并联电阻一般设计为两种：一种是并联电阻片与辅助断口均置于同一瓷套内，也可把并联电阻片布置在辅助断口的两侧，使电阻片在工作发热后更有利于热量扩散；另一种是合闸电阻片与辅助断口不在同一瓷套内，而是各自成独立元件，串联后并联在灭弧室两端。

并联电阻在高压断路器中的作用是：限制断路器分、合闸及重合闸过程中的过电压，改善断路器的使用性能，有些 SF$_6$ 断路器采用在断口间并联电阻的方式来解决。

15. 对室外断路器绝缘子喷涂 RTV 的作用是什么?

答：由于室外断路器受外界环境污染程度的影响，使得污闪频发，大量的风沙夹杂着复杂的污秽物，不断地侵袭着电气设备，严重地干扰了电网的正常运行，为此，对污秽等级较严重的室外电气设备需采取防污闪措施，对设备瓷质部分涂 RTV（Room Temperature Vulcanized Silicone Rubber），室温硫化硅橡胶）是防污闪较好的一种长效措施。

RTV 涂料具有极佳的憎水性，水分子打落在 RTV 涂层上会以水珠状滚落，难以形成连续水膜，使得绝缘子表面每一颗孤立水滴之间存在明显干燥区，依然能够保持高电阻，遏制了泄漏电流的增大，有效地防止闪络的发生，但 RTV 涂层长期在电晕作用下会使其表面产生一系列复杂化学反应，并产生影响其憎水性的物质，从而使得 RTV 憎水性下降。

因此，应定期进行断路器绝缘子的憎水性监测，在运行中如发现 RTV 涂层有破损、起皮、龟裂等现象，应结合停电进行复涂工作，确保憎水性符合要求。

16. 断路器的操动机构常见类型有哪些?

答：高压断路器操动机构常见类型有：

（1）手动机构（CS❶）。指用人力合闸的操动机构。

（2）电磁机构（CD）。指用电磁铁合闸的操动机构，由于机构较大，合闸电流较大，合闸速度较慢，目前已较少使用。

（3）弹簧机构（CT）。指实现用人力或者电动机使弹簧储能的弹簧合闸操动机构。

（4）电动机机构（CJ）。指用电动机合闸和分闸的操动机构。

（5）液压机构（CY）。指以高压油推动活塞实现合闸与分闸的操动机构。

（6）气动机构（CQ）。指以压缩气体推动活塞实现合闸与分闸的操动机构。

17. 对断路器操动机构的工作性能有何要求?

答：断路器的操动机构是用来进行分、合闸和维护其闭合状态的传动装置，设置于断路器近旁的操作箱内，主要由分闸机构、合闸机构和维持机构组成，其工作可靠性在很大程度上依赖于操动机构的动作可靠性，因此对其工作性能有如下要求：

---

❶ 操动机构型号中第一个字母代表操动机构，用字母 C 表示，第二个字母代表机构的类型，如手动（S）、电磁（D）、弹簧（T）、电动机（J）、液压（Y）、气动（Q）。

（1）具有足够的合闸功率，可靠的合闸速度，具备足以克服短路电动力的阻碍功能。

（2）具有断路器保持合闸位置功能，不产生误分、慢分等现象。

（3）具有自动和手动分闸功能，有可靠的分闸速度。

（4）具有"复位"功能，当断路器分闸后，操动机构各部件能自动恢复至准备合闸位置。

（5）具有自由脱扣装置。

（6）具有防"跳跃"功能。

（7）具有机械连锁功能。

18. 什么是断路器"自由脱扣"？

答：断路器"自由脱扣"指：在断路器合闸过程中，若其操动机构又接到分闸命令，不论断路器刚开始合闸还是处于接近合闸完成状态，操动机构不应继续执行合闸命令而应立即分闸。

当断路器关合有预伏短路故障时，若操动机构没有自由脱扣能力，则必须等到断路器的动触头关合到位后才能分闸，因此，手动操动机构必须具有自由脱扣装置，才能保证及时开断短路故障，以保证操作人员的安全。

某些操作小容量断路器的电磁操功机构，在失去合闸电源而又迫切需要恢复供电时，操作人员往往不得不违反正常操作规定，利用检修调整用的杠杆应急地用手力直接合闸，对于这类操动机构也应装有自由脱扣装置，其他很多操动机构则不要求自由脱扣。

19. 什么是断路器"跳跃"？如何防止发生断路器"跳跃"？

答：断路器"跳跃"指：当断路器关合有预伏短路故障时，继电保护装置将动作于断路器跳闸，此时若断路器合闸命令还未解除，则断路器将发生再合闸、继电保护装置再动作于断路器跳闸的现象，这样断路器多次重复合、分闸动作的现象称为断路器"跳跃"。

断路器"跳跃"现象将会造成触头严重烧损，甚至可能引起断路器灭弧室爆炸，因此断路器必须具有防止断路器发生"跳跃"的能力，一般采取的措施有：

（1）机构防跳回路。它是在断路器机构中增设防跳继电器，借助断路器的辅助触点实现断路器的"防跳跃"功能，即在断路器合闸控制回路中加装防跳继电器 KTL，断路器的动合触点 QF 与防跳继电器的动合触点 KTL 13－14 并联后再串接防跳继电器线圈，防跳继电器的动断触点 KTL 11－12 串接在断路器的合闸控制回路中，如图 4-2 所示。

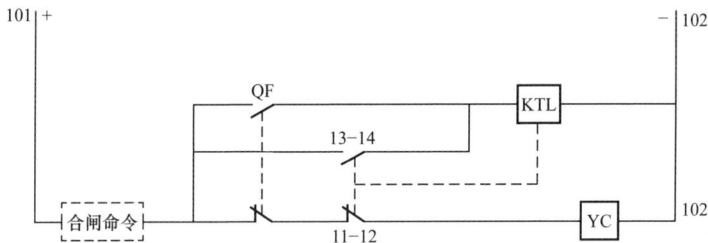

图 4-2 带防跳继电器的合闸控制回路

QF—断路器辅助触点；YC—合闸线圈；KTL—防跳继电器

断路器合闸后，其动合辅助触点 QF 启动防跳继电器，防跳继电器的动合辅助触点 KTL 13-14 实现防跳继电器的自保持，同时防跳继电器的动断触点断开断路器的合闸回路。

若断路器合闸后并且合闸命令未消失时，此时防跳继电器的动断触点 KTL 11-12 始终断开断路器的合闸回路，断路器的合闸回路被闭锁，避免了断路器发生"跳跃"现象。

（2）保护防跳回路。它是在保护屏操作插件中安装防跳闭锁继电器 KTL，如图 4-3 所示，它有两个线圈，一个是电流启动线圈 KTL-I，串接与分闸控制回路中，这个线圈的额定电流应根据分闸线圈的动作电流选取，并要求灵敏度高于分闸线圈的灵敏度，以保证在分闸操作时它能可靠启动，另一个线圈为电压自保持线圈 KTL-V，经自身的动合触点并联于合闸线圈回路中，在合闸回路中还串接了一对 KTL 动断触点。

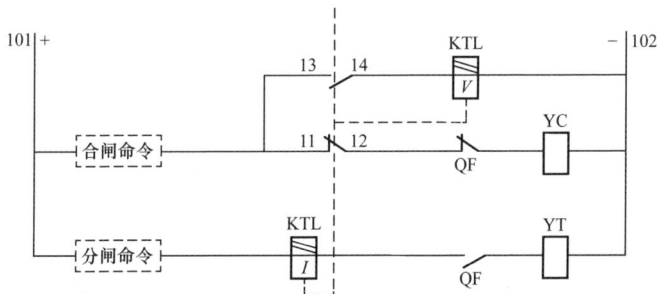

图 4-3 带防跳闭锁继电器的分合闸控制回路

QF—断路器辅助触点；YC—合闸线圈；YT—分闸线圈；KTL—防跳闭锁继电器

当防跳闭锁继电器电流线圈启动后，其动断触点 11-12 打开，切断合闸控制回路，此时若合闸命令存在，则其动合触点 13 - 14 闭合，与 KTL - V 电压线圈形成自保持回路，使其无法启动合闸线圈，只有合闸命令解除后，KTL - V 的电压自保持线圈断电，才能恢复至正常状态，有效地防止断路器发生"跳跃"。

20. 断路器液压操动机构的基本工作原理是什么？

答：液压操动机构将储存在储能器中的高压油作为驱动能传递介质，运用差动原理，间接驱动操作工作缸中的活塞，而储能器中的高压油是以氮气压缩的方式储存着，并由较小功率的电动机与油泵储能，油泵的启动依靠油压开关的压力接点进行启停控制。储存的液压压力应能保证断路器至少进行一个完整的"分—合—分"重合闸操作循环。

其工作原理如图 4 - 4 所示，工作缸活塞左侧（分闸腔）和储能器直接连通，处于常高压；活塞右侧（合闸腔）则通过阀门来控制。当阀门与储能器连通时，如图 4 - 4（a）所示，工作腔右侧也接高压油，但活塞两侧受压面积不等，右侧受压面积大，活塞将向左移动从而使断路器快速合闸。当阀门转到与低压油箱连通时，如图 4 - 4（b）所示，分闸腔油压大于合闸腔，致使活塞向右移动，使断路器快速分闸，即：

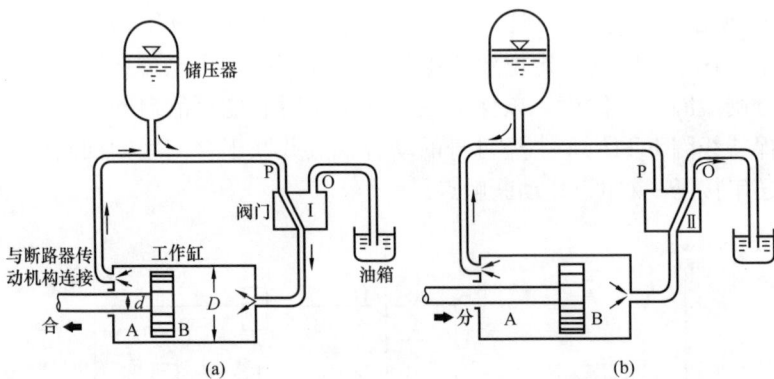

图 4 - 4　断路器液压操动机构工作原理图
(a) 合闸；(b) 分闸

（1）当进行断路器合闸操作时，储能器中的高压油进入合闸腔，由于合闸腔承压面积大于分闸腔面积，使活塞向左运动，实现快速合闸；

（2）当进行断路器分闸操作时，合闸腔中高压油泄至低压油箱，在分闸腔高压油作用下，活塞向右移动，实现快速分闸。

变电站设备运行实用技术问答

21. 断路器液压机构装设液压开关有何作用？

答：断路器装设的液压开关是指带有压力微动行程开关的装置，也可以选用带有液压表指示的液压继电器，利用液压表监视储能器中高压油的压力值。液压开关的作用主要有：

（1）利用液压开关的微动开关发出报警信号。当油压过高时，一对微动开关触点闭合启动中间继电器，通过中间继电器的触点发出"压力过高"信号，当油压过低时，另一对微动开触点关闭合启动中间继电器，通过中间继电器的触点发出"压力过低"信号。

（2）利用液压开关的微动开关触点实现油泵的启停控制，当油泵运转时，同样可兼作发出"油泵运转"信号。

（3）利用液压开关的微动开关触点实现闭锁断路器分合闸控制回路，分别通过液压低压闭锁分、合闸继电器的动断触点切断断路器的分、合闸控制回路，以防低压力下分、合闸，造成事故扩大，当压力恢复时，自动解除。

（4）利用液压开关的微动开关触点实现自动重合闸闭锁，当压力低至预先设定的压力值时，微动开关触点闭合，自动重合闸闭锁继电器动作，闭锁重合闸，并向监控系统发自动重合闸闭锁信号，当压力恢复时，自动解除。

22. 引起断路器液压机构发出压力异常信号的因素主要有哪些？

答：断路器液压机构是通过液压行程开关的开闭情况，将信息传至监控系统，并发出压力异常信号的，主要包括"压力过高"信号和"压力过低"信号两种。其中引起液压机构发出"压力过高"信号的因素主要有：

（1）油泵启动打压，一对微动开关位置偏高或触点打不开。

（2）储压筒活塞密封不良，储能器中的液压油进入氮气部分，使预充压力（氮气室）过高。

（3）环境温度过高，使预充压力（氮气室）过高。

（4）液压开关二次回路绝缘降低，误发压力过高信号。

引起液压机构发出"压力过低"信号的因素主要有：

（1）油压正常降低，油泵及其二次回路发生故障无法实现打压，如失去油泵电源、液压行程开关异常、油泵电机线圈烧损等。

（2）储能器密封问题产生渗漏油，致使压力降低。

（3）高压油路渗漏，油泵正常打压，但压力不上升。

（4）液压开关二次回路绝缘降低，误发压力过低信号。

23. 断路器电动式弹簧操动机构的工作原理是什么？

答：电动式弹簧操动机构的原理是：利用电动机使合闸弹簧储存机械能，并由合闸掣子使弹簧保持在储能状态，储能完成后切断电动机电源。

当断路器接收到合闸命令时，操动机构将解脱合闸闭锁装置以释放合闸弹簧的储能，这部分能量一方面通过传动机构使断路器的动触头动作，进行合闸操作，另一方面则通过传动机构使分闸弹簧储能，并为断路器分闸作准备，其储能状态由分闸掣子保持。

当合闸动作完成后，电动机立即接通电源启动，通过储能机构使合闸弹簧重新储能，以便为下一次合闸动作作准备；当接收到分闸命令时，将解脱自有脱扣装置以释放分闸弹簧储存的能量，并使触头进行分闸动作。

弹簧储能操动机构应能够执行一个完整的"分—合—分"重合闸操作循环。

24. 为什么必须在弹簧储能操动机构合闸回路中串接弹簧储能位置开关触点？

答：弹簧机构只有处在储能状态后才能进行合闸操作，因此必须在断路器合闸控制回路中串接弹簧储能位置开关触点进行连锁。

这样，当弹簧未储能或正在储能过程中均不能合闸操作，此时，弹簧储能位置开关触点处于打开状态，控制回路断线无法进行合闸操作，并发出相应的"弹簧未储能"信号。

一般断路器合闸操作完成后，电动机立即接通电源启动，通过储能机构使合闸弹簧重新储能，以便为下一次合闸动作作准备。

若断路器合闸操作完成后，"弹簧未储能"信号还未复位，或在正常运行中发出"弹簧未储能"信号，这就说明该断路器不具备一次快速自动重合闸的能力，运行人员应及时进行现场检查处理。

25. 弹簧储能操动机构的断路器发出"弹簧未储能"信号应如何处理？

答：弹簧储能操动机构的断路器在运行中发出"弹簧未储能"信号将影响断路器的重合闸功能，因此，运行人员首先应进行信号复归判断，如信号不能复归，应到设备当地检查弹簧储能指示，并且检查储能电源是否正常供电：

（1）当储能指示为"未储能"时，运行人员应设法进行电动储能，如无法储能，应拉开断路器的弹簧储能电源开关，并使用专用储能工具进行手动储能，手动储能方式应根据厂家要求进行操作。如果是机构内部机械结构故障造成的储能失败，应立即申请调度停电处理。

（2）当储能指示为"储能正常"时，运行人员应检查是否由于二次回路绝缘降低等原因造成误发信号，无法处理时应通知检修人员前来处理。

26. 变电站中断路器的工作状态主要有哪些？

答：变电站中断路器的工作状态主要有：运行状态、热备用状态、冷备用状态和检修状态四种。

（1）运行状态。指断路器及其两侧隔离开关均在合闸位置，并承载着正常负荷电流的状态。

（2）热备用状态。指断路器在断开位置、而其两侧隔离开关均在合闸位置，断路器一经合闸操作即可转为带负荷运行的状态。

（3）冷备用状态。指断路器及其两侧隔离开关均在断开位置，需经隔离开关合闸操作后，方可将断路器投入带负荷运行的状态。

（4）检修状态。指断路器及其两侧隔离开关均在断开位置，且其两侧均封挂接地线或合接地开关的状态。

27. 变电站中对断路器的分、合闸控制有哪几种方式？

答：断路器的分、合闸控制回路可实现二次低压设备对一次高压设备的操控，是连接一次设备和二次设备的桥梁（见图4-5），变电站中对其进行分、合闸的方式主要有：

（1）通过在当地机构箱、操作箱或汇控柜上的操作控制按钮进行的分、合闸操作。

（2）通过在主控室的操作员机将操作命令传递至保护屏操作箱，再由保护屏操作箱传递至断路器机构箱的分、合闸线圈，驱动操动机构进行的分、合闸操作。

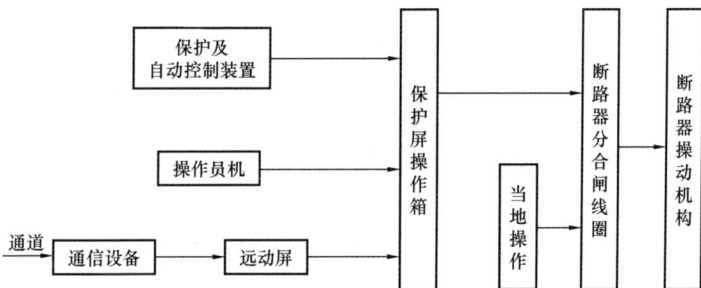

图4-5 断路器控制信号传递过程

（3）通过调度端发遥控命令，借助通信设备将操作命令传递至变电站远动屏、保护屏操作箱、断路器机构箱的分、合闸线圈、驱动操动机构进行的分、合闸操作。

（4）通过保护及自动控制装置动作，发出分、合闸命令至保护屏操作箱、断路器机构箱的分、合闸线圈、驱动操动机构进行的分、合闸操作。

28. 断路器机构箱内的"远方/当地"切换手把为什么应放"远方"位置？

答：正常运行时，断路器机构箱内的"远方/当地"切换手把应放"远方"位置，"当地"操作手把只允许在检修、试验时使用，这是因为：

（1）断路器机构箱内切换手把的辅助触点串接于断路器的分、合闸控制回路中，如果将其放"当地"位置，则闭锁了断路器的远端分、合闸控制回路，无法实现远方或遥控分、合闸操作。

（2）由于断路器保护跳闸回路与其分闸回路共用，此时若遇系统故障，保护动作于断路器跳闸时，此时跳闸命令传送不到断路器执行机构，断路器拒动，必然造成断路器越级跳闸，从而使事故范围扩大。

（3）为安全起见，不允许将断路器机构箱内的切换手把放"当地"位置进行当地合闸操作，如果此时合闸于系统预伏短路故障，而此时灭弧室又无法承受短路电流时，很可能引起断路器灭弧室爆炸，危及人身安全。

因此，断路器在正常运行时断路器机构箱内的"远方/当地"切换手把应放"远方"位置。

29. 对断路器分、合闸控制回路有哪些基本要求？

答：对断路器分、合闸控制回路应具备的基本要求有：

（1）应有对控制电源的监视回路，由于控制电源一旦失去，将无法进行断路器的分、合闸操作，因此当断路器控制电源消失时，应发出报警信号，对遥控变电站应发出遥信。

（2）应有对断路器分、合闸回路完好性的监视回路，当分闸或合闸回路故障时，应发出断路器"控制回路断线"信号。

（3）应有对断路器分、合闸状态显示的位置信号，故障自动跳闸、自动合闸时，应有明显的动作信号。

（4）正常情况下能实现手动分、合闸，系统故障时，保护装置能动作于断路器分闸，自动控制装置（自动重合闸或自投装置等）能实现断路器自动合闸。

（5）其分、合闸应具有自保持功能，当分、合闸操作完成后，应能通过断路器辅助触点自动切断分、合闸脉冲电流，防止分合闸线圈烧毁。

（6）应具备防止断路器"跳跃"的电气闭锁装置。

（7）断路器操动力消失或不足时，例如液压或气动机构的压力降低，弹簧机构的弹簧未储能等，应针对性闭锁断路器的分、合闸控制回路。SF₆气体绝缘断路器，当SF₆气体压力降低而断路器不能可靠运行时，也应闭锁断路器分合闸动作，并发出报警信号。

30. 断路器分、合闸位置可采取哪些方式进行监视？

答：断路器的分、合闸位置指示可以在当地机构处的分、合闸位置"指示窗"或"指示箭头"进行观察，一般分闸位置指示用汉字"分"、英文"OFF"或图形"○"表示，合闸位置指示用汉字"合"、英文"ON"或图形"｜"表示。另一种是通过串接断路器辅助触点的控制回路实现远方监视，具体方式如下所示：

（1）通过测控屏或开关柜门上的红绿灯监视。一般用红灯 HD 表示断路器的合闸状态，用绿灯 LD 表示断路器的分闸状态，指示灯是利用与断路器传动轴一起联动的辅助触点 QF 来进行切换的。当断路器在断开位置时，QF 动断触点处于闭合状态，绿灯亮；当断路器在合闸位置时，QF 动合触点处于闭合状态，红灯亮，如图 4-6 所示。

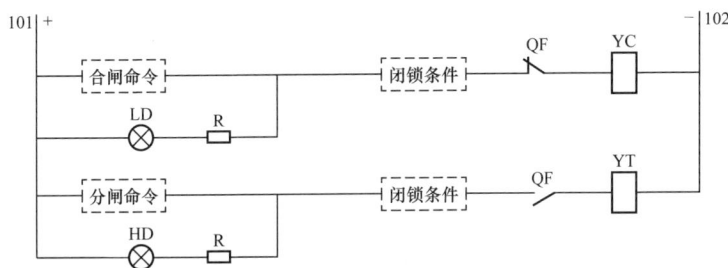

图 4-6　断路器红绿灯监视断路器分合闸回路

QF—断路器辅助触点；YC—合闸线圈；YT—分闸线圈；R—电阻

（2）通过位置继电器辅助触点将位置信号传至监控系统监视。此方式是将分闸位置继电器 KT 代替了绿灯 LD，而用合闸位置继电器 KC 代替红灯 HD。正常情况下只有一个位置继电器通电，当断路器在合闸位置时，合闸位置继电器带电，合闸位置继电器的动合辅助触点可接通合闸灯光或报文信号；当断路器在分闸位置时，分闸位置继电器带电，分闸位置继电器的动合辅助触点可接通分闸灯光或报文信号，如图 4-7 所示。

以上两种方式都可以实现监视断路器的分、合闸位置，另一方面用于监视一部分控制回路的完整性，因为其控制回路断线信号仅仅是监视保护屏以外二次回路及断路器机构箱内部二次回路的完好性（见图 4-8），当断路器在分闸位

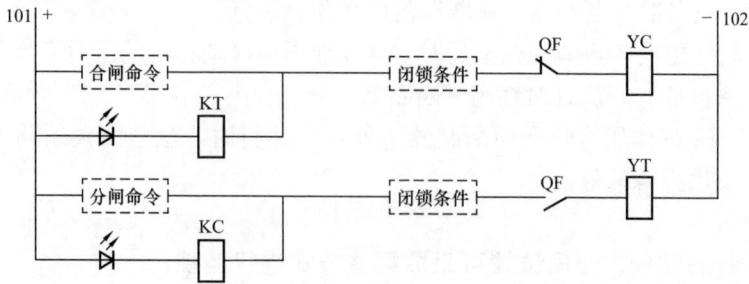

图 4-7　断路器位置继电器监视断路器分合闸回路

QF—断路器辅助触点；YC—合闸线圈；YT—分闸线圈

置时，绿灯亮，表示保护屏外部的合闸回路完好；当断路器在合闸位置时，红灯亮，表示保护屏外部的分闸回路完好。

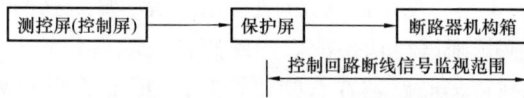

图 4-8　断路器控制回路断线信号监视范围

31. 断路器控制回路断线的原因主要有哪些？

答：一般而言，控制回路断线信号是由分闸位置继电器 KT 与合闸位置继电器 KC 的动断触点串联构成并发信的。

（1）在控制回路正常时，无论断路器处于合闸位置还是分闸位置，KT 与 KC 中总有一个带电励磁，其动断触点断开，不会发出"控制回路断线"信号。

（2）在断路器处于合闸位置时，KT 处于失去励磁状态，若此时分闸回路断线，则 KC 也失去励磁，此时将发出"控制回路断线"信号；同理，在断路器处于分闸位置时，KC 处于失去励磁状态，若此时合闸回路断线，则 KT 也失去励磁，此时将发出"控制回路断线"信号。

可见，无论什么原因引起分闸位置继电器 KT 与合闸位置继电器 KC 同时失去励磁，监控系统都将发出"控制回路断线"信号。

经上分析可知，引起控制回路断线信号的原因主要有：

（1）控制回路电源空开掉闸或熔断器熔断，分闸位置继电器 KT 与合闸位置继电器 KC 同时失去励磁，发出"控制回路断线"信号。

（2）分、合闸线圈损坏或接线端子松动，回路不通。

（3）断路器辅助触点没有闭合好，分闸位置继电器 KT 与合闸位置继电器

KC 可能同时失去励磁。

（4）控制回路中串接的各种闭锁接点断开时，也可引起控制回路断线。

32. 断路器跳闸出口连接片安装及投运主要有哪些要求？

答：按照连接片（又称压板）接入保护装置二次回路位置的不同，可分为保护功能连接片和出口连接片两大类，出口连接片决定了保护动作的结果，根据保护动作出口作用的对象不同，可分为跳闸出口连接片和启动连接片。

跳闸出口连接片直接作用于本断路器或联跳其他断路器，一般为强电压板，接直流 220V 或 110V，但进入装置之前必经光电耦合或隔离继电器隔离，转化为弱电开入。根据继电保护反措要求，对断路器跳闸连接片的安装有如下要求：

（1）跳闸连接片应立式安装，其开口端应装在上方，并接断路器的跳闸线圈回路。

（2）跳闸连接片在落下过程中必须和相邻跳闸连接片有足够的距离，以保证在操作跳闸连接片时不会碰到相邻的跳闸连接片。

（3）检查并确保跳闸连接片在拧紧螺栓后能可靠地接通回路。

（4）穿过保护屏的跳闸连接片导电杆必须有绝缘套，并距屏孔有明显距离。

（5）检查跳闸连接片在拧紧后不会接地。

对断路器跳闸连接片投退时应使用高内阻电压表分别测量两端对地电位，如某断路器正常情况下的直流±110V 控制回路图（见图 4-9），断路器分别处于合闸、分闸位置时的各连接片 LP 对地电压见表 4-1 所列结果。

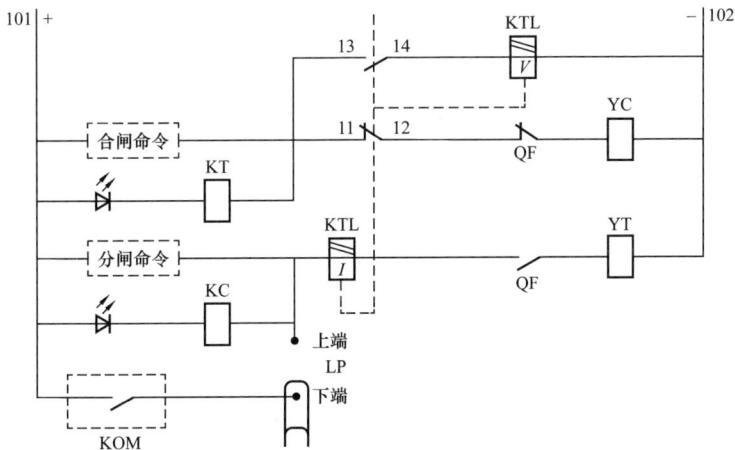

图 4-9 断路器分、合闸控制回路图

KOM—保护出口继电器；LP—跳闸连接片；QF—断路器辅助触点；
YC—合闸线圈、YT—分闸线圈；KTL—防跳闭锁继电器

表 4-1　　　　　　　断路器分、合闸时连接片各端对地电压值

断路器位置	LP 上端对地电压（V）	LP 下端对地电压（V）	是否可以投入
断路器合闸位置	−110	0	可以投入
	−110	+110	不可以投入
断路器分闸位置	+110	0	可以投入

通过分析可知：

（1）当出口跳闸连接片两端无异极性电压后，方可将连接片投入。

（2）当出口跳闸连接片两端均有电位，且连接片下端为正电位、上端为负电位时，若将连接片投入，将造成断路器跳闸。

（3）当出口跳闸连接片两端均无电位时，则应检查相关断路器的控制回路是否存在问题。

33. 断路器控制回路相继发生两点直流接地的后果主要有哪些？

答：变电站中对断路器的分、合闸控制是通过断路器的控制回路以及操动机构来实现的，通过控制回路可以实现二次设备对一次设备的操控。当断路器控制回路相继发生两点直流接地时，会造成断路器误跳闸、拒绝跳闸、控制电源开关掉闸等后果，如图 4-10 所示。

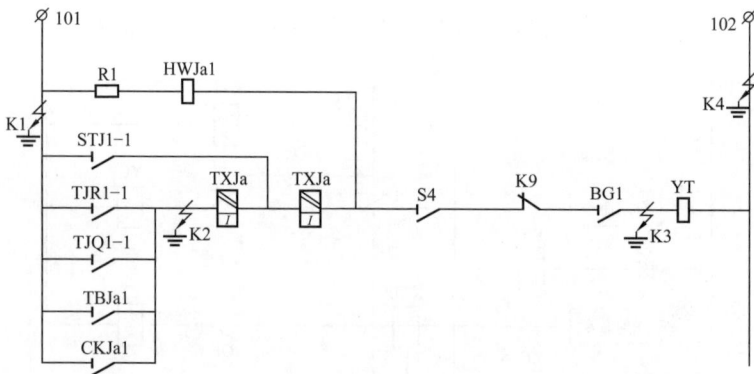

图 4-10　断路器控制回路两点接地示意图（以 A 相为例）

HWJ—合闸位置继电器；TXJ—跳闸信号继电器；STJ—手跳继电器；TBJ—跳闸保持继电器；TJR—三相永跳继电器；TJQ—三相跳闸启动三相重合闸继电器；CKJ—线路微机保护跳闸出口继电器；BG1—断路器位置转换触点；YT—断路器跳闸线圈；K9—SF₆ 气体压力闭锁；S4—断路器"远方/就地"切换手把；R1—电阻

（1）断路器误跳闸。当断路器控制回路相继发生 K1、K2 两点直流接地时，将使继电器辅助触点 TJR1-1、TJQ1-1、TBJa1、CKJa1 短接，而将跳闸继电

器 YT、信号继电器 TXJa 启动，YT 动合触点闭合，断路器动作跳闸，TXJa 动合触点闭合，监控系统发出断路器跳闸信号。

若断路器控制回路相继发生 K1、K3 两点直流接地时，虽断路器误动跳闸，但监控系统未有断路器跳闸信号。

（2）断路器拒动跳闸。当断路器控制回路相继发生 K3、K4 两点直流接地时，将使继电器 YT 线圈短接，当有断路器跳闸命令时，将造成断路器拒动跳闸。

（3）断路器控制电源开关掉闸。当断路器控制回路相继发生 K1、K4 两点直流接地时，将使控制回路正负极电源短接，造成控制电源开关掉闸。

34. 断路器分、合闸线圈烧毁的原因主要有哪些？

答：断路器分、合闸线圈烧毁的原因主要有：

（1）分合闸线圈长时间过流通电造成烧毁。由于断路器分、合闸回路带有自保持功能，无论手动操作还是自动操作（以合闸为例），只要合闸命令发出，合闸回路就一直处于自保持状态，直到断路器合上后，依靠断路器辅助触点的切换，才断开合闸回路电流。如果由于某种原因断路器没有合上，或是合上以后断路器辅助触点没有切换到位，则合闸保持回路将一直处于保持状态，由于合闸线圈通常只能承受短时间过电流，若时间较长，合闸线圈将烧毁。

（2）断路器操动机构没有合闸能量情况下合闸。对于操动机构的储能元件，如果断路器储能不足或未储能，此时若进行断路器的合闸操作，虽然合闸线圈一直励磁带电，但断路器并不能很快合闸，或者不能合闸完全，这样合闸线圈同样会长时间过流带电而烧毁。

（3）断路器操动机构机械问题致使拒动。在外部回路正常的情况下，如果操动机构内部出现问题，如机构卡死，同样引起拒合断路器，造成线圈烧毁。

35. 断路器发生"拒合"现象应如何处理？

答：如果断路器发生"拒合"现象时，工作人员首先检查操作对象是否正确，是否有断路器"控制回路断线"、"控制回路闭锁"信号发出，若存在"控制回路闭锁"信号，应通知检修人员处理恢复，无异常信号后再将断路器合闸。

若无"控制回路闭锁"信号时，工作人员可配合检查故障问题，一人在主控室操作，一人在合闸线圈处进行万用表量对地电位，并聆听合闸线圈的动作声音：

（1）若合闸线圈前、后端都有电压，且能听到吸合声音，说明控制回路完好，有可能存在机构机械卡死问题，此时应拉开控制电源，防止合闸线圈长时间带电造成烧毁，然后通知检修人员前来检查机构。

（2）如合闸线圈前端无电压，且无法听到声音，应检查控制回路监视范围以外的二次回路是否存在断线，如接线端子松动等问题。

（3）如合闸线圈前端有电压，而后端无电压时，可能是合闸线圈烧毁，应通知检修人员前来更换处理。

待以上问题处理完毕后，再进行断路器的合闸操作。

36. 断路器辅助触点串入分、合闸控制回路中的作用主要有哪些？

答：断路器辅助触点串入分、合闸控制回路中的作用主要有：

（1）断路器合闸回路主要由合闸启动回路、闭锁回路、断路器辅助触点（动断）和合闸线圈四部分组成；断路器分闸回路主要由分闸启动回路、闭锁回路、断路器辅助触点（动合）和分闸线圈四部分组成。

（2）分闸线圈和合闸线圈是按短时通电设计的，在断路器进行分、合闸操作完成后，通过断路器动合触点、动断触点自动将其操作回路切断，以保证分、合闸线圈的安全。

（3）分、合闸启动回路的触点（操控手把触点、继电器触点）由于受自身开断容量的限制，在切断回路时可能产生拉弧使触点烧毁，而断路器辅助触点开断容量大，断开控制电流可以很好地灭弧，保护操控手把及继电器触点不被烧毁。

（4）通过断路器辅助触点可以间接实现防跳继电器启动、三相不一致动作跳闸、分合闸位置监视等功能。

37. 为什么在断路器分闸控制回路中，动合辅助触点合闸前应先投入而分闸后再断开？

答：串联在分闸控制回路中的断路器辅助触点主要指断路器动合辅助触点，在进行断路器的分、合闸操作时，动合辅助触点接入时间与动、静触头完全接触时间是有一定要求的。

（1）合闸前先投入。指断路器在进行合闸操作时，串接于分闸控制回路的断路器动合辅助触点应提前接入，此时动、静触头还未完全接触到位，这样可做好断路器的分闸准备，合闸于系统预伏短路故障，断路器能及时跳闸。

（2）分闸后再断开。指断路器在进行分闸操作时，动触头离开静触头之后，其串接于分闸控制回路的断路器动合辅助触点再断开，以确保断路器可靠分闸。

38. 在断路器停电检修、恢复送电时，其"控制电源"的拉合操作有什么顺序？

答：断路器的"控制电源"主要是提供其进行分、合闸操作的电源，当失去"控制电源"后，其分、合闸控制回路将失去电源，无法使分、合闸线圈带电，致使对断路器的分、合闸操作失效。由以上分析可知，在断路器停电检修、恢复送电时，其控制电源的拉、合操作顺序应符合以下要求：

（1）断路器进行停电检修时，操作其两侧隔离开关前应确认断路器 A、B、C 三相处于分闸位置，之后再进行隔离开关的分、合闸操作，操作完成后方可断开其控制电源，防止断路器实际没断开或三相未全部断开（虚合）时，出现带负荷拉隔离开关的人身事故。

（2）断路器在进行恢复送电时，应在其两侧隔离开关合闸前将控制电源合上，这样能及时检查断路器分、合闸控制回路的完整性，在发现问题时能及时予以处理：

1）若断路器实际没断开或三相未全部断开（虚合）时，当进行隔离开关合闸时，保护能及时将断路器跳闸，防止带负荷合隔离开关。

2）若断路器合闸于预伏短路故障时能及时切断故障，防止故障电流对断路器及其他设备的冲击。

因此，断路器在停电时，应在其两侧隔离开关拉开后才能将其控制电源拉开，而断路器在恢复送电时，应在其两侧隔离开关合闸前将控制电源合上。

39. 如何将异常不允许操作的断路器退出运行？

答：因某种原因禁止断路器分合闸操作时，对于正处于分闸位置的断路器，可直接向调度提出申请，将该断路器改为冷备用状态，而对于正处于合闸位置的断路器应采取以下措施。

（1）对于可用隔离开关断开环流的操作，如 3/2 接线有 3 个完整串及以上运行，可用断路器两侧隔离开关直接隔离异常断路器。

（2）对于不允许直接通过隔离开关切断电流的情况，应使用带路的方式将其退出运行，其带路操作的方法是：

1）用旁路断路器（或其他断路器）与异常断路器并联，断开旁路断路器的直流电源或停保护跳闸出口连接片，用异常断路器的隔离开关解开环路使异常断路器退出运行。

2）用母联断路器与异常断路器串联，用母联断路器断开电源，再用异常断路器两侧隔离开关使异常断路器退出运行。

3）如果异常断路器所带元件（线路、变压器等）有条件停电时，则可拉开对端断路器，断开电源使异常断路器退出运行。

40. 断路器进行停电检修工作的安全技术措施主要有哪些？

答：断路器进行停电检修工作的安全技术措施主要有：

（1）拉开待检修断路器及其两侧隔离开关，在隔离开关的断路器侧封挂地线，在断路器周围设围栏，并挂"止步 高压危险"标示牌。

（2）拉开待检修断路器操动机构的电源（如弹簧储能电源、油泵电源、气泵电源、电机电源等），已储能的设备检修工作人员首先应对其泄能，防止检修过程中储能机构动作伤人。

（3）拉开待检修断路器信号电源，防止造成人身直流触电事故。

（4）拉开待检修断路器控制电源，并将其遥控手把放置"当地"位置，防止保护校验过程中、工作人员远方或遥控误合闸。

（5）停用待检修断路器的自动控制装置（自动重合闸、自投装置等），防止检修过程中保护误动造成断路器合闸。

41. 断路器调试工作中为什么要进行触头动作速度特性测试？

答：分、合速度特性是检修调试断路器的重要质量指标，也是直接影响开断和关合性能的关键技术数据，对断路器触头的动作速度进行测试的原因如下：

（1）断路器进行正常合闸时，触头合闸运动速度不足将会引起触头合闸振颤，预击穿时间过长。

（2）断路器进行正常分闸时，触头分闸运动速度不足将使电弧燃烧时间过长，致使断路器内存压力增大，轻者烧坏触头，使断路器不能继续工作，严重时将会引起断路器爆炸。

（3）断路器进行故障分闸时，断路器分闸速度不足，断路器此时可能切除故障电流不及时，进而引起上级断路器越级跳闸，扩大停电范围。

42. 引起断路器导电回路电阻测试数据异常过大的因素有哪些？

答：断路器导电回路接触良好是保证断路器安全运行的一个重要条件，导电回路电阻增大，将使触头发热严重，造成触头周围绝缘零件烧损等现象，因此在预防性试验中需要测量导电回路直流电阻。引起断路器导电回路电阻值异常过大的因素有：

（1）触头连接处过热、氧化所致。

（2）触头行程不良或严重磨损所致。

（3）测量仪器异常或接线错误所致。

出现异常数据时，首先应核实检查仪器接线，重新进行导电回路电阻测试，排除第（3）项因素后，应进行断路器灭弧室的解体检查，更换异常部件，清洁和润滑触头表面，重新装配断路器并重新进行导电回路电阻测试。

43. 为什么要进行断路器的低电压分、合闸试验？标准是什么？

答：断路器进行分、合闸要求分、合闸线圈有足够的电压，以保证可靠分、合闸。在正常的直流电压下，断路器能可靠完成各种形式的分、合闸操作，然而当变电站的直流电源容量降低较多或电缆截面积选择不当，电阻过大时，由于直流压降损失太大，使分、合闸线圈，接触器线圈不能正确动作，在多路断路器同时分、合闸时更会如此。

另外，如果直流母线电压过低，在直流系统绝缘不良两点高阻接地的情况下，在分闸线圈或接触器线圈两端可能引入一个数值不大的直流电压，当线圈动作电压过低时，就会引起断路器误动跳闸，因此，要进行断路器的低电压分、合闸试验。

试验对分、合闸电磁铁的动作电压规定为：

1）并联合闸脱扣器能在交流额定电压的 85%～110% 范围或直流额定电压的 80%～110% 范围内可靠动作；并联分闸脱扣器在其额定电压的 65%～120% 时，可靠地分闸；当电压低至额定值的 30% 或更低时，不分闸。

2）对电磁机构，当断路器关合电流峰值小于 50kA 时，直流操作电压范围为额定电压的 80%～110%。

44. 断路器经新安装装置校验及检修后，保护试验人员应了解哪些试验结果？

答：断路器经新安装装置校验及检修后，保护试验人员应了解的试验结果为：

（1）与保护回路有关的辅助触点的开、闭情况或这些触点的切换时间。

（2）与保护回路相连接的回路绝缘电阻。

（3）断路器跳闸及辅助合闸线圈的电阻值及在额定电压下的跳、合闸电流。

（4）断路器最低跳闸电压及最低合闸电压。一般规定：分闸线圈的最低动作电压不得低于额定电压的 30%，不得高于额定电压的 65%，而合闸线圈最低动作电压不得低于额定电压的 80%。

（5）断路器的跳闸时间、合闸时间以及合闸时三相触头不同时闭合的最大时间差，如大于设备及运行规定值时又无法调整时，应及时通知保护整定计算部门。

电压为 35kV 及以下的断路器，如没有装设自动重合闸或不作同期并列用时，则可不了解有关合闸数据。

45. 为什么不允许断路器非全相运行？

答：断路器非全相运行属于断相故障，断路器一相切不断相当于两相断线，两相切不断相当于一相断线，三相不对称运行会产生零序和负序电压、电流分量，可能出现以下现象：

（1）零序电压形成的中性点位移使各相对地电压不平衡，个别相对地电压升高，容易产生绝缘击穿故障。

（2）零序电流的存在会引起零序保护的误动作，另外也会在系统中产生电磁干扰，威胁通信线路的安全。

（3）系统连接两部分连接阻抗增大，可能造成异步运行。

因此，断路器进行分、合闸操作时应装设三相不一致保护，防止断路器非全相运行情况的发生。

46. 断路器的三相不一致保护如何启动跳闸回路使其跳闸？

答：通常情况下，断路器的非全相保护启动回路由断路器三相 A、B、C 的动合辅助触点并联后再同断路器三相 A、B、C 动断辅助触点并联回路串联构成，如图 4 - 11 （a） 所示，有时也可通过断路器三相 A、B、C 的位置继电器辅助触点构成回路，如图 4 - 11 （b） 所示。

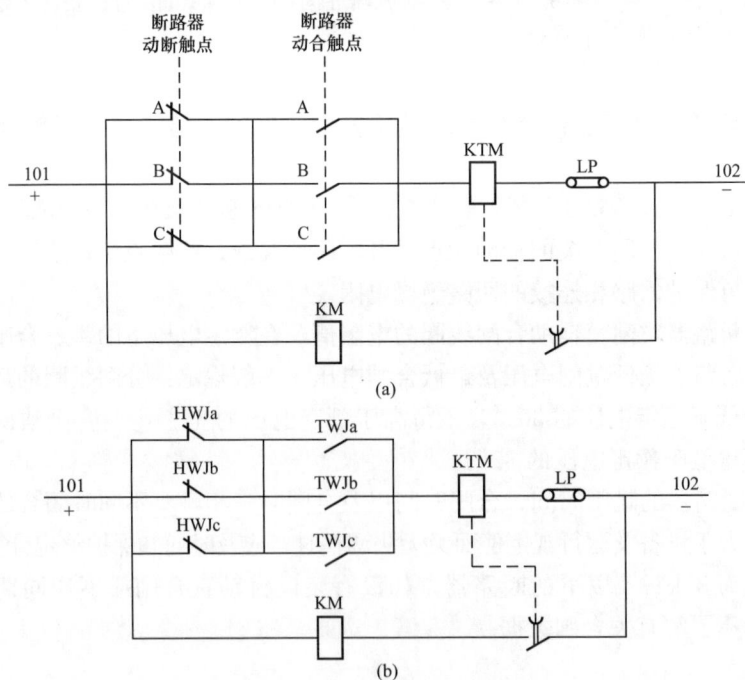

图 4 - 11　断路器非全相保护回路图

（a）断路器三相 A、B、C 的动合辅助触点并联后再同断路器三相 A、B、C 动断触点并联回路串联构成；

当断路器发生非全相运行，且非全相投退连接片 LP 已投时，时间继电器 KTM 启动，其动合触点延时接通中间继电器 KM 使其励磁带电，此时中间继电器 KM 励磁带电，其动合触点接通并通过跳闸控制回路启动分闸线圈，实现断路器的跳闸。若不成功，则应动作于断路器失灵保护，切断与本回路有关的母线段上的其他有源断路器。

在有些断路器非全相保护中，通常还在图 4-11 回路中串接负序电流元件或零序电流元件，共同构成断路器的非全相判别回路。

47. 220kV 及以上断路器出现非全相运行时的处理方法是什么？

答：220kV 及以上断路器出现非全相运行时的处理方法是：

（1）手动合断路器时发生非全相运行，断路器只合上一相或两相，应立即将断路器拉开，断开直流电源，将操作情况报调度员听后处理。

（2）手动拉断路器时发生非全相运行，应瞬间断开该断路器控制电源，若断路器只拉开一相，应立即将断路器合上，如无法合上时，应断开该断路器控制电源，并采用机械脱扣方法将断路器退出运行；若断路器只拉开两相应停止操作，断开该断路器控制电源，将情况报调度听后处理。

（3）运行中发生非全相运行时，应立即报调度，经调度同意，按以下原则进行处理：

1）运行中断路器断开两相时应立即将断路器拉开；

2）运行中断路器断开一相时，可手动试合断路器一次，试合不成功，再将断路器拉开。

48. 何谓断路器的失灵保护？

答：断路器失灵保护：当线路或元件发生故障时，相应的断路器保护已动作于该断路器出口跳闸，而该断路器由于某种原因（包括电气回路或机械故障等原因）未能跳开时，则可通过断路器失灵保护将相邻断路器跳闸以隔离故障点，常用于 220kV 及以上高压电网的断路器和保护装置，具有一定的后备作用。这里所提及的相邻断路器是指：

（1）对于双母线接线方式的线路断路器失灵，相邻断路器指其所在母线上其他所有断路器以及和本断路器连接的线路对侧的断路器。

（2）对于 3/2 接线方式的母线侧断路器失灵，相邻断路器除了上述断路器外，还包括与其相邻的中间断路器。

（3）对于 3/2 接线方式的中间断路器失灵，相邻断路器指此中间断路器对应的两个边断路器和线路的对侧断路器。

目前，断路器失灵保护常采用的判别条件是保护出口触点动作，经过断路器的电流大于失灵启动电流，并且持续一定时间时，即认为此断路器失灵，失灵保护动作跳相邻断路器。

49. 断路器配置自动重合闸装置的作用是什么，有哪几种工作方式？

答：当断路器跳闸后，能够不用人工操作而很快使断路器自动重新合闸的装置称为自动重合闸装置。自动重合闸装置主要配置于架空线路的断路器，因其绝大多数的故障都是瞬时性故障，当架空线路发生瞬时性故障时，能实现迅速恢复供电，提高供电的可靠性，对于双侧电源的架空输电线路，自动重合闸可以提高系统并列运行的稳定性，从而提高线路的输送容量。

当架空线路发生单相接地故障时，可采用单相自动重合闸方式，当发生相间短路故障时，可采用三相重合闸方式，综合考虑两种方式的装置称为综合重合闸装置，它们的工作方式为：

(1) 综合重合闸方式：单相故障切除故障相，进行一次单相重合，重合于永久故障时，再切除三相；相间故障时切除三相，进行一次三相重合，重合于永久故障时，再切除三相。

(2) 单相重合闸方式：单相故障切除故障相，进行一次单相重合，重合于永久故障时，再切除三相；相间故障时切除三相，不进行重合。

(3) 三相重合闸方式：任何类型的故障均切除三相，进行一次重合，重合于永久故障时，再切除三相。

(4) 重合闸停用方式：任何故障均切除三相，不进行重合。

50. 自动重合闸装置应具备哪些基本要求？

答：自动重合闸装置应具备的基本要求是：

(1) 在下列情况下，重合闸不应动作：

1) 断路器手动分闸操作或通过遥控装置进行的分闸操作，自动重合闸不允许动作。

2) 当手动合闸于线路预伏短路故障时，随即使断路器分闸后，保护装置自动重合闸不允许动作。

3) 当断路器处于异常状态（如气压或液压过低等）而不允许实现重合闸时，应自动将重合闸闭锁。

4) 当失灵保护动作于断路器跳闸时，不允许重合闸动作，应自动将重合闸闭锁。

（2）除上述重合闸不应动作的情况外，当断路器的保护动作或其他原因跳闸后，重合闸均应动作，使断路器重新合闸。

（3）自动重合闸动作以后，一般应能自动复归，可准备下一次故障时的再重合。

（4）在任何情况下（包括装置元件损坏或失灵），自动重合闸装置的动作次数应符合预先的规定。

（5）应能和保护配合实现前加速或后加速故障的切除。

（6）在双侧电源的线路上实现重合闸时，应考虑合闸时两侧电源间的同期问题，即能实现无压检定和同期检定。

（7）自动重合闸宜采用控制开关位置与断路器位置不对应原则来启动重合闸。

51. 自动重合闸装置在什么情况下应将其退出运行？

答：自动重合闸装置在下列情况应退出运行：

（1）因 SF_6 气体压力值过低或其他原因不允许灭弧室进行分、合闸操作时。

（2）断路器间隔内的线路有带电作业时。

（3）断路器间隔内的线路为全线电缆时。

（4）断路器配置的自动重合闸装置失灵或者故障时。

（5）断路器进行空载线路冲击、新线路投产等操作时。

（6）断路器的遮断容量小于母线短路容量时。

52. 断路器运行监督主要有哪些内容？

答：断路器运行监督的内容主要有：

（1）监控系统及保护装置无断路器异常报文和信号，断路器的远方与当地的分合闸指示器应正确一致。

（2）断路器内部无打火放电声，外观良好，绝缘瓷套无损伤、裂纹及放电痕迹，RTV 涂层无破损、起皮、龟裂等现象。

（3）断路器引线载流接头牢固，周围无搭挂异物，无发热现象。

（4）检查油断路器内部无放电声及其他异常音响，断路器的油标管应有明显的油位监视线，并且油位在冬季不低于油标的 1/3，夏季不高于油标的 4/5，本体无渗漏油现象，放油堵截门关紧。检查 SF_6 断路器气体压力值应在额定值范围内，符合制造厂规定，无报警及闭锁分合闸信号。

（5）气动操动机构的气压压力应正常，无漏气现象，无气压低报警及闭锁分合闸信号；液压操动机构常压油箱的油位、油色应正常，无渗漏油现象，油泵打压次数不应频繁，无液压低报警及闭锁分合闸信号；储能操动机构弹簧储能应正常。

（6）断路器机构箱内的"远方/当地"切换手把应放"远方"位置，机构箱及控制箱内部干燥、清洁、密封良好，各部件及二次线连接良好，无电弧烧灼现象，驱潮设备完好并按规定投退，防止箱内凝露。

第五章

高压隔离开关

1. 隔离开关在变电站中的作用主要有哪些?

答：隔离开关（俗称刀闸）是一种不带灭弧装置，不能开断及关合负荷电流和短路电流的电力设备，它主要由触头、导电杆及其过渡软连接、操动机构、支持与旋转瓷瓶等结构组成，在操动机构中还有与隔离开关转动的联动行程开关装置，主要串接于隔离开关的控制、连锁、信号等回路中，实现对隔离开关的状态监控。隔离开关在变电站中的作用主要有：

（1）在倒闸操作时，一方面主要与断路器配合，实现运行方式的改变，另一方面利用等电位无电流通过的原理，实现隔离开关并列切换。

（2）在额定电压下，对于流经隔离开关小于 0.5A 的电感电流、小于 2A 的电容电流或闭合环流时，隔离开关可单独进行拉、合操作。

例如：电网正常时，220kV 及以下隔离开关可以拉、合电压互感器、避雷器（附近无雷电时）、断路器的旁路电流、变压器中性点接地点、3/2 接线的母线环流（需具备 3 串运行）。

（3）在设备检修时，隔离开关可作为明显断开点隔离系统带电部分，使得检修设备与带电部位隔离，以保证检修工作安全。

（4）带有接地开关的隔离开关，当检修设备两侧合上接地开关时等同于对设备两侧封挂地线。

2. 变电站对隔离开关的配置情况有哪些?

答：变电站对隔离开关的配置情况如下：

（1）断路器两侧均应配置隔离开关，以便在断路器检修时隔离电源。

（2）安装在出线上的耦合电容器、电压互感器以及接在变压器引线或中性点上的避雷器，不应装设隔离开关；在出线上装设电抗器的 6～10kV 配电装置中，当向不同用户供电的两回线共用一台断路器和一组电抗器时，每回线上应各装设一组出线隔离开关。

（3）在一台半断路器接线中，初期线路和变压器为两完整串时，出口处应装设隔离开关；桥形接线中的跨条宜用两组隔离开关串联，以便进行不停电检修。

（4）中性点直接接地的普通型变压器均应通过隔离开关接地，自耦变压器的中性点则不必装设隔离开关。

(5) 对接在变压器引出线上的避雷器，不宜装设隔离开关；35～110kV 变电站，接在母线上的避雷器和电压互感器，可合用一组隔离开关；220～500kV 变电站，110～220kV 母线避雷器和电压互感器，宜合用一组隔离开关，330～500kV 避雷器和母线电压互感器不应装设隔离开关。

3. 变电站对接地开关的配置情况有哪些？

答：变电站对接地开关的配置情况如下：

(1) 66kV 及以上配电装置，断路器两侧的隔离开关靠断路器侧，线路隔离开关靠线路侧、变压器进线隔离开关的变压器侧，应配置接地开关。66kV 及以上电压等级的并联电抗器的高压侧应配置接地开关。双母线接线两组母线隔离开关的断路器侧可共用一组接地开关。

(2) 330kV 及以上电压等级的同杆架设或平行回路的线路侧接地开关，应具有开合电磁感应和静电感应电流的能力，其开合水平应按具体工程情况经计算确定。

(3) 旁路母线一般装设一组接地开关，设在旁路回路隔离开关的旁路母线侧。

(4) 对屋外配电装置，为保证电器设备和母线的检修安全，每段母线上应装设接地开关；接地开关的安装数量应根据母线的电磁感应电压和平行母线的长度以及间隔距离进行计算确定。

4. 对运行隔离开关的基本性能要求主要有哪些？

答：对运行隔离开关的基本性能要求主要有：

(1) 隔离开关相间及对地应有足够的绝缘距离，应保证在过电压情况下，不致引起击穿而危及巡检人员的安全。

(2) 隔离开关的动、热稳定电流、额定电流满足运行要求。

(3) 隔离开关应有扣锁装置，防止通过短路电流时电动力作用而自动分开。

(4) 隔离开关应具有一定的破冰能力。

(5) 隔离开关应满足本站所在位置的污秽等级要求。

5. 隔离开关的常见结构型式有哪些？

答：隔离开关的常见结构按照绝缘支柱可分为单柱式隔离开关、双柱式隔离开关、三柱式隔离开关；按触头运动方向可分为水平回转式、垂直回转式（立合式、立开式）、伸缩式（折叠式）；按断口数量可分为单断口式（水平单断口、垂直单断口）、双断口式，它们的结构特点如表 5-1 所示，典型户外隔离开关结构形式见表 5-2。

表5-1　　　　　　　　　　　　　**隔离开关常见结构型式特点**

绝缘支柱	导电杆型式	断口型式	导电杆运动方式	触头型式
单柱式 隔离开关	直 臂	垂直单断口	立合式（平分式）	一组 动静触头
	折叠单臂		伸缩式	
	折叠双臂		伸缩式	
双柱式 隔离开关	直 臂	水平单断口	立开式（平合式）	
	直 臂		双柱水平回转式	
	折叠单臂		伸缩式	
三柱式 隔离开关	折叠单臂	水平双断口	伸缩式	两组 动静触头
	直 臂		中间柱水平回转式	

表5-2　　　　　　　　　　　　　**典型户外隔离开关结构形式**

结构形式			简　图
垂直断口	单柱式	直臂式	
		单柱单臂式 隔离开关	

结构形式			简　图
垂直断口	单柱式	单柱双臂式隔离开关	 对称式　　　　偏折式
水平断口	双柱式	双柱水平开启式隔离开关	
		双柱水平伸缩式隔离开关	

结构形式			简　图
水平断口	双柱式	双柱立开式隔离开关	
双断口	双柱组合式	双柱水平伸缩式共静触头组合隔离开关	
	三柱式	三柱平开式隔离开关	

6. 为什么隔离开关触头常设计为两个刀片结构?

答:通常较大容量的室外隔离开关,每一级上都有两片刀片(触头)。根据电磁学理论，两根平行导体流过同一方向电流时，会产生互相靠拢的电磁力，其电磁力的大小与两根平行导体之间的距离和通过导体的电流有关。

如隔离开关所控制操作的电路发生故障时，刀片中就会流过很大的电流，使两个刀片以很大的压力紧紧地夹住固定触头，这样刀片不会因振动而脱落造成事故扩大。另外，由于电磁力的作用，使刀片与固定触头之间接触紧密，接触电阻小，故不致因故障电流过大而造成触头熔焊现象。正常运行时，可有效避免触头自动脱离分闸、发热等现象。

7. 隔离开关的操动机构主要有哪些分类？

答：隔离开关的操动机构主要分为气动操动机构、电动操动机构和手动操动机构，220kV及以下隔离开关一般采用手动操动机构；当采用变电站综合自动化系统时，为便于远方操作，可采用电动操动机构；若配置空气压缩系统时，也可采用气动操动机构。不过目前比较常见是电动操动机构和手动操动机构。

电动机操动机构目前一般都是密封式结构，采用油脂润滑，不需加油、免维护；传动部分由一台交流电动机、两级蜗轮减速器和电器控制元件组成。电动机的动力通过减速器，由输出轴传递给隔离开关或接地开关，实现分闸、合闸动作。输出轴的旋转角度靠两组两个串联的行程开关控制。辅助开关轴直接和减速器输出轴的下端相连。因此辅助开关的转角与机构输出轴的转角是一致的。机构带"当地"和"远方"切换开关，在就地操作时也可进行手动操作，手动操作与电动操作有一套电磁闭锁装置，当手柄插入手柄孔时，压下了闭锁微动开关，电动操作控制回路被切断，电气部分有隔离开关、接地开关的电气闭锁回路。

8. 为什么接地开关宜采用手动操动机构？

答：一般接地开关宜采用手动操动机构，主要考虑以下几点：

（1）接地开关往往与隔离开关一体，之间存在机械闭锁结构，其设计构造上要求其采用手动机构。

（2）接地开关采用手动机构操作时不会因电气控制回路绝缘降低的误合闸事故，确保了接地开关运行时的安全性。

（3）在进行接地开关合闸操作时，需要在需合接地开关处就地验电后方可操作，在当地进行手动机构的接地开关操作，便操作人员检查操作质量。

9. 隔离开关电动操动机构的控制回路有哪些基本要求？

答：隔离开关电动操动机构的控制回路主要由分合闸控制回路和交流电动

机回路组成，如图 5-1 所示，其控制回路的基本要求主要有：

（1）具备隔离开关的电动分、合闸功能，并能实现自保持分、合闸，当分、合闸到位后，应能通过终端行程开关断开分合闸控制回路，此时分、合闸接触器断电，电动机停止运转。

（2）隔离开关的分、合闸回路应具备互相连锁功能，并且可实现和断路器及接地开关的连锁功能，在断路器及接地开关均拉开时，方可接通回路。

（3）通过操动机构的控制回路能实现正确控制电动机的正、反转，确保分、合闸时电动机运转方向正确，当分、合闸过程中需立即停止操作，可按下紧急解除按钮，使拉、合闸接触器断电，电动机立即停止转动。

（4）具备拉、合闸回路保护，电动机启动后，若遇电动机故障发热，可通过电动机主回路的热继电器动作，其动断触点断开整个控制回路，分、合闸操作停止。

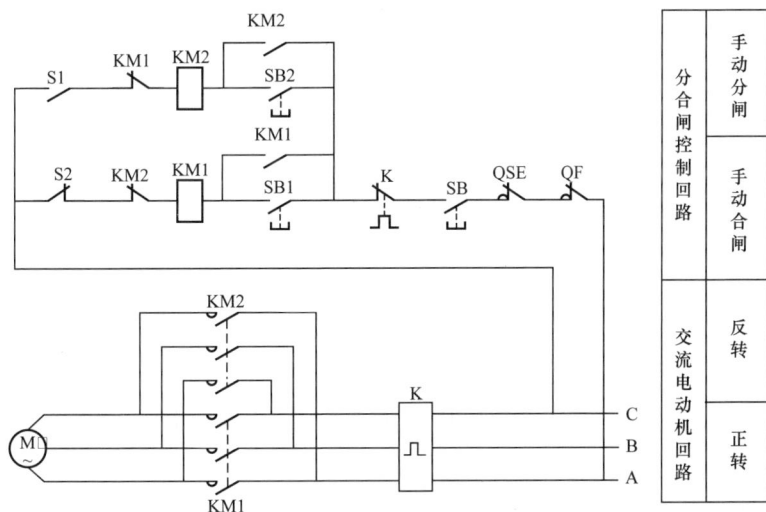

图 5-1　隔离开关电动操作控制回路接线图

SB1—合闸按钮；SB2—分闸按钮；SB—紧急停机按钮；KM1—合闸接触器；
KM2—分闸接触器；K—热继电器；QSE—接地开关辅助触点；QF—断路器辅助触点；
S1—合闸终端行程开关；S2—分闸终端行程开关

10. 隔离开关控制回路中串联哪些电气设备的辅助触点？

答：隔离开关控制回路中需串联的辅助触点主要有：

（1）隔离开关分合闸控制闭锁回路中串入与之相关联的断路器动断辅助触

点，这样可以确保断路器在分闸状态时，才能进行隔离开关分合闸操作。

（2）隔离开关合闸控制闭锁回路中串入与之相关联的接地开关动断辅助触点，这样可以确保接地开关均在分闸状态时，才能进行隔离开关合闸操作。

（3）母线侧隔离开关控制闭锁回路中可选择串入线路侧隔离开关动断辅助触点，线路侧隔离开关控制回路可选择串入母线侧隔离开关动合辅助触点，这样可以确保送电时只能先进行母线侧隔离开关合闸操作，停电时只能先进行线路侧隔离开关分闸操作。

11. 隔离开关倒闸操作应具备哪些基本性能？

答：隔离开关倒闸应具备的基本性能主要有：

（1）具有开断一定的电容电流，电感电流和环路电流的能力。

（2）分合闸三相同期性要好，动作可靠，有一定的机械强度，有最佳的分合闸速度，已尽可能降低操作电压，燃弧次数。

（3）带有接地开关的隔离开关，两者之间应有机械闭锁。

（4）隔离开关与断路器的辅助触点之间应有电气闭锁，防止带负荷拉合隔离开关，造成误操作及人身危害。

12. 敞开式隔离开关的手动操作要领主要有哪些？

答：电动机构隔离开关在用手柄手动操作时，应先切断电动机电源，正常运行时和操作时均应取下手动操作手柄，其操作要领主要有：

（1）合隔离开关前应检查可视的机械闭锁装置不在闭锁状态。

（2）手动合隔离开关时要迅速，但须避免过大冲击。

（3）拉隔离开关时应注意当刀片离开刀嘴时要迅速果断，以便迅速灭弧。

（4）拉隔离开关操作后应检查可视的机械闭锁装置处于不闭锁状态。

（5）隔离开关操作后，应检查操作质量。

13. 隔离开关操作的技术要求主要有哪些？

答：隔离开关操作的技术要求主要有：

（1）操作隔离开关应远方电动操作（需要就地操作时可在当地进行电动或手动操作），操作完毕应当地检查操作三相同期质量，长期不操作的隔离开关应将电机电源断开。

（2）操作隔离开关时（含手车断路器），相关断路器应在断开位置，并且测控盘断路器"远方/就地"遥控操作手把应置于"就地"位置。

（3）操作断路器两侧隔离开关时，应先拉开负荷侧隔离开关，后拉开电源侧隔离开关，恢复时操作顺序相反（母联、旁路断路器以停电母线为负荷侧隔离开关，以带电母线为电源侧隔离开关；只拉、合断路器单侧隔离开关时，不受上述限制）。

（4）双母线隔离开关切换运行母线时（母联断路器在合闸位置），应先将待切换母线隔离开关合上后，隔离开关并列无问题后，再拉开原运行母线隔离开关。

（5）隔离开关、接地开关和断路器之间防误闭锁装置失灵或隔离开关和接地开关不能正常操作时，应检查相应的断路器、隔离开关的位置状态，核对无误后并汇报许可后方可解除闭锁进行操作。

14. 为什么送电时先合母线侧隔离开关，停电时先拉线路侧隔离开关？

答：在送电时若先合线路侧隔离开关，后合母线侧隔离开关，此时若断路器虚分，实际并未完全拉开时，在合线路侧隔离开关后，进行母线侧隔离开关合闸操作时，等同于用母线侧隔离开关带负荷送线路，一旦发生弧光短路，便造成母线故障，扩大停电范围。如先合母线侧隔离开关，后合线路侧隔离开关，等同于用线路侧隔离开关带负荷送线路，此时若发生弧光短路，保护动作于断路器跳闸切除故障，事故范围相对较小。

停电时如先停电源侧，此时若断路器虚分，实际并未完全拉开时，如先拉母线侧隔离开关，一旦发生弧光短路，将造成母线短路，造成母线全停，但如先拉线路侧隔离开关，此时若发生弧光短路，其短路点在断路器外侧，保护动作于断路器跳闸切除故障，缩小了事故范围。

因此，送电时先合母线侧隔离开关，后合线路侧隔离开关，再合上断路器；停电时先停断路器，后拉线路侧隔离开关，再拉母线侧隔离开关。

15. 倒闸操作过程发现带负荷误拉合隔离开关时应如何处理？

答：如果在倒闸操作过程中误拉误合隔离开关，应按照如下方法进行处理：

（1）如发生带负荷拉隔离开关，在刀片刚离开刀口发生弧光时，应立即将隔离开关合上；但已拉开时不准再合。

（2）发生带负荷合隔离开关，无论是否造成故障，均不准将错合的隔离开关再拉开。

16. 双母线接线方式的隔离开关切换有哪些特点？

答：双母线接线方式的隔离开关指同一断路器间隔的两个隔离开关分别连接于两母线上。

（1）当两隔离开关都在"分闸"位置时，即断开位置，监控系统将发出"TV断线"信号。

（2）当两隔离开关都在"合闸"位置时，即闭合位置，监控系统将发出"TV并列"或"切换继电器同时动作"信号。

（3）双母线隔离开关切换运行母线时，应先将待切换母线隔离开关合上后，隔离开关并列无问题后，再拉开原运行母线隔离开关，防止造成甩负荷现象发生。

（4）切换母线上的隔离开关应检查相应保护的隔离开关位置切换，隔离开关位置指示应与现场正确一致，确保继电保护装置采集TV量切换正确。

17. 隔离开关的闭锁方式常见有哪几种？

答：隔离开关闭锁方式常见有三种：机械闭锁、电气闭锁、微机防误闭锁。

（1）机械闭锁是靠机械结构达到预定目的的一种闭锁，实现一电气设备操作后，另一电气设备就不能操作，机械闭锁只能与本身隔离开关处的接地开关进行闭锁，不适用于与断路器及其他隔离开关或接地开关进行闭锁。

（2）电气闭锁是利用断路器、隔离开关及接地开关的辅助触点接通或断开电气操作电源而达到闭锁目的的一种装置，普遍用于电动隔离开关和电动接地开关上。

（3）微机防误闭锁装置是专门为防止电气误操作而设计的，由工控机、电脑钥匙及模拟盘等组成。操作人员在模拟盘上模拟要进行的倒闸操作，并将操作程序自动输入电脑钥匙，操作人员使用电脑钥匙插入相应的编码锁内，通过编码锁监测操作对象是否正确，若正确，电脑钥匙用语音发出允许操作命令，同时开放其闭锁回路或机构，操作人员可以进行倒闸操作。

若走错间隔或误操作，电脑钥匙用语音发出错误警告，提醒操作人员，操作结束后，将电脑钥匙的倒闸操作信息传输给主机存储，模拟盘进行设备分合位置对位。

18. 隔离开关涉及的闭锁关系主要有哪些？

答：隔离开关涉及的闭锁关系主要有：

（1）隔离开关的分合与断路器设置闭锁关系，断路器在分位，才允许拉合隔离开关；断路器在合位时，不允许拉合隔离开关，防止带负荷拉隔离开关。

（2）断路器线路侧隔离开关与母线侧隔离开关可设置闭锁关系。

（3）双母线隔离开关之间切换的闭锁关系是母联断路器在合闸位置，两母线不存在电压差。

（4）接地开关与其延伸相连的首个站内设备（母线及连接引线除外）是隔离开关时，接地开关与此隔离开关之间有闭锁关系，存在一组隔离开关在合位，不允许合接地开关。

（5）隔离开关与其延伸相连的首个站内设备（母线及连接引线除外）是接地开关时，接地开关与此隔离开关之间有闭锁关系，存在一组接地开关在合位，不允许合隔离开关。

19. 断路器线路侧隔离开关与母线侧隔离开关为什么宜加装闭锁？

答：线路停电操作时，确保断路器在分闸位置，先断开线路侧隔离开关，再断开母线侧隔离开关。线路发电操作时，确保断路器在分闸位置，先合上母线侧隔离开关，再合上线路侧隔离开关。

这样操作是为了防止断路器假分时（虽断路器指示在分闸位置，但机构内部并未实现分闸），带负荷拉合母线侧隔离开关造成母线短路而扩大事故，送电时先合母线侧隔离开关，在线路侧隔离开关发生短路时，可借助线路本身断路器的保护动作于跳闸并将故障切除，从而避免发生母线故障停电事故。

因而在断路器线路侧隔离开关与母线侧隔离开关之间宜加装闭锁，即：

（1）线路侧隔离开关在合闸时，母线侧隔离开关不能进行分闸操作。

（2）母线侧隔离开关在分闸时，线路侧隔离开关不能进行合闸操作。

一般断路器线路侧隔离开关与母线侧隔离开关可采用电气闭锁和微机防误闭锁。

20. 为什么操作隔离开关应确保断路器在分闸状态？

答：与断路器相比，隔离开关结构上没有设置灭弧装置，因而不能接通或切断负荷电流或故障电流，常用于电压隔离构成明显断开点，但其操作需要配合断路器的操作方可进行，防止断路器在合闸位置时，隔离开关误拉合造成电弧放电、人身触电等事故，因而在操作隔离开关前应首先确认断路器在分闸位置。

为防止此类误操作事故的发生，所以操作隔离开关应受断路器状态的闭锁，一般隔离开关与断路器的闭锁常采用电气闭锁和微机防误闭锁方式。一般电气闭锁是指在隔离开关的分、合闸回路串接断路器的动断辅助触点，而微机防误闭锁是通过在微机防误闭锁装置内设连锁关系来实现的。

21. 隔离开关三相不同期时应如何处理？

答：隔离开关的三相不同期：隔离开关的三相触头不能同时闭合或不能同时断开的情况。

隔离开关在倒闸操作送电过程中出现不到位或三相不同期时，应拉开重合，反复合几次，操作动作应符合要领，用力适当。如果无法完全合到位，不能达到三相完全同期，可暂时利用相应电压等级的绝缘杆进行调整，如果无法调整到位应上报调度安排停电检修处理，防止运行时接触不良导致触头发热问题。

三相联动的隔离开关，不同期值应符合产品的技术规定，当无规定时，应符合表 5-3 的规定。

表 5-3　　　　　　　　三相联动的隔离开关不同期值允许差值

电压（kV）	相差值（mm）
10～35	5
63～110	10
220～330	20

22. 隔离开关运行中会出现哪些异常？

答：隔离开关运行中会出现的异常主要有：

（1）接头部位过热。由于动静触头之间接触不良、氧化膜原因、接头熔焊现象等均可造成接头部位过热。

（2）绝缘子绝缘降低导致放电。由于瓷瓶裂纹破裂、污秽严重、电压过高等现象均可造成闪络、放电、击穿接地而引起烧伤痕迹，严重时产生短路，瓷绝缘子爆炸，断路器跳闸。

（3）隔离开关自动分闸现象。由于机构自身原因、闭锁装置销子脱落、三相接触不同期等原因均可造成自分现象。

（4）隔离开关远控失败。由于隔离开关遥控操作回路电源故障、操作回路元器件故障、闭锁回路接点接触不良、电机故障等原因均会造成遥控操作失败。

23. 隔离开关异常发热如何处理？

答：隔离开关在运行中发热，主要是负荷过重、触头接触不良、操作时没有完全合好所引起。接触部位发热，使接触电阻增大，氧化加剧，发展下去可能造成严重事故。

（1）隔离开关及引线接头温度超过 80℃ 或各相触头温度差值大于 10° 以上

时，应及时上报并加强监视，严重时，应采取倒负荷，尽快安排停电检修处理接头发热。

（2）室外敞开式隔离开关如果操作中或巡视中发现刀口接触不完全，应使用相应电压等级的绝缘杆进行调整，防止接触问题造成发热问题。

（3）室外敞开式隔离开关应定期进行清除隔离开关触头处的杂物，如鸟窝等，防止影响触头接触问题造成发热。

24. 隔离开关操作失灵应进行哪些检查？

答：隔离开关操作失灵时，主要进行以下几个方面检查：

（1）首先核对调度号，查看操作程序是否有错误，检查断路器是否在断开位置，是否由于闭锁原因造成不能操作，例如接地开关在合闸位置造成的机械闭锁，断路器辅助触点转换不灵造成的电气闭锁。

（2）检查一次设备及机构外观，判断是否属于机构失灵，应检查电动机构齿轮是否有卡涩、脱扣或断裂，检查连杆机构是否有脱扣或断裂问题。

（3）检查二次回路及低压设备是否工作正常，例如三相操作电源不正常；闭锁电源不正常；热继电器动作未复归；操作回路断线，端子松动，接线错误；接触器或电动机故障；控制手把触点切换不良等。

（4）分析清楚失灵原因应准确及时上报相关专业班组前来抢修处理。

25. 新品隔离开关投运或大修后应做哪些检查？

答：新品隔离开关投运或大修后应做以下检查：

（1）移交安装、试验及调试报告，并填写检修、试验记录。

（2）支持瓷瓶应清洁、完整，无破损、裂纹。

（3）检查相位标示应正确、完好。

（4）操动机构及联锁装置应完整、无锈蚀，锁扣应牢固、灵活，电动操作箱门应严密并开闭自如，门锁齐全完好。

（5）隔离开关架构底座应无明显变形倾斜，接地良好。

（6）隔离开关传动时操作灵活，无卡涩现象。

26. 隔离开关运行监督主要有哪些内容？

答：隔离开关运行监督的主要内容有：

（1）隔离开关的当地实际分合闸位置与其监控系统、模拟图版、母差保护及其他保护电压切换装置、电压切换屏等装置的隔离开关位置指示一致。

（2）隔离开关合闸位置，动静触头之间接触紧密、两侧接触压力应均匀，触头无融化现象。带有接地开关的隔离开关，合闸位置三相接触良好，分闸位置应在同一平面。

（3）隔离开关连接引线无散股、断股、过松过紧等现象，周围无搭挂异物，无发热现象，绝缘瓷套无损伤、裂纹及放电痕迹。

（4）隔离开关本体、连杆、轴承、拐臂等传动部分无变形，各连接部分连接可靠，销子无脱落现象。隔离开关扭力弹簧或拉伸弹簧无损坏。

（5）隔离开关机构箱、控制箱内部干燥、清洁、密封良好，各部件及二次线连接良好，无电弧烧灼现象，机械齿轮咬合准确，无卡涩、断裂等现象，驱潮设备完好并按规定投退，防止箱内凝露。

第六章

SF₆全封闭组合电器

1. 变电站常见高压开关设备类型有哪些？

答：变电站常见高压开关设备类型如下：

（1）空气绝缘开关设备（Air-Insulated Switchgear，AIS）。变电站高压开关设备均为敞开式配置，带电体暴露在空气中，以空气作为绝缘介质，易受气候环境条件的影响，常见于占地面积较大的室外变电站。

（2）SF₆气体绝缘全封闭组合电器（Gas-Insulated Switchgear，GIS）。主要是将除变压器外的变电站一次设备，如母线、断路器、隔离开关、电流互感器、电压互感器、避雷器、进出线套管等按照电气主接线的要求，优化组成一个整体封闭在接地的金属壳内，并充以一定压力的SF₆气体作为绝缘和灭弧介质，带电体不暴露在空气中，抵御外界环境影响能力较强，常见于占地面积较小的室内变电站，其基本结构如图6-1所示。

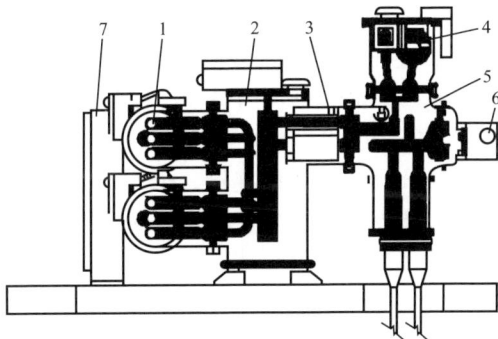

图6-1　SF₆气体绝缘全封闭组合电器基本结构
1—母线和隔离开关、接地开关；2—断路器；
3—电流互感器；4—电压互感器；5—电缆终端
和隔离开关、接地开关；6—快速接地开关；
7—汇控柜（控制箱）

（3）混合式组合电器（Hybrid Gas-Insulated Switchgear，HGIS）。变电站的一部分一次设备采用敞开式配置，如母线、变压器、避雷器等一次设备，而另一部分一次设备均采用SF₆气体绝缘全封闭组合电器，常见于占地面积较小的室外变电站。

2. SF₆全封闭组合电器的母线布置方式有哪两类？

答：SF₆全封闭组合电器的母线布置方式有以下两类：

（1）三相共筒式。将三相母线封闭于一个圆筒内，导电杆用绝缘子支撑固定，结构紧凑，容易发生相间短路故障，电压等级越高，制造难度越大。三相共筒式外壳多采用多点接地方式。

（2）三相离相式。将三相母线分别封闭于不同的圆筒内，不易出现相间短路故障。由于结构分散、密封面过多，容易引起 SF_6 的泄漏问题。

三相离相式母线和外壳是同轴的两个电极，当电流通过母线时，在外壳感应出电压，其三相感应电流相位相差 $120°$。接地前用一块金属板将三相母线管的外壳连接在一起后接地，此时通过接地线的接地电流只是三相不平衡电流，其值很小。

为防止组合电器外壳感应电流通过设备支架、运行平台、扶手和金属管道，其外壳应多点接地。

3. SF_6 全封闭组合电器出线方式主要有哪几种？

答：SF_6 全封闭组合电器出线方式主要有以下 3 种：

（1）架空线引出方式。主要采用 SF_6 充气套管作为 SF_6 全封闭组合电器与空气绝缘的母线、变压器或架空输电线之间的连接。SF_6 充气套管内绝缘主要是 SF_6 气体，外绝缘可选用瓷或硅橡胶。

（2）电缆引出方式。主要采用 SF_6 电缆头作为 SF_6 全封闭组合电器与电缆输电线或变压器等设备的连接。

（3）母线筒出线端直接与主变压器对接方式。主要采用 SF_6—油套管与变压器等充油电力设备相连接。SF_6—油套管一侧充有 SF_6 气体，另一侧充有变压器油。

4. SF_6 全封闭组合电器防雷保护如何与避雷器组合？

答：在 SF_6 全封闭组合电器内部母线上安装的避雷器宜选用以 SF_6 气体作绝缘和灭弧介质的避雷器。SF_6 避雷器应做成单独的气室，并应装设防爆装置、监视用的气体密度表和补气用阀门。在出线端安装的避雷器一般宜选用敞开式避雷器，其组合方式主要有如下两种：

（1）66kV 及以上进线无电缆段时，应在 GIS 管道与架空线路连接处装设无间隙金属氧化物避雷器，其接地端应与管道金属外壳连接。

（2）66kV 及以上进线有电缆段时，应在电缆段与架空线路的连接处装设无间隙氧化物避雷器，其接地端应与电缆金属外皮连接。

1）对于三芯电缆，其末端的金属外皮应与 GIS 管道外壳连接后接地。

2）对于单芯电缆，其接地端应经金属氧化物电缆护层保护器接地。

5. SF_6 全封闭组合电器气隔的定义是什么？设置气隔的好处有哪些？

答：SF_6 全封闭组合电器内部相同压力或不同压力的各电器设备的气室间设

置的使气体压力互不相同的密封间隔称为气隔。

SF$_6$全封闭组合电器设置气隔的好处主要有：

（1）可以将不同SF$_6$气体压力值的各电器设备分隔成若干个气室。

（2）特殊要求的电器设备（如避雷器、电压互感器）可以通过气隔单独设立一个气室。

（3）便于各电器设备的停电检修工作，可控制并最小化停电范围。

（4）可减少对SF$_6$气体进行回收和补气的工作量。

（5）局部漏气不至于影响到其他电器设备所在气室的SF$_6$压力值。

（6）有利于安装和扩建工作的开展。

6. 对SF$_6$全封闭组合电器进行气室分隔应考虑哪些因素？

答：对SF$_6$全封闭组合电器进行气室分隔应考虑的因素主要如下：

（1）不同额定SF$_6$气体压力值的电器设备应分隔开。

（2）有电弧分解物产生的电器设备应与不产生电弧分解物的电器设备分隔开。

（3）对于气体容积比较大的电器设备气室，必要时应将其分隔为若干个气室。

（4）为便于运行、维护、检修工作，当电器设备发生故障需要检修时，应尽可能将停电范围限制在一组母线或一个间隔线路内，并应注意以下几点：

1）主母线与备用母线气室应分隔开。

2）主母线与主母线侧的隔离开关气室应分隔开。

3）为了在母线发生故障时尽可能缩小故障波及范围和作业时间，应将主母线分隔成若干个气室。

4）为了防止电压互感器、避雷器发生爆炸时波及其他设备，通常将电压互感器和避雷器与其他电器设备分隔开，单独设一个气室。

5）由于电力电缆和GIS的安装时间常不一致，经常需要对电缆终端的SF$_6$气体进行单独处理，所以电缆终端应单独设立气室，但可通过阀门与其他设备相连，以便根据需要灵活控制。

7. SF$_6$全封闭组合电器中断路器与其他电器设备为什么必须分为不同的气室？

答：SF$_6$全封闭组合电器中断路器与其他电器设备分为不同气室的原因如下：

（1）断路器气室内SF$_6$气体压力值应满足灭弧和绝缘两方面的性能要求，而其他电器设备气室内 SF_6 气体压力值只需考虑绝缘性能方面的要求，由于两气室内 SF_6 气体压力不同，所以不能连为一体。

（2）断路器气室内的 SF_6 气体在电弧高温作用下可能分解成多种有腐蚀性和毒性的物质，在结构上不连通就不会影响其他气室的电器设备和 SF_6 气体。

（3）断路器需定期检修维护，而其他电器设备几乎无需检修，分为不同气室更有利于针对性地对断路器气室进行检修维护，不会影响到其他电器设备的气室，因而可控制停电检修范围。

8. SF_6 全封闭组合电器对气隔的运行要求有哪些?

答：SF_6 全封闭组合电器对气隔的运行要求如下：

（1）SF_6 全封闭组合电器室内应有 GIS 气隔图，气隔图应在变电站一次设备系统模拟图的基础上标明各气室的分隔部位、编号等内容。

（2）设备本体气室分隔盆子（密封式盆式绝缘子）使用黄色标识，连通气室盆子（非密封式盆式绝缘子）使用本色或白色标识。

（3）每个设备本体气室分隔盆子之间都应装设 SF_6 气体压力监测装置，能实现实时监测内部 SF_6 气体压力值，防止气室内 SF_6 气体压力降低造成的绝缘放电故障。

（4）设备停电检修时应注意采取邻气室减压措施，形成梯度 SF_6 气体压力差，防止压力差过大造成气室分隔盆子断裂，引发故障。

9. SF_6 全封闭组合电器使用绝缘子的类型及作用有哪些?

答：SF_6 全封闭组合电器使用绝缘子的类型分为盆式绝缘子和棒式绝缘子两类。

（1）盆式绝缘子。其形状像盆子，又可以分为密封式盆式绝缘子和非密封式盆式绝缘子两类。

1）密封式盆式绝缘子除了支持 GIS 设备的导体、使 GIS 设备的导体对外壳及其他元件保持一定的距离之外，还可以将 GIS 设备分成若干个互不连通的气室。

2）非密封式盆式绝缘子中间有空洞，只能做支撑导体，使 GIS 设备的导体对外壳及其他元件保持一定的距离之用。

盆式绝缘子使用优质的环氧树脂浇铸而成，导电座浇铸在中央，边缘与金属法兰盘固定在一起。盆式绝缘子的爬电距离不长，因此要求其表面绝对不能受到污染，否则将降低其绝缘水平。安装时应清洁表面，垂直安装时应将盆式绝缘子凹槽向下，防止积存杂质造成的放电故障。

（2）棒式绝缘子。仅做支持 GIS 设备的导体之用。在三相共筒的母线管中，使用棒式绝缘子夹紧每相母线管，根部固定在绝缘板上，每隔一定距离安装一个，其强度较高。

10. 什么是"三工位隔离/接地开关"？类型有哪些？

答："三工位隔离/接地开关"是指组合电器设备的隔离开关、接地开关共用一个动触头，并实现隔离、导电、接地功能的一体化电器设备。三工位隔离/接地开关完全避免了误操作，使得结构更加紧凑，其"三工位"实际上就是指其 3 个工作位置，具体如下：

（1）隔离开关合闸，同时接地开关分闸。

（2）隔离开关分闸，同时接地开关分闸。

（3）隔离开关分闸，同时接地开关合闸。

三工位隔离/接地开关常见有母线型隔离接地组合开关和馈线型隔离接地组合开关，其结构分别如图 6-2 和图 6-3 所示。

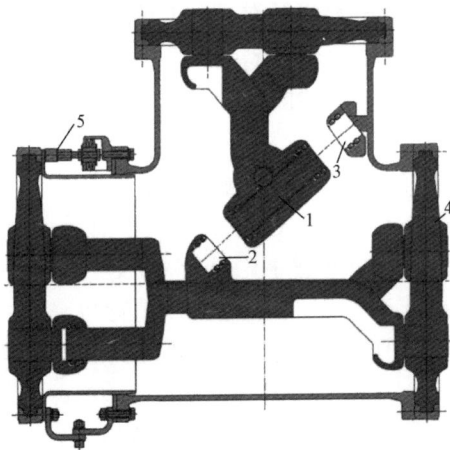

图 6-2 母线型隔离接地组合开关
1—动触头；2—隔离开关静触头；
3—接地开关静触头；4—隔离绝缘子；
5—伸缩节

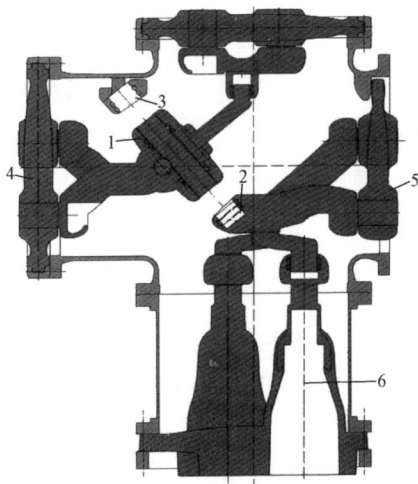

图 6-3 馈线型隔离接地组合开关
1—动触头；2—隔离开关静触头；
3—接地开关静触头；4—隔离绝缘子；
5—支柱绝缘子；6—高压电缆终端头

11. SF$_6$ 全封闭组合电器什么情况下选择"快速接地开关"？

答：在 SF$_6$ 全封闭组合电器中有两种接地开关：一种是仅作为安全检修用的接地开关，称为一般接地开关；另一种相当于接地短路器，其中将通过断路器的额定关合电流和电磁感应、静电感应电流，称为快速接地开关。

在下列情况下应装设快速接地开关：

（1）停电回路的最先接地点。如不能预先确定该回路不带电，出线侧宜装快速接地开关，用来防止可能出现的带电误合接地造成封闭电器的损坏。

（2）利用接地开关短路封闭电器内部故障电弧，用于保护封闭电器外壳，一般为分相操作。

12. SF_6 全封闭组合电器增加伸缩节的作用是什么？

答：为防止因温度变化引起伸缩，以及因基础不均匀下沉，造成 SF_6 全封闭组合电器漏气与操动机构失灵，在封闭电器的适当部位应加装伸缩节。

伸缩节主要用于装配调整（安装伸缩节），吸收基础间的相对位移或热胀冷缩（温度伸缩节）的伸缩量等。

处于伸缩节部位的导体采用插入式镀银的梅花触指，以对应外壳的收缩。伸缩节通过调整六角螺母和双头螺柱适量增减尺寸，来补偿微量长度误差。

13. SF_6 全封闭组合电器为什么需要装设压力释放装置？有哪些类型？

答：当 SF_6 全封闭组合电器内部母线或其他电器设备内部发生故障时，如不及时切除故障点，电弧会将外壳烧穿。如果电弧的能量使 SF_6 气体的压力上升过高，还可能造成外壳爆炸。

GIS 外壳被电弧烧穿的时间与外壳的材料、厚度、电弧能量的大小等有关。SF_6 气体压力升高的速度与电弧能力的大小、气体体积的大小有关。SF_6 气室越大，气体压力升高的速度越慢，升高的幅度越小；SF_6 气室越小，气室压力升高越快，升高的幅度越大。因此要求对 GIS 设备的设计进行故障压力破坏性试验，需要时应装设压力释放装置，压力释放装置主要分为压力释放阀和防爆膜。

（1）压力释放阀。指以开启压力和闭合压力表示其特征的压力释放装置。当压力达到开启压力时，气室内的高压气体释放到外界；当压力符合要求时，能自动可靠地重新关闭，防止 SF_6 气体继续泄漏。

（2）防爆膜。指一旦开启后不能够再闭合的压力释放装置。防爆膜的动作压力与外壳设计压力的关系应适当配合好，以减少不必要的爆破。

14. 高压带电显示装置的结构如何？

答：高压带电显示装置是一种将高压带电体带电与否的信号传递到发光或音响元件上，用以显示带电体带电状况的装置。其结构包括传感器和显示器两部分。

（1）传感器主要有支柱绝缘子式传感器和感应式传感器两种。

1）支柱绝缘子式传感器是一种具有传递高压带电体带电状况功能的，并作为支柱绝缘子使用的装置（芯棒、板极式）。

2）感应式传感器是一种与高压带电体无直接连接的，能接受电场信号并反映带电体带电状况的器件。

（2）显示器主要有提示性高压带电显示器和强制性高压带电显示器。

1）提示性高压带电显示器是提供灯光、音响或其他指示信号的显示装置。

2）强制性高压带电显示器是具有提示功能并能实现闭锁的显示装置。

15. 高压带电显示装置的运行技术要求主要有哪些？

答：高压带电显示装置的运行技术要求主要如下：

（1）高压带电显示装置的显示器外壳应可靠接地，并具有明显的接地标识。

（2）户内高压带电显示装置的显示器应有足够的发光亮度。在 $15\%\sim65\%$ 的最高工作相电压时，显示器应能正确指示；在 65% 及以上的最高工作相电压时，显示器应正确指示和可靠闭锁。

（3）高压带电显示装置应能正确显示设备带电状态。当三相回路中一相或两相失压时，带电相亦能正确显示，强制性闭锁元件不得解锁。

（4）安装在几个相邻回路的高压带电显示装置不应相互干扰。当一回路带电，另一回路不带电时，不带电回路的显示器不应指示。

（5）高压带电显示装置的显示器带有强制性闭锁功能时，可以采用短时工作制。当显示器停止显示时，闭锁元件应正确工作，其闭锁回路接点具有通过交流电压或直流 $220V$ 电压、$0.5A$ 电流的能力。

（6）高压带电显示装置的二次回路故障时，强制性闭锁元件不应解锁，装置应具有是否正常工作的自检功能。

16. 何谓直接验电和间接验电？

答：在需要对电力设备某部位合接地开关或悬挂接地线时，首先应对其进行验电并确认无电后，方可进行合接地开关或悬挂接地线。

验电分为直接验电和间接验电两类。使用接触式验电器的验电，称为直接验电，其他非直接验电均称为间接验电。

（1）直接验电时，应使用相应电压等级且合格的接触式验电器。验电前，应先在有电设备上进行试验，确认验电器良好。验电器的伸缩式绝缘棒长度应全部拉出，验电时手应握在手柄处不得超过护环，人体应与验电设备保持安全距离。

(2) 间接验电的使用范围为全封闭高压开关柜及 GIS、HGIS 设备。

17. SF₆ 全封闭组合电器中各元件的间接验电方式是怎样的?

答：SF₆ 全封闭组合电器中各元件的间接验电方式如下：

(1) GIS 设备的母线侧接地开关。检查母线上所有隔离开关机械位置指示或电气位置指示（汇控柜或监控机）均在断开位置且母线电压指示为零。

(2) GIS 设备的线路侧接地开关。

1) 线路侧有带电显示器（电压互感器），检查线路侧隔离开关机械位置指示或电气位置指示（汇控柜或监控机）均在断开位置且线路侧带电显示器（电压互感器）显示无电。

2) 线路侧无带电显示器（电压互感器），检查线路侧隔离开关机械位置指示或电气位置指示（汇控柜或监控机）均在断开位置且电流指示为零，并以调度指令为准。

(3) GIS 设备的主变压器侧接地开关。检查主变压器各侧隔离开关机械位置指示或电气位置指示（汇控柜或监控机）均在断开位置且各侧回路电流指示为零。

(4) GIS 设备的断路器侧接地开关。检查断路器各侧的隔离开关机械位置指示或电气位置指示（汇控柜或监控机）均在断开位置且回路电流指示为零。

(5) GIS 设备的电压互感器侧接地开关。检查电压互感器侧隔离开关机械位置指示或电气位置指示（汇控柜或监控机）以及该电压互感器的二次侧均在断开位置且母线电压指示为零。

18. SF₆ 全封闭组合电器如何进行 SF₆ 气体压力监视?

答：为防止 SF₆ 气体泄漏造成 SF₆ 全封闭组合电器内部各电器设备的绝缘性能下降，SF₆ 全封闭组合电器应加强对 SF₆ 气体压力的监视，并主要通过压力表、密度继电器或 SF₆ 气体密度表进行压力监视。压力表是起监视作用的，密度继电器是起控制和保护作用的，而 SF₆ 气体密度表同时具有监视、控制和保护作用。

SF₆ 全封闭组合电器一般每个气室都应加装 SF₆ 气体密度表进行监控，其中 SF₆ 气体密度表的压力值应根据需要增设压力报警值或压力闭锁值，确保本气室设备的绝缘性能或灭弧性能。

三相共筒式设备可以直接通过连接阀门加装 SF₆ 气体密度表；三相离相式设备三相彼此之间可通过气体管道连接形成一个气室，并通过阀门与 SF₆ 气体密度表进行连接，正常运行时这些阀门应处于"打开"状态。

19. SF₆ 全封闭组合电器气室更换吸附剂的注意事项有哪些？

答：SF₆ 全封闭组合电器气室更换吸附剂（见图 6-4）的注意事项如下：

（1）环境湿度的影响。更换吸附剂时应检测环境湿度值，在环境湿度较大的情况下不允许开仓进行吸附剂的更换工作。为确保吸附剂的功效，在更换吸附剂时再拆开吸附剂包装，尽可能短时间完成更换工作，防止吸附剂长时间接触外界环境受潮。

（2）安装工序的影响。在 SF₆ 全封闭组合电器安装或检修工作完成后，待进行密封时，再进行更换盒内吸附剂的工作。一般要求打开气室就必须

图 6-4 GIS气室吸附剂

进行吸附剂的更换工作，更换完毕后应立即封闭气室，进行抽真空工序环节，确保吸附剂不因吸附气室内的残留水分子而失效。

20. SF₆ 全封闭组合电器运行中的巡视检查项目有哪些？

答：SF₆ 全封闭组合电器运行中的巡视检查项目如下：

（1）检查室内 GIS 设备通风系统运转正常，并且含氧量应大于 18%，SF₆ 含量不超过 1000mL/L。

（2）检查 GIS 设备内部有无异常（放电）声音，及设备周围有无异常气味。

（3）检查 GIS 设备各气室 SF₆ 气体密度表指示值是否在额定范围内，连通气体密度表的管路有无变形，截门应在"开启"位置。

（4）检查 GIS 设备的机械连杆分合闸指示装置、汇控柜指示灯、远方控制屏的指示一致，例如隔离开关、接地开关分合闸状态一致。

（5）检查 GIS 设备的操动机构及其附属设备工作正常，例如断路器的操动机构、带电显示器工作情况、避雷器动作次数等。

（6）检查 GIS 设备汇控箱内部干燥清洁、密封良好，无电弧烧灼现象。汇控箱内的指示灯指示正确，电热器按规定投入或退出。

21. SF₆ 全封闭组合电器运行中的常见故障有哪些？

答：SF₆ 全封闭组合电器运行中的常见故障如下：

（1）SF_6 气体泄漏。设备外部泄漏通常发生在密封面、焊缝和管路连接处；设备内部泄漏通常发生在密封型盆式绝缘子或 SF_6 气体与油的交界面（SF_6—油套管），泄漏严重会造成密封型盆式绝缘子断裂、内部绝缘强度降低的放电故障。

（2）SF_6 气体含水量高。GIS 设备组装、SF_6 补充气体、密封面泄漏、本身绝缘物件释放水分等因素均可造成含水量增高。含水量太高会造成内部绝缘物件闪络放电故障。

（3）内部闪络放电。GIS 内部安装遗留杂质、导体连接部位尖端放电、触头连接部位电导体接触不良、绝缘子老化等因素均可造成内部闪络放电。

（4）人员误操作。工作人员在带电情况下合接地开关、拉隔离开关等误操作均可形成很大故障电流，造成 GIS 内部绝缘物件、触头等部件损坏。

22. SF_6 全封闭组合电器在哪些情况下应立即停止该设备的运行？

答：SF_6 全封闭组合电器有下列情况之一者应立即停止该设备的运行：

（1）设备内部有严重的放电声、爆裂声、振动声。

（2）设备外壳破裂或严重变形、过热、冒烟。

（3）防爆隔膜或释压阀动作。

23. SF_6 气体设备防止漏气应采取的安全措施有哪些？

答：SF_6 气体是一种可与氮气相比的十分稳定的气体，没有毒性，但在电弧高温作用下，SF_6 气体分解物与水分等杂质反应可能产生一些有毒物质，因此对于 SF_6 气体设备应采取安全措施避免造成人员事故，具体措施如下：

（1）SF_6 设备室内应安装有含氧量报警仪和 SF_6 泄漏报警仪。工作人员应从安装有含氧量报警仪和 SF_6 泄漏报警仪的屋门进入，并且确认报警装置无报警后，方可进入室内从事生产工作。

（2）由于 SF_6 气体比空气重，可在 SF_6 设备室装设低位排风装置，这样当 SF_6 设备有漏气或故障时，能迅速将 SF_6 气体排出室外，避免造成人员窒息事故。进入 SF_6 设备室及与其连通的电缆夹层前应进行排风，时间不得少于 15min。

（3）SF_6 设备发生意外爆炸或严重漏气等故障时，人员应迅速撤离，并开启全部排风装置。当需接近设备时要戴防毒面具，穿防护服，戴防护手套，尽量选择从"上风"区接近设备。

24. 对 SF_6 全封闭组合电器外壳接地有什么要求？

答：SF_6 全封闭组合电器为密集型布置结构，对其接地要求很高，一般要采取下列措施：

（1）接地网应采用铜质材料，以保证接地装置的可靠和稳定。所有接地引出线端都必须采用铜排，以减小总的接地电阻。

（2）由于 GIS 各气室外壳之间的对接面均设有盆式绝缘子或者橡胶密封垫，两个筒体之间均需另设跨接铜排，且其截面积需按主接地网截面积考虑。

（3）电力系统发生短路接地故障时，外壳上会产生较高的感应电动势。为此要求所有金属筒体之间要用铜排连接，并应有多点与主接地网相连，以使感应电动势不危及人身和设备（特别是控制保护回路设备）的安全。

一套组合电器外壳需要几个点与主接地网连接，要由制造厂根据订货单位所提供的接地网技术参数来确定。

25. SF₆ 全封闭组合电器的操作注意事项主要有哪些？

答：SF₆ 全封闭组合电器的操作注意事项主要有：

（1）进行 GIS 设备操作时，在 GIS 设备外壳上进行工作的人员应撤离，任何人员不得接触 GIS 设备外壳。

（2）正常运行、操作时，断路器操动机构置于远控位置，GIS 设备中的断路器可就地操作及遥控操作，一般应进行遥控操作，紧急情况下可手动进行分合闸操作。

（3）GIS 设备中的断路器、隔离开关、接地开关操作应符合设备操作流程，满足"五防"闭锁要求，正常操作过程中严禁进行设备解锁操作。

（4）当手动操作 GIS 设备中的隔离开关或接地开关时，应戴绝缘手套并与设备外壳保持一定距离。

（5）GIS 设备中的接地开关合闸操作时应借助与之相关联的带电显示器进行间接验电，带电显示器显示带电时严禁进行接地开关合闸操作。

（6）SF₆ 设备的气体压力表接近零表压（低于正常工作压力的 1/10）时，设备应立即退出运行，气体压力接近零表压的设备禁止操作。

（7）弹簧储能、液压储能、气动储能等操动机构出现压力或机构异常时，严禁对设备进行分、合闸操作。

第七章

高 压 开 关 柜

1. 高压开关柜按断路器的安装及置放位置有哪些分类？

答：高压开关柜（又称成套开关或成套配电装置）是根据电气主接线图将相关的高、低压电器（包括控制电器、保护电器、测量电器）以及载流导体、绝缘子等装配在全封闭或部分封闭的金属柜体内，作为电力系统中接受和分配电能的装置。高压开关柜按断路器的安装及置放位置可分为以下两类：

（1）移开式或手车式（K）。指开关柜内的主要电器设备安装在可移动的手车上，可实现移动并与开关柜带电系统脱离，按其置放位置又可以分为：

1）落地式开关柜。手车落地并位于开关柜的底部，可通过手车室内接近地面的两侧轨道推入或拉出手车。

2）中置式开关柜。手车位于开关柜的中部，可通过手车室内的两侧轨道推入或拉出手车，当拉至柜外时需通过专用装载车。

（2）固定式（G）。指开关柜内的所有电器设备均为固定式安装，无法移动并与开关柜带电系统脱离。

2. 高压开关柜手车的类型有哪些？

答：高压开关柜手车主要有可带电运行手车和停电接地手车两种类型。各类手车高度与深度尺寸应统一，相同规格、类型的手车可实现互换，手车在柜内可通过手摇把采用丝杆推进机构移动。

（1）可带电运行手车。

1）断路器手车。只有断路器及接地开关分闸时，才允许断路器手车拉出或推入至"运行位置"。

2）电压互感器手车。当拉出电压互感器手车时应考虑涉及电压量的保护及计量设备，防止保护装置误动、计量装置丢失电量。

3）避雷器手车。一般并接在母线上，无倒闸操作及雷电天气时允许将避雷器手车拉出。一般情况下，避雷器与电压互感器安装在同一开关柜内。

4）隔离开关手车、电流互感器手车。断路器分闸时，邻柜隔离开关手车或电流互感器手车才能摇动拉出；隔离开关手车或电流互感器手车在运行位置时，邻柜断路器才能合闸。

（2）停电接地手车。

1）母线接地手车。主要用于母线停电检修、母线侧接地。

2）主变压器接地手车。主要用于变压器停电检修、变压器侧接地。

3. 高压开关柜一般由哪几个工作室组成？

答：高压开关柜主要由母线室、电缆室、手车室、低压仪表室组成，每个工作室之间通过隔板进行隔离，其断面结构如图7-1所示。

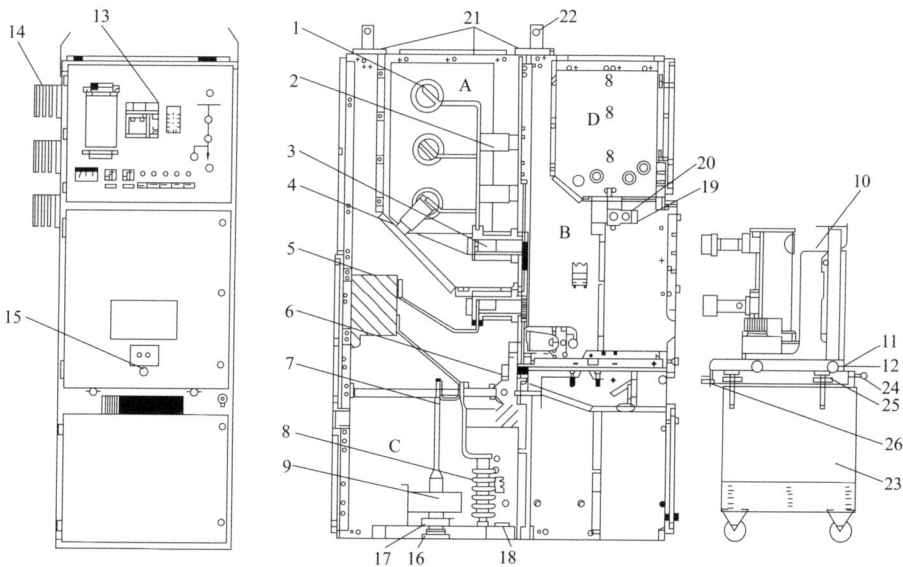

图7-1 高压开关柜断面结构

A—母线室；B—手车室；C—电缆室；D—低压仪表室；

1—母线；2—绝缘子；3—静触头；4—触头盒；5—电流互感器；6—接地开关；7—电缆终端；
8—避雷器；9—零序电流互感器；10—断路器手车；11—滑动把手；12—锁键（连到滑动把手）；
13—控制和保护单元；14—穿墙套管；15—丝杆机构操作孔；16—电缆密封圈；17—连接板；
18—接地排；19—二次插头；20—联锁杆；21—压力释放板；22—起吊耳；23—运输小车；
24—锁杆；25—调节轮；26—导向杆

（1）母线室。母线室布置在开关柜背面的上部。一般情况下三相母线按"品"字形或"1"字形两种结构布置，全部母线用绝缘护套塑封，在穿越开关柜隔板时用母线套管固定。

（2）电缆室。电缆室布置在开关柜背面的下部，一般采用电缆出线，并配置出线电流互感器及电缆型零序电流互感器。柜门设有观察窗，一可方便观察接地开关的分合闸位置，二可方便电缆终端巡视、测温工作。

（3）手车室。手车室布置在开关柜正面的中下部，内部两侧底部安装了供手车在其上移动的轨道。手车从试验位置移动至运行位置过程中，触头插嘴前的活门挡板自动打开，反方向移动时活门挡板会封闭触头插嘴，从而保护操作人员不触及带电体。柜门设有观察窗，可观察手车所处位置、断路器分合闸状态、储能机构储能指示等情况。

（4）低压仪表室。低压仪表室布置在开关柜正面的上部，其面板上一般安装有微机保护装置、保护连接片、电流表计、电压表计、手车断路器位置及储能状态指示灯、"五防"电编码锁等。室内一般安装电能表、各类电源（保护电源、控制电源、储能电源）开关、端子排及其他二次设备。

4. 高压开关柜可带电运行手车有哪些规定的停留位置？

答：高压开关柜可带电运行手车规定的三种停留位置为运行位置、备用位置（又称试验位置）和检修位置，不允许停留在运行位置与备用位置之间的任何位置。

（1）运行位置。手车锁定于开关柜内较深位置，并且手车插头都已插入插嘴。

（2）备用位置。手车锁定于开关柜内较浅位置且未拉出柜外，并且手车插头都已离开插嘴。

（3）检修位置。手车已全部拉出开关柜外。对于手车断路器，其二次插件已经拔下。

5. 高压开关柜停电接地手车有哪些规定的停留位置？

答：高压开关柜停电接地手车规定的三种停留位置为接地位置、备用位置（又称试验位置）和检修位置，不允许停留在接地位置与备用位置之间的任何位置。

（1）接地位置。接地手车锁定于开关柜内较深位置，并且接地手车插头都已插入插嘴，相当于接地开关合上。

（2）备用位置。接地手车锁定于开关柜内较浅位置并未拉出柜外，并且接地手车插头都已离开插嘴。

（3）检修位置。接地手车已全部拉出开关柜外。

6. 高压开关柜手车真空断路器的结构如何？

答：高压开关柜手车真空断路器主要由真空断路器主体结构、弹簧储能机构、断路器操动机构、控制面板、二次插件、断路器两侧动触头等部分组成，具体组成如图 7 - 2 所示。

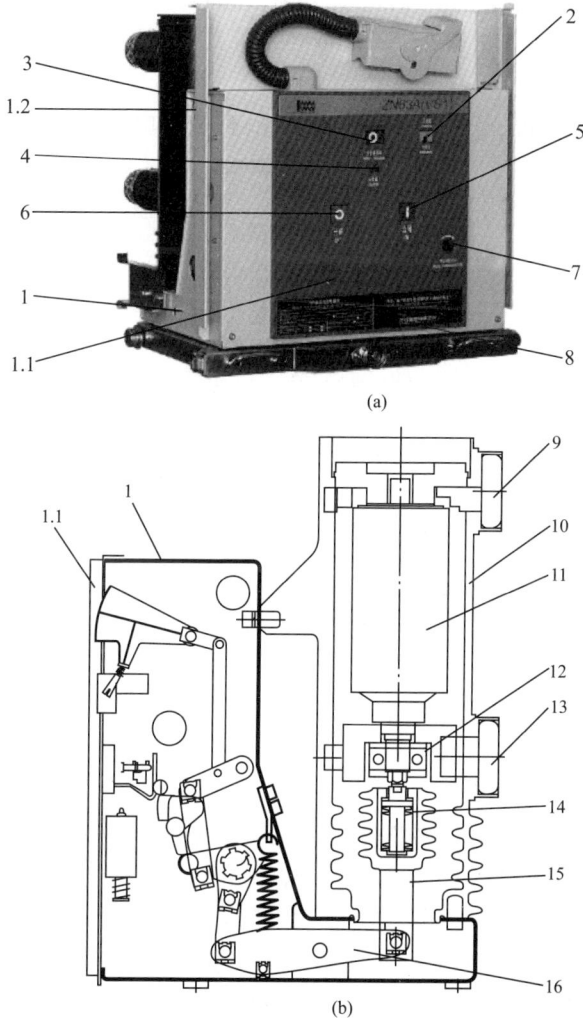

图 7 - 2 高压开关柜手车真空断路器

（a）实物；（b）结构

1—断路器操动机构外壳；1.1—面板；1.2—两侧的起吊孔；

2—储能状态指示器；3—断路器分合位置指示器；4—弹簧状态指示；5—手动合闸按钮；

6—手动分闸按钮；7—储能手柄；8—铭牌；9—上插头（上动触头）；10—绝缘筒；

11—真空灭弧室；12—导电夹；13—下插头（下动触头）；

14—触头弹簧；15—绝缘拉杆；16—传动拐臂

7. 高压开关柜手车断路器什么情况下能进行分、合闸操作？

答：高压开关柜手车断路器在下列情况下能进行分、合闸操作：

（1）手车断路器已完全处于备用或运行位置，断路器才能合闸（机械和电气联锁）。

（2）手车断路器在备用或运行位置而没有控制电压时（二次插件已取下），断路器不能合闸，仅能手动分闸（电气联锁）。

（3）手动脱扣分闸不受机械和电气联锁，能在需要时进行分闸操作。

8. 如何判断高压开关柜手车断路器的分、合闸状态？

答：判断高压开关柜手车断路器的分、合闸状态的方法主要有：

（1）通过主控室模拟图板、监控系统等装置可以判断断路器的分、合闸状态。

（2）通过手车室观察窗可以判断手车断路器的分、合闸状态。若看到绿色的标签"○"或中文标识"分"，则确定断路器处于分闸状态；若看到红色的标签"｜"或中文标识"合"，则确定断路器处于合闸状态。

（3）通过低压仪表室面板上的断路器分、合闸位置指示模拟图板来判断其分、合闸状态。若断路器与一次模拟图连通部分红色发亮，则确定断路器处于合闸状态，绿色发亮则为分闸状态。

（4）通过观察低压仪表室面板上的电流表计数值指示来判断断路器的分合闸状态。合闸状态时有电流数值指示，分闸状态时电流表计指示回零。

9. 高压开关柜手车断路器什么情况下不能移动？

答：高压开关柜手车断路器在下列情况下不能移动：

（1）手车断路器处于"运行位置"且断路器合闸运行时，不能将手车断路器拉至"备用位置"，会造成带负荷拉隔离开关事故。

（2）手车断路器处于"备用位置"且断路器处于合闸状态时，不能将手车断路器推至"运行位置"，会造成带负荷合隔离开关事故。

（3）手车断路器处于"备用位置"且接地开关处于合闸状态时，不能将手车断路器推至"运行位置"或"检修位置"。此时轨道联锁的挡板伸出，禁止移动手车断路器。

（4）手车断路器处于"检修位置"且接地开关处于合闸状态时，不能将手车断路器推至"备用位置"或"运行位置"。此时若移动手车断路器会使轨道联锁的挡板弯曲，造成手车断路器轨道故障。

10. 高压开关柜手车断路器手动脱扣装置使用注意事项有哪些？

答：手车断路器面板上一般设有分闸按钮，主要用于检修或特殊情况下的手动脱扣分闸。为便于实现手动脱扣分闸，一般在手车室柜门上设置手动脱扣装置（主要由连杆、转轴机构组成），通过旋转转轴使得连杆指向分闸按钮，当外力触发连杆撞击分闸按钮时，操动机构动作使断路器分闸。使用注意事项如下：

（1）手车断路器投入运行前，应检查连杆处于悬垂状态，防止未进行连杆旋转复位造成人员误动跳闸。

（2）在手车室柜门上的手动脱扣装置应具备防误动跳闸措施，如增加防护罩，待需要操作时再取下。有时在手车断路器面板上的分闸按钮处也增加防误动跳闸措施，待将处于分闸状态的手车断路器推至"运行位置"后，再取消防误动跳闸措施。

（3）在非特殊情况下，禁止工作人员进行手动脱扣分闸操作。

（4）手车断路器停电检修工作时可进行手动脱扣分闸装置传动，以确保手动脱扣分闸操作的可靠性。

11. 什么是高压开关柜手车断路器二次插件？其操作特点有哪些？

答：手车断路器二次插件主要用于开关柜与断路器的电气二次回路联络。通常情况下，二次插件的动触头通过一个尼龙波纹收缩管与手车相连，二次插件静触头座装设在开关柜手车室的右上方。手车上的二次插件联锁推板推动联锁装置上的尼龙滚轮转动，可带动同轴的锁杆动作，当手车断路器在"运行位置"时通过锁杆将其闭锁，使其无法移动。手车断路器二次插件操作特点如下：

（1）手车断路器位于"运行位置"时，由于其二次插件上的锁杆在联锁装置作用下不能拔出，在受到振动时可以确保二次插件接触牢靠，以及断路器控制回路的完整性。

（2）手车断路器拉至"备用位置"时，锁杆的联锁功能解锁，此时能轻松取下或装上二次插件。

（3）手车断路器二次插件未接通之前仅能进行手动分闸操作。

12. 什么是高压开关柜手车室机械活门？

答：高压开关柜手车室机械活门主要指位于手车室上插头、下插头前的隔离挡板。对于线路（出线）开关柜，一般位于上插头前的隔离挡板为母线侧活门，位于下插头前的隔离挡板为线路侧活门；对于电压互感器开关柜，只存在上插头前的隔离挡板，为母线侧活门；对于无母联转接柜的母联（分段）开关柜，其上插头和下插头前的隔离挡板均为母线侧活门。

高压开关柜手车室机械活门与手车存在机械联锁关系，具体如下：

（1）当手车摇进至"运行位置"时，手车驱动器压动手车左右导轨传动杆，带动活门与导轨连接杆使活门开启，同时手车左右导轨的弹簧被压缩。

（2）手车摇出至"备用位置"时，手车左右导轨的弹簧使活门自动关闭，活门应遮盖住静触头，手车触头与活门之间有明显间隙，实现隔离高压带电部分，防止工作人员误碰触电。为安全起见，可在活门上喷涂"止步 高压危险"标识。

13. 为什么高压开关柜要设置泄压通道或压力释放装置？

答：在实际运行中，金属封闭高压开关柜本身缺陷以及运行条件恶劣导致的绝缘性能劣化或误操作等原因，都会造成开关柜内部发生电弧故障。由于短路产生的电弧温度高、能量大，电弧本身是质量轻的等离子气体，在电动力和热气的作用下电弧会在柜内高速移动并造成故障范围迅速扩大。在此情况下，绝缘材料气化、金属熔化、开关柜内部温度及压力骤然升高，如果开关柜未设计或安装合格的压力释放通道或压力释放装置，巨大的压力会造成柜体隔板、门板、观察窗严重变形甚至断裂，电弧产生的高温气流喷出柜体，会造成设备附近的运行维护人员严重灼伤，甚至危及其生命安全。

因此，开关柜必须为 IAC（内部故障级别）产品，除低压仪表室外，手车室、母线室、电缆室均应设有泄压通道或压力释放装置，并应通过内部电弧释放能力试验。泄压通道或压力释放装置的位置应设计合理（一般处于各工作室的顶部），当内部故障产生电弧时，压力释放装置能可靠打开，压力释放方向应避开人员和其他设备，以确保人身和设备的安全。

14. 高压开关柜设置的泄压通道不合理现象常见有哪些？

答：高压开关柜设置的泄压通道不合理现象常见情况如下：

（1）误将母线室内侧少量的条形通风孔、柜体上的网门机构以及柜体顶部的百叶窗式固定盖板作为泄压通道。条形通风孔仅能疏通电缆室与母线室之间的能量；网门结构不但无法泄压，反而会伤及人员；柜顶盖板大多固定，只能起到通风散热作用。当柜内发生故障时，产生的高压力、高能量气体无法得到有效释放，往往从观察窗或开关柜正面释放，造成人员伤亡。

（2）泄压通道盖板向前、向后、向侧面，这些都是不符合要求的设置，可能对巡视和检修人员造成伤害。

（3）泄压通道盖板、各工作室泄压板使用金属螺栓紧固，发生故障时无法打开，失去了泄压通道的作用。

15. 高压开关柜接地开关什么情况下能进行分、合闸操作？

答：高压开关柜接地开关一般在当地进行分、合闸操作，在使用电脑钥匙将机械电编码挂锁解锁后方能操作。

（1）手车断路器处于"运行位置"时，接地开关操动机构处的操作孔封盖板不能按动，接地开关专用操动摇把无法插入其中进行合闸操作。

（2）手车断路器处于"备用位置"或"检修位置"时，接地开关操动机构处的操作孔封盖板应能按动自由，接地开关此时能进行合闸操作。

（3）采用高压带电显示装置时，应观察馈线电压指示灯是否发光。若发光则指示带电，操作人员不得进行合闸操作。当电压指示灯熄灭后，才允许进行接地开关合闸操作。

（4）电缆室门未关闭好时，锁套的方形凸台被卡住，接地开关不能分闸。只有当电缆室门关闭好后，锁套上的方形凸台被压入并让开方形锁孔时，接地开关才能分闸。

16. 如何判断高压开关柜接地开关的分、合闸状态？

答：判断高压开关柜接地开关的分、合闸状态的方法主要有：

（1）通过观察接地开关操动机构处操作孔的状态指示标签来确认。若看到绿色的标签"○"或中文标识"分"，则确定接地开关处于分闸状态；若看到红色的标签"｜"或中文标识"合"，则确定接地开关处于合闸状态。

（2）通过观察低压仪表室柜门面板上的接地开关分、合闸模拟图板来辨别其分、合闸状态。若接地开关与一次模拟图连通接地部分红色发亮，则确定接地开关处于合闸状态；绿色亮则为分闸状态。

（3）通过电缆室观察窗判断实际接地开关的分、合闸状态。一般分闸状态的接地开关接近水平布置并与接地部位分离，合闸状态的接地开关接近垂直布置并与接地部位闭合。

17. 高压开关柜内母线避雷器的设置方式主要有哪些？

答：高压开关柜内母线避雷器设置方式根据典型设计规范要求应经隔离开关手车连接母线。此手车称为避雷器手车，位于避雷器柜内，也可以与 TV 及其熔断器安装于同一 TV 柜内，但要求避雷器置于熔断器前级，防止运行中母线设备失去避雷器保护。

在实际开关柜运行中，母线避雷器还有一些不规范的设置方式，在运行维护中一定应防止误碰避雷器的触电事故发生，在需要时应对设置方式进行规范化改造，具体如下：

（1）TV 柜内避雷器安装在母线室内，直接与母线相连，TV 与熔断器安装在手车上。

（2）TV 柜内避雷器单独安装在后仓或前下仓，直接与母线相连，TV 与熔断器安装在手车上。

（3）避雷器、TV、熔断器都安装于后仓，避雷器直接与母线相连，TV 通过手车室的隔离开关手车与母线相连。

（4）TV 柜内避雷器与 TV 安装于后仓，熔断器安装在手车上，避雷器直接与母线相连，TV 通过手车室隔离开关手车与母线相连。

（5）TV 与熔断器安装在规定柜隔室内，避雷器单独安装在另一隔室，直接与母线相连。

18. 10kV 高压开关柜电流互感器有哪些数量、类型配置？

答：10kV 高压开关柜电流互感器数量、类型配置情况如下：

（1）对中性点非有效接地系统，该系统馈线允许单相接地运行 2h，故馈线柜电流互感器依具体要求可采用两相配置，一般在 A、C 相上装设。此时可获得真实的 A、C 相电流值，B 相只能由计算得到，无法真实反映 B 相电流数值；零序电流无法获得，可采用专用电缆型零序电流互感器。

（2）对中性点非有效接地系统，由于电容器柜、变压器柜不允许单相接地运行 2h，为满足保护要求，同时保证电能表采集电量的准确性，一般采用三相配置，零序电流获取可采用由三相电流互感器组成的零序滤过器。

（3）对中性点有效接地系统，电流互感器可按三相配置，接地保护用电流互感器可根据具体情况采用由三相电流互感器组成的零序滤过器，也可采用专用电缆型零序电流互感器。

（4）对计量要求比较严格的馈线开关柜，可依具体要求，电流互感器采用三相配置。

19. 10kV 开关柜内零序电流互感器安装注意事项有哪些？

答：在 10kV 开关柜内出线电缆需穿过零序电流互感器引出，以获得 10kV 出线的零序电流。10kV 开关柜内零序电流互感器安装注意事项如下：

（1）零序电流互感器应装在开关柜底板上面，应有可靠的支架固定。

（2）零序电流互感器内径大于电缆终端头外径，避免由于电缆终端头做得较大，造成零序电流互感器磁路不闭合。

（3）正确处理接地线与零序电流互感器的相对位置。电缆通过零序电流互感器时，电缆金属护层和接地线应对地绝缘。电缆接地点（电缆接地线与电缆金属屏蔽的焊点）在互感器以下时，接地线应直接接地；接地点在互感器以上时，接地线应穿过互感器接地。

（4）三芯电力电缆终端处的金属护层必须接地良好；塑料电缆每相铜屏蔽和钢铠应锡焊接地线（油浸纸绝缘电缆的铅包和铠装应焊接地线），接地线须采用铜绞线或镀锡铜编织线，接地线的截面积不应小于 $25mm^2$，接地端部要焊接接线端子，接地线必须安装在接地铜排上。

（5）零序电流互感器二次连接片在电缆施工中被打开，工作完结后未及时恢复，造成电流互感器二次绕组开路，投运前应进行极性、变比等相关试验。

20. 全封闭高压开关柜中元件间接验电的方法是怎样的？

答：全封闭高压开关柜中元件间接验电的方法如下：

（1）全封闭高压开关柜母线侧接地开关。检查母线上所有手车拉至"备用（或检修）位置"且母线带电显示器（母线电压）显示无电。

（2）全封闭高压开关柜线路侧接地开关。

1）线路侧有带电显示器，检查手车拉至"备用（或检修）位置"且线路侧带电显示器显示无电。

2）线路侧无带电显示器，检查手车拉至"备用（或检修）位置"且电流指示为零，并以调度指令为准。

21. 高压开关柜手车断路器由运行转检修的操作顺序是什么？

答：高压开关柜手车断路器由运行转检修的操作顺序如下：

（1）通过远方进行断路器分闸操作。此时再将断路器遥控操作的"远方/就地"手把置于"就地"位置。

（2）确认断路器三相均在分闸（断开）位置后，再将手摇把插入到丝杆结构的插口中，将手车断路器由"运行位置"摇至"备用位置"。

（3）先断开断路器的控制、储能电源，再取下其二次插件，防止顺序颠倒造成二次插件连接手车断路器控制回路异常、二次插件插头损坏等情况。

（4）手车断路器需进行检修、试验时，可将手车断路器由"备用位置"拉至"检修位置"。

（5）在需合接地开关或悬挂接地线部位验电后，方可合接地开关或悬挂接地线。

22. 高压开关柜手车断路器加挂地线的注意事项有哪些？

答：高压开关柜手车断路器无接地开关时，需加挂地线，其注意事项如下：

（1）装设接地线应先接接地端，后接导体端，接地线应接触良好，连接应可靠；拆接地线的顺序与此相反。装、拆接地线均应使用绝缘棒和戴绝缘手套。人体不得碰触接地线（戴绝缘手套者除外）或未接地的导线，以防止感应电触电。

（2）10kV高压柜式断路器两侧装设接地线时，应先在断路器上、下部同时验电确认无电后，先挂断路器下部，再挂断路器上部；拆接地线的顺序与此相反。

（3）线路停电后，凡需在线路侧挂、拆接地线或合、拉线路侧接地隔离开关者，应由值班调度员下令。

23. 高压开关柜手车断路器由检修转运行的操作顺序是什么？

答：高压开关柜手车断路器由检修转运行的操作顺序如下：

（1）检查电缆室柜门已封闭完好，送电范围内接地开关已拉开，接地线或短路线已拆除，柜内无遗留物件。

（2）将手车断路器由"检修位置"推至"备用位置"。

（3）先装上手车断路器二次插件，并确保其接触良好，再合上手车断路器控制、储能电源。

（4）检查确认手车断路器在分闸（断开）位置后，再将手车断路器推至"运行位置"，在推入过程中严禁触碰手车断路器面板上的"合闸"按钮，严禁带负荷操作手车断路器。为防止误推入处于合闸状态的手车断路器，建议将开关柜门关闭好，确认断路器处于断开位置后，再通过手车摇把将手车断路器摇至运行位置。

（5）确保高压开关柜手车在运行位置，并且其运行位置指示灯指示正确，将断路器遥控操作的"远方/就地"手把置于"远方"位置，通过远方进行合闸操作。

24. 高压开关柜手车断路器烧毁的主要因素有哪些？

答：高压开关柜手车断路器烧毁的主要因素如下：

（1）触头压力不够。当手车断路器触头与插嘴间接触压力不足时会引起温升增大，高温进一步造成触头与插嘴间压力减小，致使接触电阻更加增大，加速了触头的氧化。这样恶性循环最终导致触头拉弧，产生接地短路引起开关柜烧毁。

（2）开关柜基础不平。开关柜基础不平，将手车断路器推入柜内时，动静触头发生撞击，造成触头变形及触头材料损伤，同样会造成接触电阻增大，也会导致触头拉弧，产生接地短路引起开关柜烧毁。为此多采用中置式开关柜，可有效防止基础的配合问题，减少动、静触头之间的撞击和磨损。

（3）环境温度过高。由于开关柜多采用全封闭结构，在大负荷、高气温的运行条件下，柜内温度远高于环境温度，在缺少通风的情况下，触头间的热量无法散发，也会导致触头拉弧，产生接地短路引起开关柜烧毁。为此常在柜内安装风扇，大大提高通风条件，以利于散热。

25. 变电站设备应具备的"五防"闭锁功能指哪些？高压开关柜常见闭锁有哪些？

答：变电站设备应具备的"五防"闭锁功能指：防止误分、误合断路器；防止带负荷拉合隔离开关；防止带电合接地开关；防止带接地开关合闸；防止误入带电间隔。

高压开关柜常见的闭锁如下：

（1）手车推入柜内后，只有手车断路器已完全咬合在"试验位置"或"工作位置"后，断路器才能合闸。

（2）断路器在"试验位置"或"工作位置"合闸后，手车断路器无法移动。

（3）接地开关合闸后，当手车断路器处于"试验位置"时，手车不能从"试验位置"移至"工作位置"。

（4）手车在"试验位置"和"工作位置"之间移动时，断路器处于分闸状态，接地开关不能合闸。

（5）断路器合闸操作完成后，在断路器未分闸时将不能再次合闸。

（6）手车断路器在"试验位置"或"工作位置"而没有控制电压时，断路器不能合闸，仅能手动分闸。

（7）接地开关未合闸时，其机构传动杆应卡住电缆室后柜门，后柜门无法开启。

第八章

变电站中性点运行方式及相关设备

1. 对 110kV 及以上电网中性点的管理有何规定？

答：对 110kV 及以上电网中性点的管理规定如下：

（1）主变压器并列运行的 220kV 变电站至少应有一台主变压器 220、110kV 侧中性点均接地运行。

（2）主变压器分列运行的 220kV 变电站，220kV 侧中性点不接地运行，110kV 侧中性点接地运行。

（3）110kV 变电站中性点不接地运行。

（4）并入 110kV 及以上电网的发电厂至少应有一台主变压器中性点接地运行。

（5）变压器技术规范要求其中性点必须接地运行的应接地运行。

（6）为改善电网接地保护的灵敏度，某些厂站的中性点按调度规定的运行方式运行。

（7）为防止拉、合空载变压器而产生操作过电压，允许正常不接地运行的变压器临时接地运行。

2. 中性点直接接地系统有何特点？

答：在中性点直接接地系统中，中性点的电位在电网的任何工作状态下均保持为零。当电网发生一相接地时，该相直接经过接地点和接地的中性点短路，接地短路电流的数值最大，因而应立即使继电保护动作，将故障部分切除。

中性点直接接地或经过电抗器接地系统发生一相接地故障时，故障的送电线被切断，因而使用户的供电中断。运行经验表明，在 110kV 及以上的电网中，大多数的一相接地故障，尤其是架空送电线路的一相接地故障，大都具有瞬时的性质，在故障部分切除以后，接地处的绝缘可迅速恢复，而送电线可以立即恢复工作。目前在中性点直接接地的电网内，为了提高供电可靠性，均装设自动重合闸装置，在系统一相接地线路切除后，立即自动重合，再试送一次，如为瞬时故障，送电即可恢复。

中性点直接接地系统的主要优点是在发生一相接地故障时，非故障相对地电压不会增高，因而各相对地绝缘即可按相对地电压考虑，电网的电压越高，经济效果越大。在中性点不接地或经消弧线圈接地的系统中，单相接地电流往往比正常负荷电流小得多，因而要实现有选择性的接地保护就比较困难。但在中性点直接接地系统中实现就比较容易，由于接地电流较大，继电保护一般都能迅速而准确地切除故障线路，且保护装置简单，工作可靠。

3. 110kV 及以上大电流接地系统为什么要有部分变压器中性点不接地？

答：在 110kV 及以上大电流接地系统中，为了限制单相接地短路电流、防止通信干扰和满足继电保护整定配置等要求，将部分变压器中性点不直接接地运行。

大电流接地系统发生单相接地时，是通过较大的接地电流来启动保护装置，将故障线路切除的。如果所有变压器的中性点均接地，则系统零序阻抗较小，接地电流会比较大，对设备的要求会提高，而且较大的短路电流对于通信的干扰也不可忽略。保持部分变压器中性点不接地，能保持系统零序阻抗基本保持不变，便于零序保护的整定。例如，将一台中性点接地变压器退出运行前还应将一台中性点不接地变压器的中性点改为接地，从而保持本站对外等效零序阻抗基本不变。

4. 为什么大多数 110kV 变电站的中性点不接地？

答：对于各种不同接线类型的网络，从接地故障复合序网可知，单相接地故障时，故障点稳态零序电压为

$$U_0 = \frac{U_{ph}}{2Z_{1\Sigma} + Z_{0\Sigma}} Z_{0\Sigma} = U_{ph} \frac{Z_{0\Sigma}/Z_{1\Sigma}}{Z_{0\Sigma}/Z_{1\Sigma} + 2} \tag{8-1}$$

两相接地故障时，故障点稳态零序电压为

$$U_0 = \frac{U_{ph}}{Z_{1\Sigma} + 2Z_{0\Sigma}} Z_{0\Sigma} = U_{ph} \frac{Z_{0\Sigma}/Z_{1\Sigma}}{2Z_{0\Sigma}/Z_{1\Sigma} + 1} \tag{8-2}$$

从式（8-1）和式（8-2）可以看出，不对称接地故障时产生的零序电压取决于系统零序阻抗 Z_0 与正序阻抗 Z_1 之比。当 Z_0/Z_1 增大时，接地故障时产生的零序电压也相应增大。在电力系统中，有效接地系统的划分标准为在各种条件下，应使零序阻抗与正序阻抗之比为正值且小于 3；当 $Z_0/Z_1 \geqslant 3$ 甚至 $Z_0 = \infty$ 时，则成为非有效接地系统。对于某一具体电网而言，在不对称接地故障时，如果零序电流无法形成通路，亦即在该网络中所有变压器同时失去接地中性点时，这个网络就成为局部不接地系统，$Z_0 = \infty$。从式（8-1）可知，不接地系统发生单相接地故障时，故障点零序电压等于系统故障前相电压 U_{ph}。

通过对不对称故障正序、零序网络进行简单的分析可知，在 110kV 系统中，

只要保证电源端变压器中性点有效接地，那么在各种条件下，零序阻抗与正序阻抗之比一定小于 3。

具体到北京地区，只要保证 220kV 变压器 110kV 侧中性点有效接地，那么以该变压器配出的 110kV 网络就一定是有效接地系统，$Z_0/Z_1 < 3$。将 $Z_0/Z_1 = 3$、系统相电压 $U_{ph} = 73.0kV$ 代入式（8-1）可以算出在单相接地故障时，故障点零序 U_0 为 43.8kV。因此，在 110kV 有效接地系统中，不接地变压器中性点最大对地偏移电压小于 43.8 kV，小于分级绝缘变压器中性点的设计耐压值。

由此可以得出结论：对于目前北京地区 110kV 系统，在保证 220kV 变压器 110kV 侧中性点有效接地的情况下，各 110kV 终端变压器中性点是否接地与系统及变压器本体的安全运行没有关系，可以采用中性点不接地方式。

5. 中性点直接接地变压器的零序电流保护是如何构成的？

答：变压器零序电流保护的电流互感器一般应采用变压器中性点套管式电流互感器。在正常情况下，电流互感器中基本上没有电流通过。当有接地故障时有零序电流流过。零序电流保护作为变压器和相邻元件（包括母线）接地短路故障的后备保护。

为了提高动作的可靠性，并尽量对相邻线路和变压器内部接地故障起后备作用，设置两段式零序电流保护，每段均有两个时限，并以较短的一段时限动作于缩小故障影响范围（例如双母线系统动作于断开母联断路器），以较长的时限有选择性地动作于断开变压器各侧断路器。

6. 110kV 及以上系统中性点为什么要有间隙保护？

答：110kV 及以上系统中性点间隙保护是为了防止过电压。110kV 及以上系统中的设备由于绝缘投资问题所以都采用分级绝缘。为了避免发生接地故障时，中性点不接地变压器由于某种原因中性点电压升高造成中性点绝缘损坏，在变压器中性点安装一个放电间隙，放电间隙的另一端接地。当中性点电压上升至一定值时，放电间隙击穿接地，保证了变压器中性点绝缘的安全。当放电间隙击穿后，放电间隙处将流过一个电流。由于该电流是在相当于中性点接地的线上流过，所以大小为 $3I_0$，利用该电流可以构成间隙零序电流保护。

7. 主变压器中性点间隙保护有哪几种启动方式？所用定值是多少？

答：主变压器中性点间隙保护有电压和电流两种启动方式，或者说变压器的中性点间隙保护由间隙零序过电流保护和间隙过电压保护构成。

（1）电压启动，定值为 180V、0.5s，取自对应母线电压互感器开口三角

处 U_{LN}。

（2）电流启动，定值为 100A、0.5s，取自放电间隙接地侧所装电流互感器（该电流互感器额定电压一般为 10kV，变比有 200/5、200/1、300/1 等）。

间隙保护中电压启动与电流启动是"或"的关系，即只要电压或者电流达到或超过定值，相应的保护就会启动；在时间上两者公用同一个时间继电器。

8. 主变压器零序电流保护和间隙保护的电流量分别取自何处？

答：主变压器零序电流保护的电流量一般取自变压器中性点套管电流互感器。间隙保护的电流量一般取自放电间隙接地侧所装电流互感器。

9. 主变压器中性点间隙保护的原则是什么？

答：主变压器中性点间隙保护的原则如下：

（1）在雷电过电压作用下，间隙应击穿，保护变压器中性点绝缘，其雷电冲击放电电压与变压器中性点的雷电冲击耐受水平协调配合。

（2）系统发生单相接地故障时，中性点绝缘能耐受故障产生的过电压，间隙不应击穿，以免继电保护误动。

（3）当系统发生单相接地且中性点失去接地，或系统出现非全相运行、谐振故障等引起高于一定幅值的工频过电压时，间隙应击穿，箝住系统中性点电压，限制变压器中性点过电压。

10. 主变压器中性点间隙保护电压启动为什么要整定为 180V？

答：系统发生单相接地故障时，中性点绝缘能耐受故障产生的过电压，间隙不应击穿，以免继电保护误动，所以间隙零序保护的整定值应大于单相接地故障时的 $3U_0$。

当系统发生单相接地且中性点失去接地时，间隙应击穿，所以间隙零序保护的整定值应小于系统发生单相接地且中性点失去接地时的 $3U_0$。

对于各种不同接线类型的网络，从接地故障复合序网可知，单相接地故障时，故障点稳态零序电压为

$$U_0 = \frac{U_{ph}}{2Z_{1\Sigma} + Z_{0\Sigma}} Z_{0\Sigma} = U_{ph} \frac{Z_{0\Sigma}/Z_{1\Sigma}}{Z_{0\Sigma}/Z_{1\Sigma} + 2}$$

在电力系统中，有效接地系统的划分标准为在各种条件下，应使零序阻抗与正序阻抗之比为正值且小于 3；当 $Z_0/Z_1 \geqslant 3$ 甚至 $Z_0 = \infty$ 时，则成为非有效接地系统。

因此在中性点接地系统中，取 $Z_0/Z_1 = 3$ 可以得到单相接地故障时最大的

$U_0 = 0.6U_{ph}$；在中性点完全不接地系统中，取 $Z_0/Z_1 = \infty$ 可以得到单相接地故障时 $U_0 = U_{ph}$。

在中性点直接接地系统中电压互感器开口三角形绕组额定电压为 100V，所以单相接地时 $3U_0$ 最大为 $1.8U_{ph} = 180V$。

当系统发生单相接地且中性点失去接地时，$3U_0 = 3U_{ph} = 300V$，所以整定值应小于 300V。考虑到保护的灵敏度，最终选定整定值为 180V。

11. 变压器的零序保护与间隙保护能否同时投入？

答：间隙保护包括间隙零序电流保护和间隙零序电压保护，当间隙两端的零序电压或者流过间隙的零序电流达到定值时间隙保护动作。在中性点接地开关合上时是没有零序电压的，也不会有零序电流通过间隙，所以间隙保护不会动作。而零序电流整定值较大，中性点接地开关拉开时，即使零序间隙击穿也不会启动，所以，即便零序保护与间隙保护同时投入，在接地开关合上时只有零序保护可能动作，当接地隔离开关断开时，只有间隙保护可能动作。有的变电站设有靠中性点接地开关辅助触点闭锁的间隙保护，当中性点接地开关在合位时，间隙保护自动退出。

12. 为什么 110kV 及以上线路零序保护动作后需要检查变压器中性点？

答：这是因为 110kV 及以上线路零序保护动作说明线路上有接地故障，有较大的零序电流通过变压器中性点隔离开关、接地铜排进入变电站地网。如果变电站地网不合格，或者接地铜排不合格导致接地电阻过大，可能会发生接地铜排烧毁的现象。

13. 接地变压器有何作用？

答：对于 35、66kV 配电网，变压器绕组通常采用星形接法，有中性点引出，就不需要使用接地变压器。对于 6、10kV 配电网，变压器绕组通常采用三角形接法，无中性点引出，当采用消弧线圈或者小电阻接地时就需要用接地变压器引出中性点。接地变压器的作用就是在系统为三角形接线或星形接线中性点未引出时，用于引出中性点以连接消弧线圈或小电阻。

14. 常用的接地变压器的接线形式有哪些？

答：接地变压器的最大功能就是传递接地补偿电流。而接地补偿电流实际上是一种零序电流，它只能在零序阻抗非常小的网络中流通。要使消弧线圈或接地电阻所产生的补偿电流能够顺利通过接地变压器，接地变压器的零序阻抗就要非常小。零序电压在接地变压器上的压降最小，零序电压都加在中性点的消弧线圈和接地电阻上。符合这一要求的变压器接线形式主要有 ZN、ZNyn、YNd、YNd（开口三角形）等形式，分别如图 8-1～图 8-3 所示。由于结构上的特殊性，Z 形变压器得到了广泛的应用。

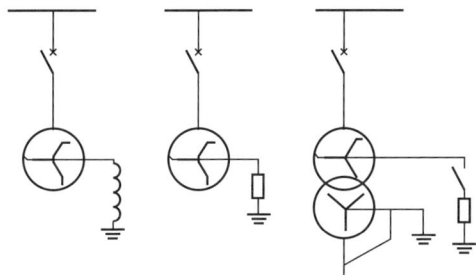

图 8-1　Z 形接地变压器

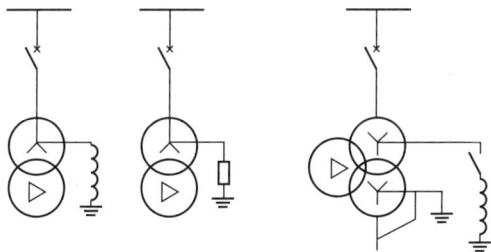

图 8-2　YNd 接线形式接地变压器

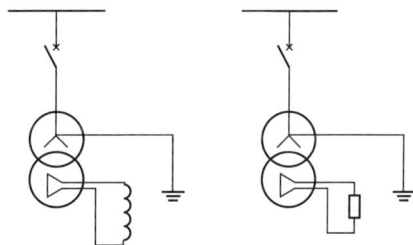

图 8-3　YNd（开口三角形）接线形式接地变压器

15. 什么叫做 Z 形接地变压器，它有什么特点？

答：Z 形接地变压器按照绝缘结构形式分为油浸式和干式绝缘两种，其中树脂浇注式是干式绝缘的一种。Z 形变压器为三柱六绕组结构，如图 8-4 所示。接地变压器三相铁芯的每个芯柱上的绕组被平均分为两部分，然后按照图 8-4 中接线方式反极性串联成星形绕组。这样的结构使得 Z 形变压器具有较高的正序、负序阻抗。同芯柱上两个绕组流

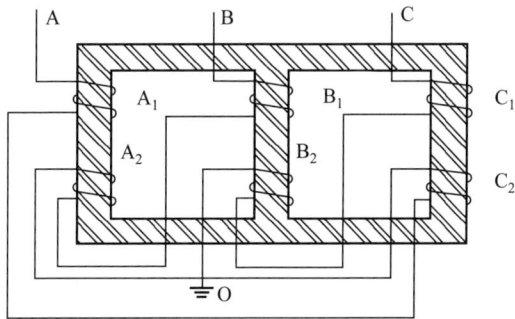

图 8-4　Z 形接地变压器的绕组结构

过相等的零序电流时，两个绕组产生的磁通相互抵消，所以零序阻抗只相当于漏抗，其值不大。因此，在系统正常运行时接地变压器阻抗很高，相当于励磁阻抗，绕组中只流过很小的励磁电流。当系统发生接地故障时，因零序阻抗很小，绕组中将流过较大的零序电流。而普通变压器零序阻抗要大得多。因此规程规定，用普通变压器带消弧线圈时，其容量不得超过变压器容量的20％，而Z形变压器则可带90％～100％容量的消弧线圈。

16. 接地变压器能否兼做站用变压器使用？

答：接地变压器除可带消弧线圈、小电阻外，也可带二次负载，代替站用变压器。在带二次负载时，接地变压器的一次容量应为消弧线圈容量与二次负载容量之和。

由于很多接地变压器只提供中性点接地小电阻，而不需带负载，所以很多接地变压器是属于无二次绕组的，当需要兼做站用变压器时需要有二次绕组，常见的有 ZNyn11 和 ZNyn1 两种接线形式。

17. 中性点不接地方式有什么优缺点？

答：在中性点不接地配电网中，当发生单相接地故障时，线电压仍保持对称不变，因而对用户供电并无影响，这是该接地方式的主要优点。

当线路不长时，接地电流的数值较小，不至于形成稳定的接地电弧，一般均能迅速熄灭而无须跳闸，这时供电可靠性较高。但是，当线路较长、电容电流相对较大时，则可能由于持续电弧而燃烧设备或由于间歇性电弧而导致过电压。这时上述优越性就不存在了。因此，此方式适用于电容电流不大的电力系统。

18. 小电流接地系统的接地点电弧有何特性？

答：单相接地时所产生的接地电流将在故障处形成电弧。当接地电流不大时，电流过零时电弧将自行熄灭，于是故障随之消失。如果接地电流较大（大于30A时），则将产生稳定的电弧，形成持续性的电弧接地，强烈的电弧将损坏设备并导致相间短路。当电流大于5A而小于30A时，有可能产生间歇电弧。间歇电弧是指接地电弧熄灭并随之重燃的多次重复现象，每次熄灭将伴随相对地电容上的电荷积累并产生较大的过电压，其幅值可达2.5～3.5倍额定电压，对绝缘较差的设备、线路上的薄弱环节和绝缘强度很低的旋转电机有较大的威胁，在一定程度上对安全运行有影响。有资料表明，在电网全部接地故障中约有60％属于间歇电弧引起的故障。

19. 消弧线圈的工作原理是什么？

答：消弧线圈主要由带间隙的铁芯和绕在铁芯上的线圈组成（见图8-5），其伏安特性对于无间隙铁芯线圈来说是不易饱和的。消弧线圈的铁芯和线圈均浸在绝缘油中，外形与单相变压器相似。

消弧线圈装设于变压器或发电机的中性点，当发生单相接地故障时，可形成一个与接地电流大小接近相等但方向相反的电感电流。这个电流与电容电流可相互补偿，最终使接地处的电流小于或等于零，从而消除了接地处的电弧以及由它产生的危害，消弧线圈因此得名。

此外，当电流过零而电弧熄灭后，消弧线圈还可以显著减慢故障相电压的恢复速度，从而降低电弧重燃的可能性。

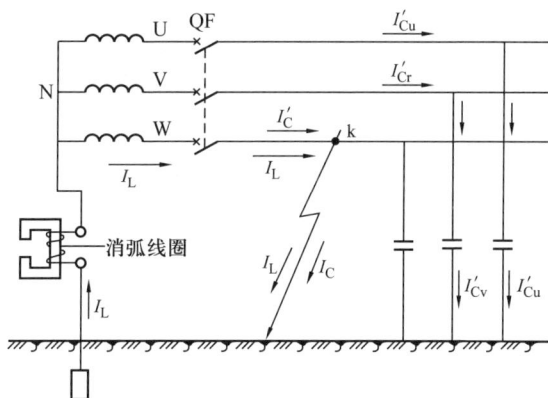

图8-5 消弧线圈的原理

20. 消弧线圈的铁芯为什么有间隙？

答：消弧线圈是为了增大容量、减小电感并使电感保持稳定而采用带间隙的分段铁芯。

21. 消弧线圈的容量是如何确定的？

答：消弧线圈的容量应主要根据系统单相接地故障时电容电流的大小来确定，并应留一定裕度

$$Q = 1.35 I_C \frac{U_n}{\sqrt{3}}$$

式中　Q——消弧线圈的容量，$kV \cdot A$；

U_n——系统标称电压，kV；

I_C——对地电容电流，A。

K——计算系数，一般采用过补偿，K 取 1.35。

对于改造工程，I_C 应以实测值为依据。对于新建工程，I_C 则应根据配电网络的规划、设计资料进行计算。

22. 什么叫做消弧线圈的过补偿、欠补偿和完全补偿？

答：消弧线圈的过补偿、欠补偿和完全补偿定义如下：

（1）过补偿。过补偿是使电感电流大于接地的电容电流，系统发生单相接地故障时接地点有剩余的感性电流。选择消弧线圈时应留有一定的裕度，这样即使电网发展使电容电流增加，仍可以继续使用，故过补偿方式在电力系统中得到广泛应用。

（2）欠补偿。欠补偿是使电感电流小于接地的电容电流，系统发生单相接地故障时接地点还有容性的未被补偿的电流。在欠补偿方式下运行时，部分线路停电检修或系统频率降低等原因都会使接地电流减少，又可能变为完全补偿。故装在变压器中性点以及有直配线的发电机中性点的消弧线圈，一般不采用欠补偿方式。

（3）完全补偿。完全补偿是使电感电流等于接地电容电流，接地处电流为零。在正常运行时的某些情况下，可能形成串联谐振，产生谐振过电压，危及系统的绝缘。

23. 什么叫做消弧线圈的脱谐度？

答：消弧线圈的脱谐度 ν 表征其偏离谐振状态的程度，可以用来描述消弧线圈的补偿程度

$$\nu = \frac{I_C - I_L}{I_C} \times 100\%$$

当 $\nu = 0$ 时，称为完全补偿；

当 $\nu > 0$ 时，称为为欠补偿；

当 $\nu < 0$ 时，称为为过补偿。

24. 什么叫做消弧线圈补偿的残流？

答：消弧线圈的电感电流补偿电容电流之后，流经接地点的剩余电流叫残流。

变电站设备运行实用技术问答

25. 消弧线圈电感电流的调节由哪两个因素决定？

答：电网中性点需采用消弧线圈接地方式，其主要目的是降低接地残流 I_k，以利于电弧自灭，提高供电可靠性。当电网运行方式改变时，消弧线圈抽头做相应调节。调节消弧线圈电流须兼顾两方面因素：①使接地残流 I_k 最小；②正常运行时不能使电网中性点位移电压 U_0 过高，$U_0 < 15\% U_{ph}$（U_{ph} 为相电压）。$U_0 = U_{bd}/\sqrt{d^2 + v^2}$，$U_{bd}$ 为系统不对称电压，d 为系统的阻尼率，v 为脱谐度。这两种因素是相互制约的，即要使 I_k 最小，就要求消弧线圈调整在全补偿或接近全补偿 $I_L = I_C$ 状态，即脱谐度 $v = 0$；此时，在不对称电压 U_{bd} 作用下，消弧线圈电抗与电网对地电容呈串联谐振状态，仅依靠自然阻尼中的电阻，U_0 必然很高。

26. 老式消弧线圈有什么特点？有哪些缺点？

答：过去配电网使用的老式消弧线圈（即手动无载调匝式消弧线圈）是一种具有多气隙铁芯的单相电抗器，通常制成油浸自冷式。运行中其一端接在电网变压器、直配线发电机的中性点或经接地变压器的人工中性点，另一端接地。根据电网电容电流的大小，手动调节多挡（一般为 5 挡或者 9 挡）无载开关，控制残流，可以降低间歇性弧光过电压的幅值，提高供电可靠性、安全性。尤其在雷雨季节，采用这种方式来减少故障跳闸次数、提高供电可靠性是有效的。

但是由于老式消弧线圈不能自动测量电网电容电流，系统运行方式又不固定，电容电流多变，调节时又需要停电，十分不方便，有的还没有加阻尼电阻等，只能根据电网线路总长度来估算。实际运行中的老式消弧线圈不能有效地控制残流和抑制谐振过电压，保证不了脱谐度 $v \leqslant 10\%$，位移电压 $U_0 < 15\% U_{ph}$，不易达到最佳补偿；调谐时需要停电、退出消弧线圈，失去了消弧补偿的连续性；调节级数一般只分 5 级或 9 级，级数少、级差电流大，因而补偿精度很低；同时，单相接地时，由于补偿方式、残流大小不明确，微机选线比较困难。

27. 为什么手动无载调匝式消弧线圈运行在过补偿状态且脱谐度往往达到 $20\% \sim 30\%$，甚至更大？

答：这样做的目的是降低中性点位移电压。电网中性点位移电压 $U_0 = U_{bd}/\sqrt{d^2 + v^2}$，$U_{bd}$ 为系统不对称电压，d 为系统的阻尼率，v 为脱谐度。脱谐度较大时，中性点位移电压就会减小。如果消弧线圈运行在全补偿状态，则 $v = 0$，此时中性点位移电压最大。但这样做却忽略了另一方面，即脱谐度较大时残流偏大，对灭弧不利。

28. 手动调匝消弧线圈切换分接头的操作是如何规定的？

答：按当值调度员下达的分接头位置切换消弧线圈分接头。切换分接头前，应确认系统中没有接地故障，再用隔离开关断开消弧线圈，装设好接地线后，才可切换分接头，并测量直流电阻。切换分接头后，应检查消弧线圈导通情况，合格后方可将消弧线圈投入运行。

目前采用的手动调节式消弧线圈可以进行带电有载调节，调节前需要确认系统没有发生单相接地。

29. 手动调匝式消弧线圈调整分接开关的顺序有何规定？

答：手动调匝式消弧线圈调整分接开关的顺序规定如下：

（1）过补偿系统。电容电流增加时应先改分接开关，电容电流减小时应后改分接开关。

（2）欠补偿系统。电容电流增加时应后改分接开关，电容电流减小时应先改分接开关。

30. 什么情况下禁止拉合消弧线圈与中性点之间的单相隔离开关？

答：下列情况下禁止拉合消弧线圈与中性点之间的单相隔离开关：

（1）系统有单相接地现象出现，已听到消弧线圈的嗡嗡声。

（2）中性点位移电压大于15%相电压。

31. 消弧线圈运行及操作有何要求？

答：消弧线圈运行及操作要求如下：

（1）对装设在电网变压器中性点的消弧线圈应采用过补偿方式进行调节。

（2）中性点经消弧线圈接地的电网，在正常情况下，长时间中性点位移电压不应超过额定相电压的15%。

（3）在进行消弧线圈操作时，应检查绝缘监测装置是否发出接地信息。如果系统发生接地，禁止操作消弧线圈隔离开关，禁止调整分接位置。

（4）操作消弧线圈隔离开关时，中性点位移电压不得超过额定相电压的30%。

（5）多台主变压器共用一组消弧线圈，改变运行方式时，变压器中性点不允许并列，应先拉后合。并列操作可能引起补偿状态性质变化过程（从过补偿到欠补偿）经过完全补偿谐振点。

（6）调整无载分接开关分头时需断开电源并挂地线，倒完分接开关分头后应测是否导通。

32. 自动跟踪补偿消弧线圈装置怎样实现自动跟踪补偿？

答：自动跟踪补偿消弧线圈装置（见图 8-6）自动跟踪系统电容电流的变化，一般采用调节零序回路参数法、外加电容法、外加电压法、变频法和电容增量法等测量计算系统电容电流，并据此设置执行机构的工作状态。当系统发生单相接地故障时，装置立即作出判断，尽快启动执行机构，执行机构迅速到达设定状态。装置采用减少级差电流或无级调节等措施减少残流。当系统单相接地故障消除时，装置及时判断并迅速退出补偿状态。

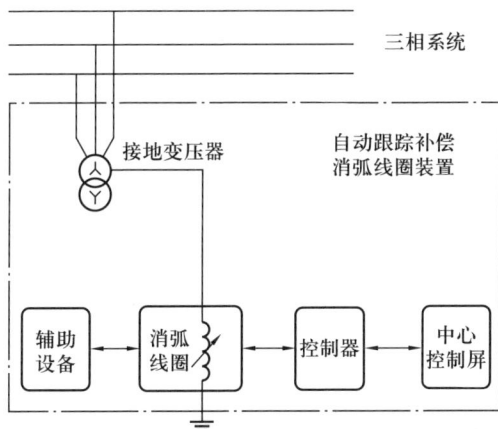

图 8-6　自动跟踪补偿消弧线圈装置

33. 自动跟踪补偿消弧线圈装置的运行特性是怎样的？

答：自动跟踪补偿消弧线圈装置在正常运行时，应避免系统谐振。具体来讲，对于预调式消弧线圈，应靠近谐振点运行，靠加装阻尼电阻来防止谐振。对于随调式消弧线圈则不加阻尼电阻，消弧线圈远离谐振点运行。

单相接地故障时，自动跟踪补偿消弧线圈装置要利用谐振，消弧线圈靠近谐振点运行，使残流满足要求；接地解除后，随调式消弧线圈需要及时调节消弧状态，远离谐振点。

34. 什么叫做自动跟踪补偿消弧线圈装置的预调式和随调式？

答：自动跟踪补偿消弧线圈装置的预调式和随调式含义如下：

（1）预调式。系统正常运行时，消弧线圈始终靠近谐振点运行；单相接地故障时，消弧线圈零延时进行补偿，无需调节。调匝式消弧线圈一般采用预调式。

（2）随调式。系统正常运行时，消弧线圈远离谐振点；发生单相接地故障后，调节消弧线圈靠近谐振点；故障恢复后，再调节消弧线圈远离谐振点。调气隙式、调容式、直流偏磁式和磁阀式、高短路阻抗变压器式消弧线圈一般都采用随调式。

35. 什么是自动跟踪补偿有载调匝式消弧线圈？其特点如何？

答：自动跟踪补偿有载调匝式消弧线圈（见图 8-7）采用有载调压开关调节电抗器的抽头以改变电感值。它可以在电网正常运行时，通过实时测量流过消弧线圈电流的幅值和相位变化，计算出电网当前方式下的对地电容电流，根据预先设定的最小残流值或脱谐度，由控制器调节有载调压分接头，使之调节到所需要的补偿挡位。在发生接地故障后，故障点的残流可以被限制在设定的范围之内。

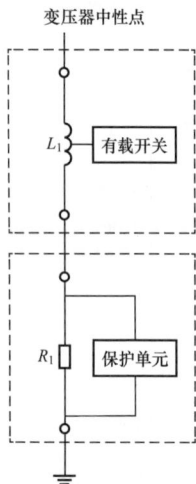

不足之处是不能连续调节，需要合理选择和确定挡位数和每挡变化范围。为保证较小的残流，必须在谐振点附近运行，这将导致中性点位移电压升高。因此需加装阻尼电阻进行限压，保证中性点的位移电压不超过 15% 相电压。为避免阻尼电阻上的有功电流使接地残流增大，在发生单相接地时，必须将阻尼电阻延时 0.5s 后短接。

图 8-7 中左侧图：变压器中性点，L_1 有载开关，R_1 保护单元

图 8-7 自动跟踪补偿有载调匝式消弧线圈

36. 为什么自动跟踪补偿有载调匝式消弧线圈一般为预调式？

答：因自动跟踪补偿有载调匝式消弧线圈调节分接头所需的时间较长，所以将其做成预调式。系统正常运行时，测量系统电容电流，并预先调节电感值到设定的补偿状态；单相接地发生后，对系统单相接地电容电流进行补偿。

37. 为什么自动跟踪补偿有载调匝式消弧线圈一般应串接阻尼电阻？

答：因为自动跟踪补偿有载调匝式消弧线圈在系统正常运行时，调节在全补偿状态。电网中性点位移电压 $U_0 = U_{bd}/\sqrt{d^2 + v^2}$，$U_{bd}$ 为系统不对称电压，d 为系统的阻尼率，v 为脱谐度。电网形成后其不对称电压基本是个固定值，自动

跟踪补偿有载调匝式消弧线圈的脱谐度 ν 较小，那么只有改变阻尼率 d 才能改变位移电压，因此应当在消弧线圈回路串入电阻，保证阻尼率，控制中性点位移电压，以避免中性点出现谐振过电压。该串联阻尼电阻只在电网正常运行状态下起作用，在单相接地故障时处于短接状态，因而不影响消弧线圈的正常工作。

38. 什么是自动跟踪补偿调气隙式消弧线圈？其特点如何？

答：自动跟踪补偿调气隙式消弧线圈（见图 8-8）将铁芯制成带有气隙的形式，利用气隙长度的改变实现励磁阻抗的改变。一般采用转动、传动机构实现气隙的调节，采用电动机作为动力。

该类自动跟踪补偿消弧线圈装置产品出现得较早，运行经验也较长，目前运行的数量也较多，具有同调匝式一样的缺点，但其输出的电流可以连续无级调节；装置更为复杂，较易损坏，且工作时噪声较大。

39. 什么是自动跟踪补偿调容式消弧线圈？其特点如何？

答：自动跟踪补偿调容式消弧线圈制成变压器形式，一次侧接入系统，二次侧接入多组电容，用投切电容器组来改变变压器容性负载，从而改变一次侧的电抗值（见图 8-9）。电容器组的投切一般采用真空开关或晶闸管来执行。

该类产品是近些年出现的产品，由于采用了真空开关或晶闸管技术，使得调节速度大大提高；而且因电容器组的合理组合，使输出的补偿电流虽未能连续调节，但分级电流大为减小，输出范围也有所增加。值得注意的是，若采用晶闸管投切电容器组，晶闸管的工况十分严酷，对其安全运行应采取足够保障措施。

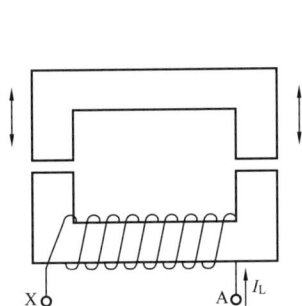

图 8-8　自动跟踪补偿调
气隙式消弧线圈

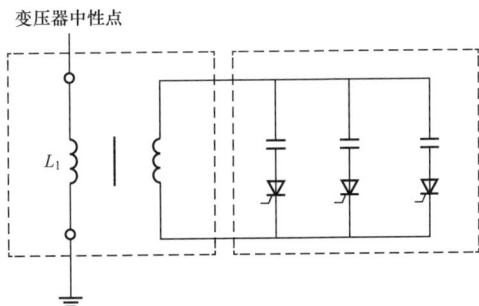

图 8-9　调容式消弧线圈电路原理

40. 什么是自动跟踪补偿直流偏磁式和磁阀式消弧线圈？其特点如何？

答：自动跟踪直流偏磁式消弧线圈（见图 8-10）采用外置直流装置对电感线圈的铁芯注入直流磁通，从而对铁芯的磁饱和度进行调节；一般采用晶闸管直流装置，由控制晶闸管进行调节。

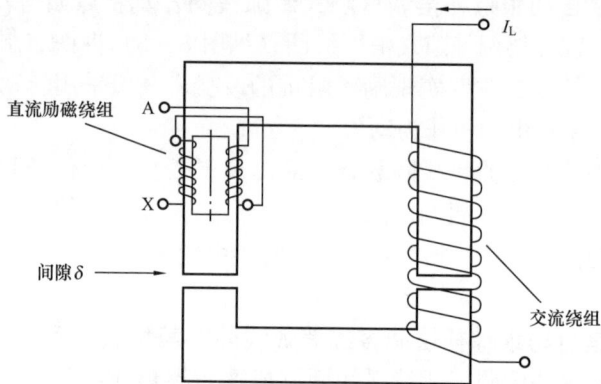

图 8-10　直流偏磁式消弧线圈

自动跟踪磁阀式消弧线圈同样通过对铁芯注入直流磁通来改变铁芯的磁饱和度，但该直流磁通由装置本身的一部分交流电流来产生，一般也由晶闸管来控制和调节。

两类产品均采用了晶闸管技术，使得调节速度大大提高且避免使用传动和转动机构。其输出的补偿电流可以连续无级调节，但仍有最小值的限制。同时，由于必须向铁芯注入直流磁通，使得装置变得十分复杂。

41. 消弧线圈接地系统与不接地系统的接地选线装置原理上有何区别？

答：消弧线圈接地系统中，由于消弧线圈产生的感性补偿电流的作用，不能采用不接地系统中常用的零序电流选线原理和零序功率方向选线原理，为了正确、迅速地选取接地故障线路，主要采用插入有效电阻法、5 次谐波法、首半波原理法、注入信号寻踪法、残流增量法（或扰动原理法）等接地选线原理。

42. 电缆线路及以电缆线路为主的城市配电网有哪些特点？

答：电缆线路及以电缆线路为主的城市配电网的特点如下：

（1）电缆线路的对地电容电流比相同长度的架空线路大得多，因此配电网单相接地电容电流相当大。

（2）电缆线路的运行受外界因素的影响小，发生瞬时性接地机会很少，一旦发生接地故障，一般来说都是永久性故障。

（3）电力电缆的绝缘裕度比架空线路小得多，承受过电压的能力低。在发生单相接地故障时，由于非故障相电压升高到线电压以上，容易引起配电网中非故障相电缆第二点或多点击穿，形成相间短路故障，扩大事故。

（4）电力电缆的绝缘是有机绝缘，一旦发生绝缘击穿即为永久性故障，绝缘不能自恢复。如果不及时断电，故障处绝缘会被迅速烧坏，发展成为相间故障，使故障扩大。因此，电缆击穿故障要求迅速切除，而且不允许重合闸。

（5）随着电缆比重的增加，配电网的单相接地电容电流急剧上升，通过对配电网的运行监测和事故统计发现单相弧光接地故障引起和激发的过电压概率明显上升，高倍率过电压出现的概率增大，老旧电缆绝缘击穿事故频率增加，不利于电网安全运行。

（6）以电缆线路为主的配电网，采用消弧线圈接地方式，要使残余电流小于10A难度很大。这是因为很难兼顾残余电流小于10A、中性点位移电压小于相电压的15%和合理的补偿度这三个条件。

（7）随着电缆线路的增加，配电网的单相接地电容电流急剧增加，消弧线圈和相应的接地变压器需要很大的容量，增大了工程投资和占地面积。

（8）城市配电网的电缆线路大部分设在电缆隧道或电缆排管中，当发生绝缘击穿而又不及时切断电源时，在隧道或排管中产生可燃性气体集聚，很可能会发生火灾，殃及整个隧道中的电缆，造成重大事故。

43. 为什么城市配电网越来越多地采用小电阻接地？

答：为了满足城市建设发展及配电网发展，低压电网电缆线路已逐步代替了架空线路，而且这种发展趋势逐渐成为配电网发展的主导方向。此时传统的消弧线圈接地方式存在很多缺点和不足，具体有如下几点：

（1）电缆网络的电容电流增大，甚至达到 100~150A 及以上，相应就需要增大补偿用消弧线圈的容量，在容量、机械寿命、调节响应时间上很难适时地进行大范围调节补偿。

（2）电缆线路发生接地故障一般都是永久性接地故障，如采用的消弧线圈运行在单相接地情况下，非故障相将处在稳态的工频过电压下，持续运行 2h 以上不仅会导致绝缘的过早老化，甚至会引起多点接地之类的故障扩大。所以电缆线路在发生单相接地故障后不允许继续运行，必须迅速切除电源，避免扩大事故，这是电缆线路与架空线路的最大不同之处。

（3）消弧线圈接地系统的内过电压倍数增高，可达 3.5~4 倍相电压。特别是弧光接地过电压与铁磁谐振过电压，已超过了避雷器允许的承载能力。

（4）人身触电不能立即跳闸，甚至因接触电阻大而发不出信号，因此对人身安全不能保证。

为克服上述缺点，目前对主要由电缆线路所构成的配电网，当电容电流超过 10A 时，均建议采用经小电阻接地方式，其电阻值一般小于 10Ω。

44. 小电阻接地系统有什么特点？

答：小电阻与零序保护配合可快速切断单相接地故障，使非故障线路不需要长时间承受过电压，降低了绝缘水平要求。经小电阻接地可以降低弧光接地过电压倍数，破坏谐振过电压的发生条件。

45. 对小电阻接地系统的运行有何规定？

答：对小电阻接地系统的运行规定如下：

（1）小电阻接地系统不允许失去接地电阻运行（当 10kV 母线分段运行时，每条母线必须有一组接地电阻投入运行）。

（2）不允许两组接地电阻长时间并列运行。

（3）当 10kV 母联断路器合着，其中一条母线的主断路器断开时，投入运行母线的主断路器所对应的接地电阻运行。

（4）接地电阻断路器的过电流、零序保护必须投入运行，接地电阻零序保护跳开对应的变压器 10kV 侧主断路器投入运行，变压器 10kV 侧主断路器联跳，对应接地电阻断路器投入运行。

（5）10kV 母线上运行的线路、电容器、电抗器、站内变压器的断路器的零序保护均投入运行。

（6）接地变压器保护动作主断路器跳开，接地变压器断路器未跳开时，应立即手动拉开接地变压器断路器。

（7）接地变压器断路器自行跳开，应立即试合接地变压器断路器，有备用接地变压器的除外。

46. 为什么不允许两台接地装置长时间并列运行？

答：为限制单相接地电流，原则上不允许两台及以上的接地装置并列运行，但是在倒闸操作过程中或事故异常运行方式下（包括备用电源自动投入装置自动并列），允许两台及以上的接地装置短时并列运行。

当两段或以上不同接地系统的 10kV 母线并列时，应仅保留其中一套接地装置运行，而将其余接地装置退出运行，采用两段或以上母线共用一套接地装置的形式。

47. 为什么小电阻接地系统不允许失去接地电阻运行？

答：小电阻接地系统如果失去接地电阻运行，实际上变成了中性点不接地。在系统发生单相接地时，可能由于持续电弧而燃烧设备或由于间歇性电弧而导致过电压。

变电站无功调节及相关设备

1. 什么叫做无功功率？它有什么作用？

答：无功功率比较抽象，它是用于电路内电场与磁场的交换，并用来在电气设备中建立和维持磁场的电功率。无功功率不对外做功，而是转变为其他形式的能量。凡是有电磁线圈的电气设备要建立磁场，就要消耗无功功率。无功功率绝不是无用功率，它的用处很大。电动机需要建立和维持旋转磁场，使转子转动，从而带动机械运动，电动机的转子磁场就是靠从电源取得的无功功率建立的。变压器也同样需要无功功率，才能使变压器的一次绕组中产生磁场，在二次绕组感应出电压。因此，没有无功功率，电动机就不会转动，变压器也不能变压，交流接触器也不会吸合。

在正常情况下，用电设备不但要从电源取得有功功率，同时还需要从电源取得无功功率。如果电网中的无功功率供不应求，用电设备就没有足够的无功功率来建立正常的电磁场，这些用电设备就不能维持在额定情况下工作，用电设备的端电压就要下降，从而影响用电设备的正常运行。

2. 为什么说无功功率控制是保证供电质量的基本方法？

答：为了保证电网各枢纽点和用户侧电压在一定的范围内变化，需要对这些节点的电压进行适时的控制，而通过增减供给或消耗该节点的无功功率即可实现上述目标。同时通过对输电网络中无功功率的控制，既可以实现输电网络功率损耗最小，又可以实现传输容量最大的目标。

另外，从实质上看，交流输电网中的电压稳定问题及电压崩溃问题还是无功功率控制的问题，所以说无功功率控制是保证供电质量的基本方法。

3. 什么叫做无功补偿？

答：通常从发电机和高压输电线供给的无功功率远远满足不了负荷的需要，所以在电网中要设置一些无功补偿装置来补充无功功率，以保证用户对无功功率的需要，这样用电设备才能在额定电压下工作。

无功补偿的基本原理是把具有容性功率负荷的装置与感性功率负荷并联接在同一电路，能量在两种负荷之间相互交换。这样，感性负荷所需要的无功功率可由容性负荷输出的无功功率补偿。

4. 常见的无功补偿装置有哪些？

答：电力系统用的无功补偿设备有很多，如同步发电机、同步调相机、并联电容器、并联电抗器、静止无功补偿器（SVC）、可控串联补偿装置（TCSC）、静止无功同步补偿器（STATCOM）等都可以用于对无功功率的控制。20世纪70年代末，电力电子技术开始用于交流输电系统，如晶闸管控制电抗器（TCR）、晶闸管投切电容器（TSC）等就出现在这一时期，它们单独或与固定并联电容器组合来控制无功功率，这类装置被称为静止无功补偿器（SVC）。而静止无功同步补偿器（STATCOM）则是目前国内外最新、最先进的动态无功补偿装置。

5. 电力系统补偿无功功率的目的是什么？

答：电力系统补偿无功功率的目的如下：

（1）提高发电设备利用率。具有电感的电气设备正常工作时都要吸收无功功率。例如：变压器空载运行时吸收的无功功率，约占其满负荷时吸收无功功率的80％；感应电动机空载运行时吸收的无功功率，约占其满负荷时吸收无功功率的60％～80％；其他电气设备也类似。电力负荷吸收的无功功率比例越大，其功率因数越低，发电机的利用率越低。

（2）降低线路损耗。输配电线路上的电能损耗是电流在线路阻抗上产生的。线路负荷的功率因数越低，则流过线路的电流越大，从而使线路的电能损耗越大。

（3）提高电力网络的送电能力。为了充分发挥发供电设备的潜力，应尽量让发电机少发无功功率；对用户所需的无功功率和电网中的无功功率，尽量在变电段给予补偿，以增加供电网络中各组成部分在允许温度和允许电压降情况下的输电能力，减少电力网络中的电能损耗。

6. 无功补偿配置总的原则是什么？

答：电网应在系统负荷高峰和负荷低谷运行方式下，保证分（电压）层和分（供电）区的无功平衡。应根据电网情况，从整体上考虑无功补偿装置在各电压等级变电站、10kV 及以下配电网和用户侧的配置。实施分散就地补偿和变电站集中补偿相结合、电网补偿与用户补偿相结合、高压补偿和低压补偿相结合，以满足电网安全、经济运行的需要。

7. 无功平衡的基本原则是什么？

答：无功平衡的基本原则是就地平衡。分层平衡是无功就地平衡在处理10～500kV电网层次间通过变压器的无功功率流动问题的具体应用。因为在交流电网中输电线路尤其是变压器的电抗远大于电阻，减少无功功率流动可以降低线路首末端的电压差和电压波动。35～110kV电网直接向用户供电，用户无功补偿容量不足部分应由110kV变电站进行补充。无功补偿在电网中的配置是分层平衡，变电站装设的补偿装置容量都应经过电网无功优化配置计算来确定。

8. 电力系统中无功功率与电压有何关系？

答：保证用户处的电压接近额定值是电力系统运行电压调整的基本任务之一。电力系统的运行电压水平主要取决于无功功率的平衡。无功负荷的变化对电压的影响远大于有功负荷变化对其的影响。系统中各种无功电源的无功功率输出应能够满足系统负荷和网络损耗在额定电压下对无功功率的需求，否则电压就会偏离额定值。系统的无功电源比较充足，能满足在较高电压水平下的无功平衡的需要，系统就有较高的运行电压水平；反之，无功不足就反应为电压水平偏低。

9. 什么叫做逆调压、顺调压和恒调压？

答：在大负荷时，线路的电压损耗也比较大，如果提高中枢点电压，就可以抵偿掉部分电压损耗，使负荷点电压不至于过低。反之，在小负荷时，线路电压损耗也小，适当降低中枢点的电压就可以使负荷点的电压不至于过高。这种在大负荷时升高电压，在小负荷时降低电压的调压方式称为"逆调压"。一般采用逆调压方式时，在最大负荷时可保持中枢点电压比线路额定电压高5%，在最小负荷时保持为线路额定电压。供电线路较长、负荷变动较大的中枢点往往要求采用这种调压方式。

对某些供电距离较近，或者负荷变动不大的变电站，可以采用"顺调压"的方式：在大负荷时允许中枢点电压低一点，但不低于线路额定电压的102.5%；小负荷时允许其电压高一些，但不超过线路额定电压的107.5%。

介于上述两种调压方式之间的调压方式是"恒调压"（常调压），即在任何负荷下，中枢点的电压保持为大约恒定的数值，一般较线路额定电压高约2%～5%。

10. 电力系统电压调整的方法有哪些？

答：为了维持电压在规定值内，需要适当调整无功功率的产生和消耗，主要有调整发电机的励磁、调整变压器的分接头以及通过控制无功补偿设备来调整三种方法。

在实际运行中不管是采用何种方式调压，无非就是两种方法：一种是通过无功补偿的方法来调压，即通过发电机、调相机、并联电容器、并联电抗器或静止补偿器来实现；另一种是通过无功功率重新分布来进行调压，即改变变压器分接头位置来调压。有载调压变压器分接头的调整不仅改变了变压器各侧的电压状况，同时也对变压器各侧的无功功率分布产生影响。分接头上调后，变压器二次电压上升，同时流过变压器的无功功率增加；分接头下调后，变压器二次侧电压下降，流过变压器的无功功率减小。由于这种调压措施本身不产生无功功率，只能改变无功功率的分布，因此在整个系统无功不足或者过剩的情况下是不能通过调整变压器分接头来获得满意的调压效果的。

11. 在电力系统无功不足的情况下，为什么不宜采用调整变压器分接头的办法来提高电压？

答：当某一地区的电压由于变压器分接头的改变而升高时，该地区所需的无功功率也增大了，这就可能扩大系统的无功缺额，从而导致整个系统的电压水平更加下降，因此不宜采用调整变压器分接头的办法来提高电压。

12. 什么叫做 VQC？它有什么特点？

答：VQC 是指变电站的电压无功综合控制。传统的方法是 9 区控制策略，该方法简单易行，被许多变电站采用。该方法是按照电压上、下限 U_{max}、U_{min}，无功上、下限 Q_{max}、Q_{min}，或功率因数上、下限将运行区域划分为 9 个区间，根据 9 区间进行控制。虽然利用 9 区图控制简单易行，但是由于该策略没有考虑系统电压和无功功率的相互影响，也没有考虑电压和无功功率的变化趋势，在实际应用中会增加变压器分接头和电容器的动作次数，影响电气设备的使用寿命，甚至可能会出现振荡现象。鉴于此，对 9 区控制策略又提出了很多的改进策略，如 13 区控制和 17 区控制等。

13. 什么叫做 AVC？它有什么特点？

答：自动电压控制系统（Automatic Voltage Control System，AVC）是在电网 EMS 系统的基础上，利用电网实时运行数据，从整个系统的角度科学决策出最佳的无功电压调整方案，自动下发给各个子站装置，以电压安全和优质为约束，以系统经济性运行为目标，连续闭环地进行电压的实时优化控制，解决了电网无功电压协调控制方案的在线生成、实时下发、闭环自动控制等一整套分析、决策、控制，以及再分析、再决策、再控制的无功电压实时追踪控制问题。

14. 并联电容器有什么作用和特点？

答：并联电容器并联在系统母线上，类似一个容性负载，用来补偿电力系统感性无功功率，以提高系统的功率因数及母线电压水平。同时并联电容器减少了线路上感性无功功率的输送，因而减少了电压和功率损失，提高了线路输电能力。

由于电网的阻抗和用电负荷主要是感性的，因此其所需的感性无功功率主要应由容性无功功率进行补偿，则并联电容器成为补偿电力系统无功需求的主要无功电源。

并联电容器的缺点是使用寿命短，损坏后不易修复。另外，并联电容器的无功出力与电压的平方成正比，当系统电压降低需要更多的无功进行补偿以提高系统功率因数时，电容器却因电压低而降低了出力。

15. 并联电容器组的常见接线方式有哪些？

答：国内运行的电容器组有单星形、双星形和三角形接线方式（见图 9-1）。GB 50227—2008《并联电容器装置设计规范》规定电容器组宜采用单星形接线或双星形接线，在中性点非直接接地的电网中星形接线电容器组的中性点不应接地。

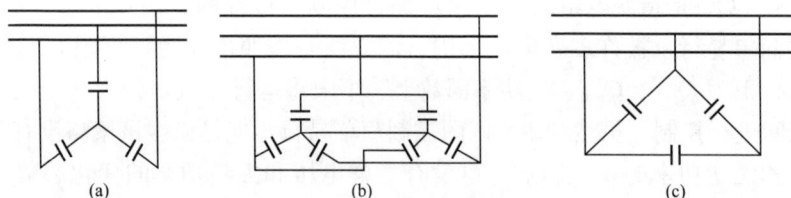

图 9-1 并联电容器组的常见接线
(a) 单星形接线；(b) 双星形接线；(c) 三角形接线

16. 为什么高压电力电容器多数采用星形接线，而不采用三角形接线？

答：星形（中性点不接地）接线的最大优点是当一台电容器发生故障时，其故障电流仅为其额定电流（相电流）的 3 倍，而如果是三角形接线，其故障电流则为两相短路电流，容易引起电容器的爆炸起火。

在操作过电压保护方面，三角形接线电容器组的避雷器的运行条件和保护效果均不如星形接线电容器组好。因此，国内比较一致的意见是舍弃三角形接线，采用星形接线。

17. 什么是电力电容器的合闸涌流？

答：在电力电容器组和电源接通后很短的时间里，流过电容器的电流称为合闸涌流。这一暂态电流由工频和高频两部分组成，其幅值远高于稳态工频电流，其幅值与波形均随时间相应地衰减，一般持续 $10\mu s$ 左右。

18. 变电站内装有多组电容器，投切 6% 电抗率和 12% 电抗率的电容器组的顺序是如何规定的？其理论依据是什么？

答：先投电抗率大的，后投电抗率小的，切除时相反。

电抗率指串联电抗器组的感抗与并联电容器组的容抗之比，以百分数表示。12% 电抗率的电容器组可以抑制 3 次及以上的谐波；6% 电抗率的电容器组能抑制 5 次及以上的谐波，但对 3 次谐波却有一定的放大作用。为了不放大系统中的 3 次谐波，不应将 6% 电抗率的电容器组单独并接在系统中，所以先投电抗率大的，后投电抗率小的，切除时相反。

19. 高次谐波对并联电容器有什么影响？

答：高次谐波电压叠加在基波电压上不仅使电容器的运行电压有效值增大，而且使其峰值电压增加，致使电容器因过负荷而发热，并可能导致局部因放电而损坏；高次谐波电流叠加在电容器基波电流上使电容器电流增大，增加了电容器的温升，导致电容器过热损坏。电容器对电网高次谐波电流的放大作用十分严重，一般可将 5～7 次谐波放大 2～5 倍，当系统参数接近谐波谐振频率时，高次谐波电流的放大可达 10～20 倍。因此，不仅需要考虑谐波对电容器的影响，还需要考虑被电容器放大的谐波会损坏电网设备，影响电网安全运行。

20. 串联电抗器装设于电容器组的中性点侧与电源侧有何区别？

答：串联电抗器无论装在电容器组的中性点侧或电源侧，从限制合闸涌流和抑制谐波来说，作用都一样。但串联电抗器装在中性点侧，正常运行时承受的对地电压低，可不受短路电流的冲击，对动热稳定没有特殊要求，可减少事故，使运行更加安全，而且可采用普通电抗器产品，价格较低。

21. 串联大电抗和小电抗的两组电容器组，其电容额定参数能否选成一样？为什么？

答：不能选成一样的。一般来讲，两组电容器容量应选择为一样的，但是

第九章　变电站无功调节及相关设备

串联大电抗的电容器额定电压相对较高，额定电流以及电容值相对较小。

设 U_C 为电容器的运行电压，U_S 为并联电容器装置的母线电压，kV；K 为并联电容器组电抗率。根据等值电路图（见图 9-2），可以求得电容器的端电压为 $U_C = \dfrac{U_S}{\sqrt{3}} \dfrac{1}{X_C - X_L}$，由于串联电抗器的电抗率 $K = X_L / X_C$，则电容器的端电压为 $U_C = \dfrac{U_S}{\sqrt{3}} \dfrac{1}{1-K}$，所以串联电抗率大的电抗器应串联相对电压等级系列里额定电压较高的电容器。

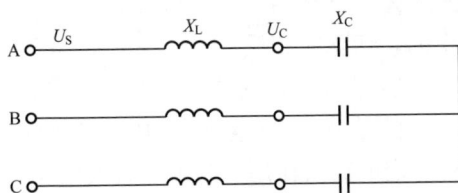

图 9-2　电容器串联电抗器等值电路

如一般 10kV 电容器有 $11/\sqrt{3}$、$12/\sqrt{3}$、$13/\sqrt{3}$ kV 三种额定电压等级。站内一般有两种额定电压的 10kV 并联电容器组，串联大电抗器的电容器组额定电压一般为 $12/\sqrt{3}$ kV，串联小电抗器的电容器组额定电压一般为 $11/\sqrt{3}$ kV。也有部分变电站串联大电抗器的电容器组额定电压为 $13/\sqrt{3}$ kV，串联小电抗器的电容器组额定电压为 $12/\sqrt{3}$ kV。

同一变电站的不同电容器组容量一般应选为一样，因为电容器的容量 $Q = U_C^2 \omega C$，所以额定电压较高的电容器，其电容值必须做得较小才能保证容量的一致。

由于电容器的额定电流等于电容器的额定容量与额定电压的比值，额定电压较高的电容器其额定电流较小。

22. 串联大电抗器和小电抗器的两组电容器组的运行电流哪个更大？为什么？

答：串联小电抗器的电容器实际运行电流较大。关于这个问题一般有两种错误的理解：一种是很多人简单地理解为串联的是小电抗，阻抗值较小，所以电流较大；另一种则想到了串联大电抗的电容器两端电压更大，所以电流也更大。第一种是想当然，第二种虽然想得更深入一点，却忽略了串联大电抗器的电容器其容抗也较大，不能简单得出电流也大的结论。因为电容器与电抗器串联之后的总电抗为 $X = (1-K)X_C = (1-K)\dfrac{U_{CN}^2}{Q}$，将实际的电抗率 K 和电容器额定电压 U_{CN} 代入后可以发现串联大电抗器的电容器组其总阻抗也较大，所以其运行电流较小。

变电站设备运行实用技术问答

23. 干式空心串联电抗器的安装有何要求？

答：干式空心串联电抗器应按其编号安装并符合：三相垂直安装时，中间一相线圈的绕向应与上下两相相反；垂直安装时各相中性线应一致；设备接线端子与母线的连接，在额定电流为 1500A 及以上时，应采用非磁性金属材料制成的螺栓，而且所有磁性材料的部件应可靠固定。

在安装空心电抗器时，其周边墙体金属结构件及地下接地体均不得呈金属闭合环路状态，以避免因外部金属闭合环路感应电流形成的磁场造成电抗器电压分布或电流分布不均匀而加速电抗器的损坏。安装干式空心电抗器时，应尽量不用叠装结构，避免单相电抗器故障发展为相间故障。

24. 为什么电容器组断路器不装设重合闸？

答：电容器带电合闸会产生很大的冲击电流和冲击电压，而冲击电流和冲击电压对电容器都是极有害的，会直接影响电容器的寿命和安全运行。规程规定，电容器组跳闸后必须间隔 5min，使电容器上的剩余电压从额定电压降至 50V 以下才能合闸，所以电容器组断路器不能装设重合闸。

25. 电容器组分闸后再次合闸，其间隔时间不应小于多少分钟？为什么？

答：电容器组分闸后再次合闸，其间隔不应小于 5min。这样做是为了让放电线圈将电容器两极板的残余电荷放净，以便再次运行时电容器不被损坏。

26. 并联电容器的放电线圈有何作用？其原理是什么？

答：并联电容器的放电线圈的作用及原理如下：

（1）放电线圈实际上是一个电压互感器，电容器正常运行时，放电线圈可以监视电容器两端电压，给电容器提供相关保护（见图 9-3）。

（2）并联电容器脱离电网时，应在短时间内将电容器上的电荷放掉，以防止再次合闸时产生大电流冲击和过电压。此时放电线圈可作为放

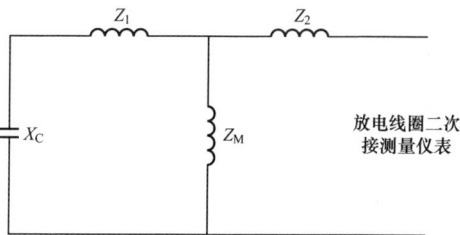

图 9-3　放电线圈与电容器并联连接的等值电路

电装置，在并联电容器脱离电网时，利用放电线圈的一次绕组同电容元件并联，抵消电容器极板间的电压，实现放电。由于放电装置对电容器放电的不彻底性，一般电容器停电检修时应通过专用放电杆进行相间及对地充分放电，才可从事

电容器检修或其他工作。

电容器正常运行时，放电线圈一次侧接入交流电压，放电线圈作为一个电压互感器通过电磁感应原理将一次侧电压感应到二次侧，相对于电容器来讲相当于开路。电容器退出运行时，电容器上残存有一定的电荷，电容器相当于一个直流电源，此时放电线圈的一次侧线圈相当于短路接在电容器两端，为电容器放电。

27. 并联电容器的放电线圈有哪几种接线方式？各有什么特点？

答：工程中采用的放电线圈接线方式有放电线圈与电容器直接并联、星形、V形3种，如图9-4所示。目前在工程中用得最多的是前两种。

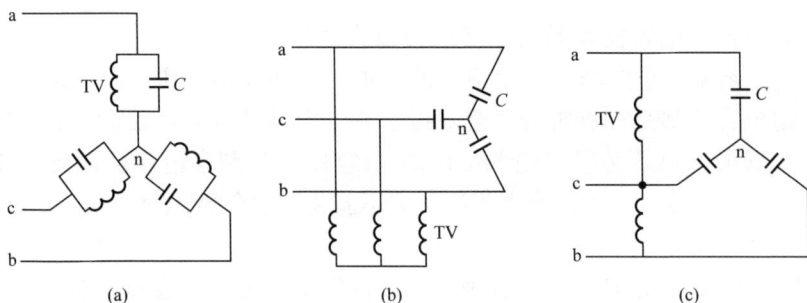

图9-4　放电线圈的接线方式
(a) 直接并联；(b) 星形；(c) V形

放电线圈与电容器直接并联、星形连接两种接线方式放电效果好。两种接线方式最大的差别在于当两种接线方式的放电线圈二次线圈都接成开口三角形时，直接并联接线的开口三角电压能准确反映三相电容器的不平衡情况；星形接线的开口三角电压反映的是三相母线电压不平衡，不能用于电容器组的不平衡保护。所以，当放电线圈配合继电保护用时，应采用直接并联接线。V形接线放电效果差，若放电回路断线则将造成其中一相电容器不能放电，因而即使这种接线可以少用一相设备也不宜采用。

28. 为什么要在电容器组与其断路器之间装设避雷器？

答：并联补偿电容器组是一种需要频繁投切的设备。目前用于投切电容器组的国产真空断路器在操作中还存在弹跳和重燃现象，并会在弹跳和重燃时出现过电压，为了防止电容器等设备因过电压损坏，在断路器与电容器组之间应装设避雷器。

29. 并联电容器组的中性点侧为何宜装设接地开关？

答：星形接线电容器组经长时间运行后中性点积有电荷，如仅在电源侧接地放电，中性点仍会具有一定电位，对检修人员构成威胁。检修工作进行前，短路接地放电应在电源侧和中性点侧同时进行。因此，装设接地开关或挂接地线均不能遗漏中性点。在很多变电站的设计中将并联电容器的电源侧三相与中性点侧一起设置一个四联接地开关，确保电源侧与中性点侧同时接地。

30. 电容器组的每相或者每个桥臂由多台电容器串联组合时，为什么要采用先并联后串联的方式？

答：电容器组的每相或每个桥臂由多台电容器串并联组合连接时，工程中基本上都采用先并联后串联的方式，由国外进口的成套设备也不例外。

采用先并联后串联方式，当一台电容器出现击穿故障时，故障电流由来自系统的工频故障电流和其余健全电容器的放电电流两部分组成，通过故障电容器的电流大，外熔丝能迅速熔断把故障电容器切除，电容器组可继续运行。

如采用先串联后并联的方式，当一台电容器击穿时，因受到与之串联的健全电容器容抗的限制，故障电流就比前述情况小，外熔丝不能尽快熔断，故障延续时间长，与故障电容器串联的健全电容器可能因长期过电压而损坏。

另外，在电容器故障相同的情况下，先并联后串联方式的电容器过电压小，利于安全运行。

31. 为什么有的并联电容器的外壳接地运行，有的却要带电运行？

答：对于 10kV 电容器组，电容器的绝缘水平与电网一致，电容器安装时外壳直接接地。对于需要多个电容器串联的接线方式，电容器的绝缘水平低于电网绝缘水平，此时如果将所有电容器外壳接地，部分电容器的套管与外壳之间的电压可能超过其绝缘水平，所以需要将部分电容器的外壳带电运行。

32. 为什么电容器套管之间和电容器套管至母线或熔断器的连接线应有一定的松弛度？

答：电容器的套管与箱壳的连接比较脆弱，无论正常运行或事故情况下均应避免套管受力而使其焊缝开裂引起渗漏油，所以使用软导线连接套管并使连线有一定的松弛度是必需的，设计时应对安装提出要求。

33. 电容器故障的保护方式有哪些？

答：目前国内高压并联电容器装置中对电容器内部故障采用的保护方式以外熔丝为最多，在我国大部分地区采用；其次为外熔丝加继电保护两者均为主保护，当电容器内部故障时，外熔丝和继电保护无论哪一种先动作均可，以两道保护来防止电容器爆裂，这种方式在华北地区采用；以内熔丝作为电容器内部故障保护主要用在进口电容器组和有内熔丝的集合式并联电容器；电容器有内熔丝又装设外部熔断器的在工程中极少用。内外熔丝电容器不宜混装。

34. 运行电压异常对电容器有何影响？

答：运行电压异常对电容器的影响如下：

（1）系统高电压的影响。并联电容器装置可以在1.1倍额定电压下长期运行。若电网电压过高，会加速电容器的老化，使内部游离增大，将产生局部放电。同时电容器的输出功率与电压平方成正比，将进一步提高母线电压，形成恶性循环。另外，由于电容器的有功损耗随之增大，发热量上升，最后导致电容器击穿，使电容器损坏。因此必须装设过电压保护。

（2）系统低电压的影响。由于并联电容器输出功率与电压平方成正比，如运行电压严重低于额定值，则并联电容器组无功出力降低，补偿效果打折。

（3）系统失电压的影响。当变电站母线电压短时过小时，或者供电短时中断时，母线的大量负荷因为供电中断而切除，若此时电容器装置尚未切除，会产生如下危害：

1）电容器失电压后在尚未放完电的情况下恢复送电时，电容器带负荷合闸可能产生很大的冲击电流和瞬时过电压，容易使电容器损坏甚至爆炸。

2）当变电站恢复送电而电容器仍接于母线上时，若空载变压器和电容器同时投入，变压器的励磁涌流有高幅值的偶次谐波，有可能造成变压器的电抗、电容器组的串联电抗器、电容器发生串联谐振，产生谐振过电压和过电流，可能损坏电容器或者造成保护误动。

35. 并联电容器组的熔断器保护的主要作用是什么？

答：熔断器根据安装位置不同主要有内熔丝和外熔丝两种，熔断器保护是电容器内部故障的主保护。电容器配置熔断器时，应每台电容器配一只喷逐式熔断器，严禁多台电容器共用一只喷逐式熔断器。当电容器元件损坏或过电流达到熔丝额定值时熔丝熔断，将故障电容器从系统中切除。

内熔丝装于单台电容器内部与元件或元件组串联连接，当元件发生故障时用以切除该元件或元件组熔丝；外熔丝装于单台电容器外部并与其串联，当电容器发生故障时用以切除该电容器的熔丝。内熔丝熔断需更换故障电容器，而外熔丝熔断可只更换外熔丝。

当熔断器的外壳直接接地时，熔断器应接在电容器的电源侧。熔断器的熔丝额定电流选择：不应小于电容器额定电流的 1.43 倍，并不宜大于额定电流的1.55 倍，一般选取电容器额定电流的 1.5 倍。

36. 喷逐式熔断器是如何工作的？

答：并联电容器的内部芯子由多个元件串并联组成，若某一元件因某种原因发生击穿短路，在故障电容器内部该故障元件所在串联段短路引起电容器内部串联段减少，电容量增大，流过电容器的电流也相应增大，健全的各串联元件段上电压降也随之增大，故障有可能继续发展。当击穿短路的串联元件段数达到一定数值时，与电容器串联的喷逐式熔断器熔丝中流过的电流增长到足以使熔体熔断，其尾线在弹簧反弹拉力的作用下，使熔断点的电弧拉长，同时灭弧管产生的气体使熔管内压力迅速增大，致使电弧迅速熄灭，故障电容器与系统隔离，从而起到保护作用。

37. 熔断器应安装在并联电容器的电源侧还是中性点侧？

答：电容器有两极，一端接电源侧，另一端接中性点侧。熔断器装在哪一侧更合理，要分析具体情况。

对于 10kV 电容器组，电容器的绝缘水平与电网一致，电容器安装时外壳直接接地，单串联段电容器组熔断器应装在电源侧。这是因为保护电容器极间击穿时，熔断器装在电源侧或中性点侧作用都一样。但是，当发生套管闪络和极对壳击穿事故时，故障电流只流经电源侧，中性点侧无故障电流，所以装在中性点侧的熔断器对这类故障不起保护作用。另外，当中性点侧已发生一点接地（中性点连线较长的单星形或双星形电容器组均有可能），这时若再发生电容器套管闪络或极对壳击穿事故，相当于两点接地，装在中性点侧的熔断器被短接而不起保护作用。

对于多段串联安装在绝缘框（台）架上的电容器组，如把熔断器都装设在电容器的电源侧，对双排布置的电容器组则巡视和更换不方便；如把熔断器都安装在每台电容器的中性点侧，特殊故障时也不能起保护作用。

熔断器的安装位置既应考虑保护效果也要照顾到运行与检修方便。所以当电容器装设于绝缘框（台）架上且串联段数为两段及以上时，至少应有一个串联段的熔断器接在电容器的电源侧。

38. 喷逐式熔断器的安装要求主要有哪些？

答：喷逐式熔断器的安装要求主要如下：

(1) 安装前应按设计要求核对熔断器的型号和熔丝的额定电流正确无误。

(2) 为了巡视和更换熔丝方便，熔断器应安装在通道一侧。

(3) 严禁垂直装设，装设角度和弹簧拉紧位置应符合制造厂的产品技术要求，一般要求与水平成30°角。熔断器垂直安装可能导致电弧喷射到套管或箱壳上；熔断器安装角度如不能达到熔丝尾线与熔管成一条直线或熔丝拉紧弹簧不到位，则可造成熔丝尾线不能顺利弹出熔管，导致重击穿，产生过电压而损坏电容器，也可能引起熔丝的群爆。

熔断器安装后不能一劳永逸，长期运行后熔管可能受潮发胀，拉紧弹簧锈蚀弹力下降，一旦熔丝熔断，尾线难以弹出，而且熔丝的开断性能变差。因此，应定期对熔断器进行检查，及时更换失效品。

39. 并联电容器外熔丝容量的选择标准是什么？

答：按照国家标准，电容器外熔丝的容量一般选择为电容器额定电流的1.43～1.55倍。电容器的额定电流可以根据电容器的额定容量与额定电压的比值计算得到。因为串联大电抗的电容器的额定电流较小，所以串联大电抗器的电容器外熔丝的容量也较小。

40. 并联电容器不平衡保护的基本原理是什么？可以分为哪几种？

答：电容器发生故障后，将引起电容器组内部相应两部分之间的电容不平衡，利用这个特性可以构成各种保护方式。工程中采用最多、保护效果较好的并联电容器不平衡保护的方式有开口三角电压保护、电压差动保护、桥式差电流保护以及中性点不平衡电流保护。其基本原理是利用电容器组内部某两部分之间的电容量之差形成的电流差或电压差构成保护，故称为不平衡保护，又可分为不平衡电流保护和不平衡电压保护两种类型。采用外熔丝保护的电容器组，其不平衡保护应按单台电容器过电压允许值整定。采用内熔丝保护和无熔丝保护的电容器组，其不平衡保护应按电容器内部元件过电压允许值整定。

41. 什么是并联电容器的开口三角电压保护？其特点如何？

答：单星形接线的电容器组可采用开口三角电压保护。将放电线圈的一次侧与单星形接线的每相电容器并联，放电线圈的二次侧接成开口三角形，在三角形连接的开口处接一个低整定值的电压继电器，即构成开口三角电压保护

（见图 9-5）。

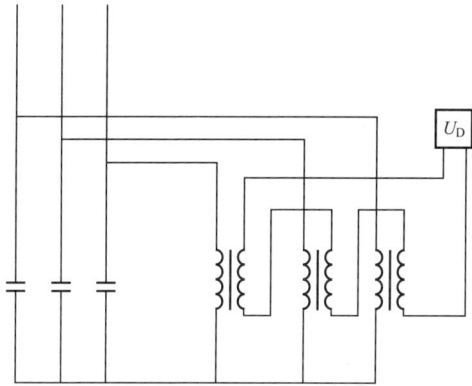

图 9-5　电容器组的开口三角电压保护

这种保护方式的优点是不受系统接地故障和系统电压不平衡的影响，也不受三次谐波的影响，灵敏度高，安装简单，是国内中小容量电容器组常用的一种保护方式。

42. 什么是并联电容器的电压差动保护？其特点如何？

答：串联段数为两段及以上的单星形电容器组可采用电压差动保护。电容器组每相由两个电压相等的串联段组成（特殊情况下两个串联段的电压可以不相等），放电线圈的两个一次线圈电压相等（放电线圈的端电压应与电容器的两段电压相配合，可以不相等）并与电容器的两段分别并联连接，放电器的两个二次线圈按差电压接线并连接到电压继电器上，即构成了电压差动保护（见图 9-6）。

这种保护方式不受系统接地故障或电压不平衡的影响，动作也较灵敏，根据断电器的动作指示可以判断出故障相别。缺点是使用的设备比较复杂，特殊情况下还要加电压放大回路。当同相两个串联段中的电容器发生相同故障时，保护拒动。

43. 什么是并联电容器的桥式差电流保护？其特点如何？

答：每相能接成 4 个桥臂的单星形电容器组可采用桥式差电流保护。当电容器组每相的串联段数为双数并可分成两个支路时，在其中部桥接一台电流互感器，即构成桥式差电流保护（见图 9-7）。这种保护已在很多地区的 66kV 电网中采用。

由于保护是分相设置的，根据动作指示可以及时判断出故障相别。这种保护的缺点是当桥的两臂电容器发生相同故障时，保护将拒动。

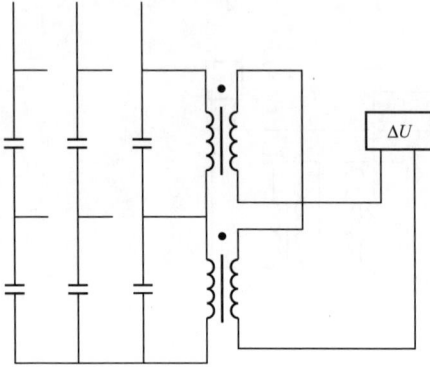

图 9-6 电容器组的电压差动保护   图 9-7 电容器组的桥式差电流保护

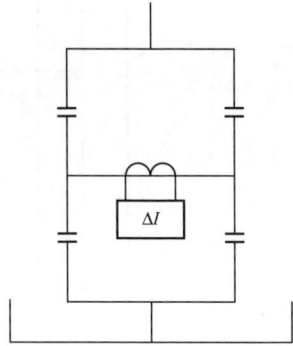

44. 什么是并联电容器组的不平衡电流保护？其特点如何？

答：双星形接线电容器组可采用中性点不平衡电流保护。将一组电容器分成容量相等的两个星形电容器组（特殊情况下两个星形电容器组的容量也可不相等），在两个中性点间装设小变比的电流互感器，即构成不平衡电流保护（见图 9-8）。

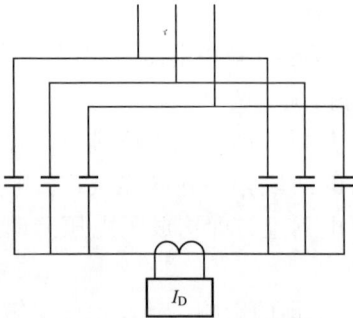

图 9-8 并联电容器组的
不平衡电流保护

这种保护在华北、华东地区应用很广泛，并有成功的经验，其缺点是要将两个星形的电容器组调平衡较麻烦，且在同相两支路的电容器发生相同故障时，中性点间的不平衡电流为零或很小，保护不动作。

45. 并联电容器组的速断与过电流保护的主要作用是什么？

答：速断保护是电容器组引线、套管相间短路等外部故障时的主保护，其动作电流按最小运行方式下引线相间短路最小值来设定，为躲过电容器合闸涌流，一般带很短的延时。

过电流保护是高次谐波过电流等外部故障时的主保护，也可作为引线、套管短路故障的后备保护，其动作电流按最大长期允许的最大工作电流整定，并带稍长的延时。

速断及过电流保护的电流取自断路器侧的电流互感器，这组电流互感器一般采用三相式接线，以求获得较高可靠性。

46. 并联电容器组的过电压保护的主要作用是什么？

答：过电压保护一般是作为外部过电压保护的主保护，用于防止当电容器电压超过额定电压较大时，引起电容器过载发热，造成电容器热击穿，其电压值取自并联在电容器组两端的电压互感器上（同时也作放电线圈用，整定值一般为 $1.1U_N$），当有外过电压产生并达到整定值时动作于断路器跳闸。

电容器过电压产生的原因主要有：

（1）由于雷电波侵入或者断路器投切、系统谐振、电容器所在母线电压升高使电容器承受过电压。

（2）由于电容器组中个别电容器内部故障或故障后熔断器熔断，使电容器组容抗发生变化，电容器之间电压分配也变化，引起部分电容器端电压升高。

47. 并联电容器组的失电压保护的主要作用是什么？

答：并联电容器组设置失电压保护的目的在于防止所连接的母线失电压对电容器产生的危害。从电容器本身的特点来看，运行中的电容器如果失去电压，电容器本身并不会损坏，但可能产生以下危害：

（1）电容器组失电压后立即复电（有电源的线路自动重合闸）将造成电容器带电荷合闸，以致电容器因过电压而损坏。

（2）变电站失电后复电，可能造成变压器带电容器合闸、变压器与电容器合闸涌流及过电压，将使其受到损害。

（3）失电后的复电可能因无负荷而使电压过高，这也可能引起电容器过电压。

该保护的整定值既要保证在失电压后电容器尚有残压时能可靠动作，又要防止在系统瞬间电压下降时误动作。一般电压继电器的动作值可整定为 50%～60%电网标称电压，带短时限跳闸。

在时限上一般应考虑下列因素：①同级母线上的其他出线故障时，在故障切除前一般不宜先跳闸；②当备用电源自动投切装置动作时，在自投装置合上电源前应先跳闸；③电源线失电压重合时在重合闸前应先跳闸。

48. 并联电容器投入运行前有哪些检查项目？

答：并联电容器投入运行前的检查项目如下：

（1）瓷质部分应完整、清洁无裂纹。

（2）外壳应无鼓肚及渗漏油现象。

（3）各部分接头应接触良好，套管引线应连接，并有适当裕度。

（4）放电回路应完好，接线应正确。

（5）保护回路与监视回路应完好，并全部投入。

（6）室内电容器组通风应良好。

（7）熔断器安装应正确，熔丝的额定电流选择应正确。

49. 并联电容器组运行中有哪些巡视项目？

答：并联电容器组运行的巡视项目如下：

（1）检查电容器各相电流和母线电压值是否超过允许值，三相电流是否平衡。

（2）检查电容器外壳有无膨胀或漏油现象；电容器及架表面有无积灰；套管、绝缘子是否清洁，有无裂纹和放电现象。

（3）电容器内部有无异常响声，外部有无火花出现；观察主回路导电连接部分有无发热和放电现象。

（4）检查放电装置信号灯是否熄灭，电容器室内温度、相对湿度和电容器外壳温度是否超标。

（5）电容器室的门、窗有无破损，消防器材和安全用具是否完备。

50. 并联电容器组出线异常或故障时应如何处理？

答：并联电容器组如发现渗漏油、膨胀变形、熔丝熔断、电容器及其接头过热、异常声响时均需进行停电处理，停电应确保接地开关在合闸位置。由于电容器存在部分残存电荷，需利用放电杆进行电容器的相间及相对地充分放电，防止电容器内残余电荷对人放电，造成人员伤害事故。具体方法如下：

（1）运行人员检查监控系统所发信号，如"电容器不平衡掉闸"等信号，再进行当地电容器的外观检查工作。

（2）未查明是否电容器故障，不得强行送电。应停电进行绝缘摇测、电容值及三相电容平衡测量等试验，在试验前后都应对电容器进行相间及相对地充分放电，方可工作。

（3）判断为电容器故障时，应进行停电处理，经人工对电容器进行相间及相

变电站设备运行实用技术问答

212

对地充分放电后，方可进入工作。如内熔丝电容器故障应进行更换处理，如外熔丝熔断需更换熔丝并进行电容值测量，无问题后，都必须经电容平衡及绝缘摇测正常后，方可投入运行。

（4）如监控系统未发任何信号，依靠测温装置监测出电容器接头发热问题，应在停电后，打磨瓷头与母排接触点，涂导电膏或者更换截面积更大的软连接；监测到电容器温度过高时应停电进行更换处理。

51. 并联电抗器在高压电网中的作用有哪些？

答：并联电抗器是接在高压输电线路上的大容量的电感线圈，作用是补偿高压输电线路的电容和吸收其无功功率，防止电网轻负荷时因容性功率过多而引起的电压升高。并联电抗器在高压电网中的主要作用如下：

（1）限制工频电压升高。超高压输电线路一般距离较长，由于采用了分裂导线，所以线路的电容很大，每条线路的充电功率可达二三十万千伏。当容性功率通过系统中的感性元件时，会在电容两端引起电压升高。反映在空载线路上，会使线路上的电压呈现逐渐上升的趋势，即所谓"容升"现象。严重时，线路末端电压能达到首端电压的 1.5 倍左右，如此高的电压是电网无法承受的。在长线路首末端装设并联电抗器，可补偿线路上的电容，削弱这种容升效应，从而限制工频电压的升高，便于同期并列。

（2）降低操作过电压。当开断带有并联电抗器的空载线路时，被开断导线上剩余电荷即沿着电抗器以接近 50Hz 的频率进行振荡放电，最终泄入大地，使断路器触头间电压由零缓慢上升，从而大大降低了开断后发生重燃的可能性。

另外，500kV 断路器一般带有合闸电阻。当装有合闸电阻的断路器合闸于空载线路上时，合闸过电压发生在合闸电阻短路的瞬间。过电压的大小取决于电阻上的电压降，也即取决于电阻上流过电流的大小。线路有补偿时，流过电阻的电流小，因而合闸过电压也大为降低。

（3）限制潜供电流。为了提高运行可靠性，超高压电网中一般采用单相自动重合闸，即当线路发生单相接地故障时，立即断开该相线路，待故障处电弧熄灭后再重合该相。但实际情况是，当故障线路两侧断路器断开后，故障点电弧并不马上熄灭。一方面，由于导线间存在分布电容，会从健全相对故障相感应出静电耦合电压；另一方面，健全相的负荷电流通过导线间的互感，在故障相感应出电磁感应电压。这样在故障相叠加有两个电压之和，可使具有残余离子的故障点维持几十安的接地电流，称为潜供电流。如果在潜供电流被消除之前进行重合，必然会失败。

如果线路上接有并联电抗器，且其中性点经小电抗器接地，由于小电抗器的补偿左右，潜供电流中的电容电流和电感电流都会受到限制，故电弧很快熄灭，从而大大提高单相重合闸的成功率。

（4）平衡无功功率。500kV 线路充电功率大，而输送的有功功率又常低于自然功率，线路无功损耗较小。若不采取措施，就可能远距离输送无功功率，造成电压质量降低，有功功率损耗增大，而且送端增加的无功功率部分都被线路消耗掉，并不能得到利用。并联电抗器可以吸收无功功率，起到使无功功率就地平衡的作用。

第十章

变电站防雷与接地

1. 变电站受雷电危害主要来自哪些方面?

答:变电站是电网运行的中枢纽带,如果发生雷击过电压事故,将造成变电站设备的损坏及局部电网的瘫痪。一般变电站受雷电危害来自以下三个方面:

(1)直击雷过电压。指雷电直接入侵变电站母线及其设备而产生过电压。

(2)入侵雷电波过电压。指雷击线路时向变电站入侵的雷电波产生的过电压。

(3)感应雷过电压。指雷电对地及地面上一些物体放电,线路或设备上产生的感应过电压。

这三类过电压统称为大气过电压。

2. 变电站防雷的主要措施是什么?

答:对直击雷的保护,一般采用避雷针和避雷线。我国运行经验表明,凡装设符合规程要求的避雷针的变电站,绕击和反击事故率是非常低的。

由于线路落雷频繁,入侵雷电波是变电站遭受雷电危害的主要原因。入侵雷电波过电压虽受到线路绝缘的限制,但线路绝缘水平比变电站电气设备的绝缘水平高,若不采取防护措施,势必造成变电站电气设备的损坏事故。其主要防护措施是在变电站内装设相应电压等级的阀型避雷器以限制雷电波的幅值,使设备上的过电压不超过其冲击耐压值。在变电站的进线上设置进线保护段,以限制流经避雷器的雷电流和限制入侵雷电波的陡度。

3. 避雷针的结构和工作原理是什么?

答:避雷针由避雷针针头、引流体和接地装置三部分组成。避雷针高于被保护的物体,当雷云放电临近地面时首先击中避雷针,避雷针的引流体将雷电流安全引入地中,从而保护了某一范围内的设备。避雷针接地装置的作用是减小泄流途径上的电阻值,降低雷电冲击电流在避雷针上的电压降。

在先导放电(当气隙距离较长时的特殊放电过程)自雷云向下发展的初始阶段,先导头部离地面较高,放电的发展方向不受地面物体的影响。因避雷针较高且具有良好的接地,在其顶端因静电感应而积聚了与先导通道中负荷极性相反的电荷，使其附近空间电场显著增强。当先导头部发展到距离地面某一高度时，该电场即开始影响先导头部附近的电场，使其向避雷针定向发展。随着先导通道的定向延伸，避雷针顶端的电场将大大增强，有可能产生自避雷针向上发展的迎面先导，更增强了避雷针的引雷作用。

所以避雷针实际上是引雷针，它把雷电波引入大地，有效地防止雷击事故发生。

4. 避雷线的结构和工作原理是什么？对架设避雷线有什么规定？

答：避雷线由水平架设的导电线、雷电流引下线和接地电阻组成。避雷线一般使用截面积不小于 $35mm^2$ 的镀锌钢绞线，架设在架空高压电力线路上方，防止架空线路遭受直接雷击。由于避雷线既要架空又要接地，故又称架空接地线。

避雷线的工作原理与避雷针基本相同，只是保护范围小一些。

架设避雷线的规定主要有：①对 35kV 及以下架空线路，只在进、出变电站 1～2km 的一段线路上方架设避雷线；②对于 60kV 及以上架空线路，应沿全线上方架设避雷线。

5. 避雷器的主要运行参数有哪些？

答：避雷器的主要运行参数如下：

（1）避雷器的持续运行电压。是指允许长期连续施加在避雷器两端的工频电压有效值，基本上与系统的最大相电压相当。

（2）避雷器的额定电压。即避雷器两端之间允许施加的最大工频电压有效值。正常工作时能够承受暂时过电压，并保持特性不变，不发生热崩溃。

（3）避雷器的残压。是指放电电流通过避雷器时，其端子间所呈现的电压。

6. 氧化锌避雷器的工作原理是什么？

答：氧化锌避雷器的主要元件是氧化锌阀片，它是以氧化锌为主要材料，加入少量金属氧化物，高温烧结而成的。

在额定电压下，流过氧化锌避雷器阀片的电流很小，相当于绝缘，因此可以不使用火花间隙来隔离工作电压与阀片。当作用在氧化锌避雷器上的工作电压超过定值时，阀片"导通"将大电流泄入地中，此时其残压不会超过被保护设备的耐压，以达到保护的目的。此后当作用电压降低到动作电压以下时，阀片自动终止"导通"状态，恢复绝缘状态，因此整个过程不存在电弧燃烧和熄灭的问题。

7. 氧化锌避雷器有何优点？

答：氧化锌避雷器的优点如下：

（1）结构简单，造价低廉，性能稳定。

（2）在雷电过电压下动作后，无工频续流，则通过避雷器的能量大为减少，从而延长工作寿命。

（3）氧化锌阀片通流能力大，提高了避雷器的动作负载能力和电流耐受能力。

（4）无串联间隙，可直接将阀片置于 SF_6 组合电器中或充油设备中。

8. 避雷器应满足哪些要求？

答：为可靠地保护电气设备，使设备、电网安全可靠运行，避雷器必须满足下列要求：

（1）避雷器的伏秒特性与被保护的电气设备的伏秒特性要正确配合，即避雷器的冲击放电电压任何时刻都要低于被保护设备的冲击电压。

（2）避雷器的伏安特性与被保护的电气设备的伏安特性要正确配合，即避雷器动作后的残压要比被保护设备通过同样电流时所能耐受的电压低。

（3）避雷器的灭弧电压与安装地点的最高工频电压要正确配合，使在电力系统发生单相接地故障情况下，避雷器也能可靠地熄灭工频续流电弧，从而避免避雷器爆炸。

（4）当过电压超过一定值时，避雷器产生放电动作，将导线直接或经电阻接地，以限制过电压。

（5）避雷器的保护性能一般以保护比（残压/灭弧电压）来说明，保护比越小，说明残压越低或灭弧电压越高，则避雷器的保护性能越好。

9. 避雷器的均压环有什么作用？

答：110kV 电压等级避雷器一般使用均压环，目的主要是改变瓷式绝缘子片间的电压分布，使靠近导线侧的绝缘子电压降低，从而保持在起始电晕电压之下，不至于发生电晕。

500kV 及以上电压等级的氧化锌避雷器，由于器身较高、杂散电容大，若不采取措施，避雷器整体电位降分布不均匀程度更高。除在避雷器顶端装设有均压环外，多节避雷器各节也并联装设均压电容，以改善其电位分布。

10. 避雷器的运行监测器有何作用？其基本工作原理是什么？

答：避雷器运行监测器（见图10-1）是串联在避雷器下面用来记录避雷器动作次数和监测避雷器泄漏电流的一种装置。

图10-1　避雷器运行监测器

图10-2所示为JS型动作计数器的原理接线。图10-2（a）所示为JS型动作计数器的原理接线，即所谓的双阀片式结构。当避雷器动作时，放电电流流过阀片 R_1，在 R_1 上的压降经阀片 R_2 给电容器 C 充电，然后 C 再对电磁式计数器的电感线圈 L 放电，使其转动1格，计1次数。改变 R_1 及 R_2 的阻值，可使计数器具有不同的灵敏度。一般最小动作电流为100A（8/20 μs）的冲击电流。因 R_1 上有一定的压降，将使避雷器的残压有所增加，故它主要用于40kV以上的高压避雷器。

图10-2（b）所示为JS-8型动作计数器的原理接线，为整流式结构。避雷器动作时，高温阀片 R_1 上的压降经全波整流给电容器 C 充电，然后 C 再对电磁式计数器的 L 放电，使其计数。该计数器的阀片 R_1 的阻值较小（在10kA时的压降为1.1kV），通流容量较大（1200A方波），最小动作电流也为100A（8/20 μs）的冲击电流。JS-8型计数器可用于6.0～330kV系统，JS-8A型计数器可用于500kV系统。

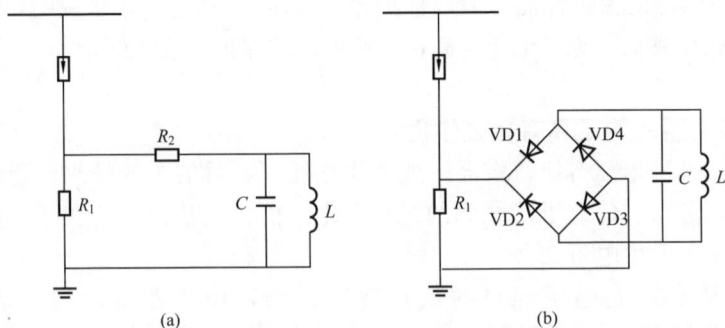

(a)　　　　　　　　　　　　(b)

图10-2　JS型动作计数器的原理接线

（a）JS型；（b）JS-8型

R_1、R_2—非线性电阻；C—储能电容器；L—计数器线圈；VD1～VD4—硅二极管

11. 监视避雷器的泄漏电流有什么意义？

答：由于氧化锌避雷器没有放电间隙，氧化锌电阻片长期承受运行电压，并有泄漏电流不断流过氧化锌避雷器各个串联电阻片。这个电流的大小取决于氧化锌避雷器热稳定性和电阻片的老化程度。如果氧化锌避雷器在动作负载下发生劣化，将会使正常对地绝缘水平降低，泄漏电流增大，直至发展成为氧化锌避雷器的击穿损坏。所以监测运行中氧化锌避雷器的工作情况，正确判断其质量状况是非常必要的。氧化锌避雷器的质量如果存在问题，那么通过氧化锌避雷器电阻片的泄漏电流将逐渐增大，因此可以把测量氧化锌避雷器的泄漏电流作为监测氧化锌避雷器质量状况的一种重要手段。

12. 避雷器内部受潮有哪些现象？其发生的原因是什么？

答：避雷器内部受潮会出现绝缘电阻低于 $2500\text{M}\Omega$，工频放电电压下降，泄漏电流监测数值明显升高的现象。避雷器内部受潮的可能原因如下：

（1）顶部的紧固螺母松动，引起漏水；瓷套顶部密封用螺栓的垫圈未焊死，在密封垫圈老化开裂后，潮气和水分沿螺钉缝渗入内腔。

（2）底部密封试验的小孔未焊牢、堵死。

（3）瓷套破裂、有砂眼、裙边胶合处有裂缝等，易于进入潮气及水分。

（4）橡胶垫圈使用日久，老化变脆而开裂，失去密封作用。

（5）底部压紧用的扇形铁片未塞紧，使底板松动；底部密封橡胶垫圈位置不正，造成空隙而渗入潮气。

（6）瓷套与法兰胶合处不平整或瓷套有裂纹。

13. 避雷器的日常维护有哪些注意事项？

答：避雷器的日常维护注意事项如下：

（1）瓷套有无裂纹、破损及放电现象，表面有无严重污秽。

（2）法兰、底座瓷套有无破裂。

（3）均压环有无松动、锈蚀、倾斜、断裂。

（4）避雷器内部有无响声。

（5）与避雷器连接的导线及接地引下线有无烧伤痕迹或烧断、断股现象，接地端子是否牢固。

（6）避雷器动作记录的指示数是否有改变（即判断避雷器是否动作），泄漏电流是否正常（即判断避雷器内部是否正常），动作记录器连接线是否牢固，动作记录器内部（罩内）有无积水。

14. 雷电入侵站内二次设备的主要途径有哪些？

答：雷电入侵站内二次设备的主要途径如下：

(1) 低压交流配电线路。站用变压器前端的高压交流线路虽然有避雷线、高压避雷器等，但到站用变压器还有 1×10^4 V 甚至 2×10^4 V 以上的过电压脉冲，变压器不能完全抑制此过电压。此过电压会传到低压线路，并传到站内二次设备。

(2) 220V 直流配电线路。变电站的自动化等很多二次设备是直流 220V 配电，该直流还送到了高压场地。220V 直流线路会感应到雷电，并将其传到站内二次设备。

(3) 进出站的信号线路。高压场地有各种通信控制线路经布线层到中控室，这些线路虽然大多数有屏蔽层，但因雷电能量集中在中低频，一般的屏蔽措施效果不显著。这些信号线路会感应到雷电，并将其传到站内二次设备。

(4) 站内布线层内线路相互感应。变电站的特点就是进出站的线多，站内各屏（柜）之间的连接线多，而且这些线都经过布线层进出。这些信号线相互感应的概率很大，室内线路之间感应的过电压不会太高，但足可损坏一些敏感的通信接口（如 RJ45 接口、RS232 接口、RS485 接口等）。

15. 什么叫做 SPD？ SPD 有什么作用？

答：电涌保护器（Surge Protective Devices，SPD）是通过限制瞬态过电压和泄放电涌电流来保护设备的一种装置，它至少包含有一个非线性元件，也称浪涌保护器。

SPD 是电力二次设备雷击过电压防护中须采用的主要防护设备，其性能的好坏直接影响防雷系统的效果。电力二次设备比任何一个系统的设备都复杂，它是一个包含了自动化、通信、计算机等多种弱电设备在内的复杂的系统。对SPD 不但要求能保护这些二次设备的安全，同时还要求不能影响这些设备的正常运行。因此，对电力系统的 SPD 比一般系统要求高。

16. 避雷器运行有哪些注意事项？

答：避雷器运行的主要注意事项如下：

(1) 雷雨时，人员严禁接近防雷装置，以防止雷击泄放雷电流产生危险的跨步电压对人的伤害，防止避雷针上产生较高电压对人的反击，防止有缺陷的避雷器在雷雨天气可能发生爆炸对人的伤害。

(2) 500kV 避雷器泄漏电流值相与相之间差值不能超过 20%，每相泄漏电流值变化不能超过 20%。

（3）避雷器的泄漏电流明显增加时，应申请停电试验，查明原因进行处理。

17. 避雷器运行中发生爆炸的原因主要有哪些？

答：避雷器运行中发生爆炸的事故是经常发生的，主要原因如下：

（1）中性点不接地系统中发生单相接地，使非故障相对地电压升高到线电压，即使避雷器所承受的电压小于其工频放电电压，而在持续时间较长的过电压作用下，仍可能会引起爆炸。

（2）电力系统发生铁磁谐振过电压，使避雷器放电，从而烧坏其内部元件而引起爆炸。

（3）线路受雷击时，避雷器正常动作。由于避雷器本身火花间隙灭弧性能差，当间隙承受不住恢复电压而击穿时，使电弧重燃，工频续流将再度出现，重燃阀片烧坏电阻，引起避雷器爆炸；或由于避雷器阀片电阻不合格，残压虽然降低，但续流却增大，间隙不能灭弧而引起爆炸。

（4）避雷器密封垫圈与水泥接合处松动或有裂纹，密封不良而引起爆炸。

18. 电气设备中"地"的概念是指什么？

答：当运行中的电气设备发生接地故障、雷击过电压时，接地电流通过接地体，以半球面形状向大地流散，这一接地电流称为流散电流。流散电流在土壤中遇到的全部电阻称为流散电阻。

在距离接地体越近的地方半球面越小，则流散电阻越大，故接地电流通过此处的电压降也较大，所以电位就越高；反之，在远离接地体的地方，由于半球面大，流散电阻就小，所以电位就低。大地中电流和对地电压分布如图 10-3 所示。

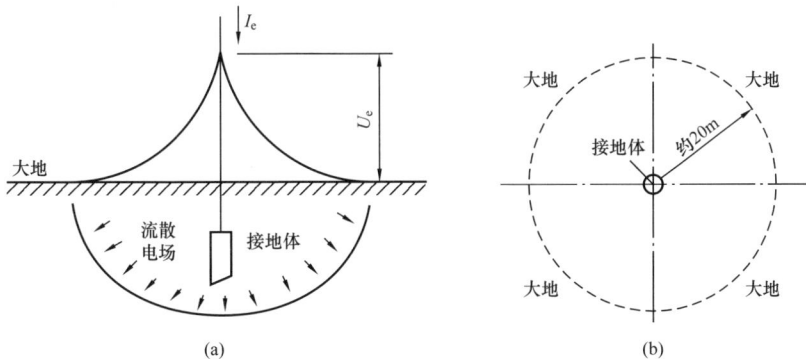

图 10-3　大地中电流和对地电压分布
（a）侧视图；（b）俯视图

试验证明：在离开单根接地体或接地点 20m 以外的地方，球面就相当大了，实际上已没有什么电阻存在，故该处的电位已接近于零。将这个电位等于零的地方，称为电气上的"地"。电气设备对地电压，即电气设备的接地部分（如接地外壳、接地线、接地体等）与电位为零的大地之间的电位差。

19. 什么叫做接地？

答：大地是导电体，在没有电流流动时是等电位的，人们把大地作为零电位参考点。接地就是将地面上的金属物或电气回路中的某一点通过导体与大地相连，使物体或该点与大地保持等电位。

20. 什么叫做接地装置？

答：接地装置主要由接地体（又称接地极）、接地线（又称接地引下线）组成。

（1）接地体。埋入地中并与大地直接接触的金属导体。在大地中的若干接地体由导体相互连接形成的整体称为接地网。

（2）接地线。电气设备接地端与接地体相连接的金属部分（接地端有电气设备金属外壳、变压器中性点接地端、避雷器接地端等）。

21. 什么叫做接地体？

答：接地体指埋入地中并与大地直接接触的金属导体。接地体可分为自然接地体和人工接地体：自然接地体指利用大地中已有的金属构件、管道及建筑物钢筋混凝土构成的接地体；人工接地体指专门为接地人为装设的接地体。

人工接地体有垂直敷设和水平敷设两种基本结构，如图 10-4 所示。水平接地体可采用圆钢、扁钢，其长度一般以 5~20m 为宜；垂直接地体采用角钢、圆

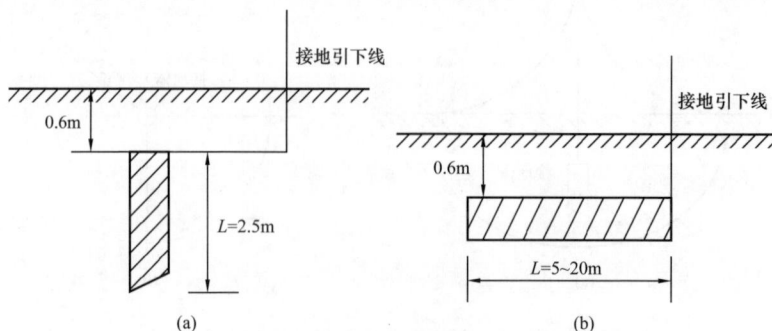

图 10-4　人工接地体敷设

（a）垂直敷设；（b）水平敷设

钢等，其长度一般以 2.5m 为宜。变电站电气装置的接地装置，除采用自然接地外，应敷设以水平接地为主的人工接地网。

22. 接地体敷设时需注意哪几个环节?

答：接地体敷设时需注意的几个环节如下：

（1）处理接地体周围土壤，以降低冻结温度和土壤电阻率，可有效降低接触电压和跨步电压值。

（2）接地体应符合热稳定校验与均压要求。

（3）应考虑腐蚀对接地体的影响，可采用镀锌防腐处理。

（4）为减少外界温度变化对散流电阻的影响，埋入地下的接地体上部一般要离开地面 0.8m 左右。

（5）当多根接地体相互靠拢时，入地电流的流散相互受到排挤，影响各接地体的电流向大地呈半球形状散开，使得接地装置的利用率下降，这种现象称为接地体的屏蔽效应。因此，垂直接地体的间距一般不宜小于接地体长度的 2 倍，水平接地体的间距一般不宜小于 5m。

23. 什么叫做接地网?

答：在大地中，由若干接地体用导体相互连接形成的整体称为接地网。环形接地网应不少于两根干线，接地干线应至少在两点与地网连接。人工接地网的外缘应闭合，外缘各角应做成圆弧形，圆弧的半径不宜小于均压带间距的 1/2。接地网内应敷设水平均压带。接地网的埋设深度不宜小于 0.6m。

接地网均压带可采用等间距或不等间距布置。35kV 及以上变电站接地网边缘经常有人出入的走道处应铺设砾石、沥青路面或在地下装设两条与接地网相连的均压带，可有效降低跨步电压值。

24. 什么叫做接地电阻?

答：接地电阻是指接地装置的电阻与接地体的流散电阻的总和。接地装置的电阻包括接地体和接地线的电阻。接地装置本身的电阻较小，一般可以忽略不计，因此接地电阻主要指流散电阻，其数值等于接地装置对地电压与接地电流之比。通过接地体流入地中的电流是工频交流电流时，求得的电阻称为工频接地电阻。当有冲击电流经接地体流入地中时，土壤即被电离，此时呈现的接地电阻称为冲击接地电阻。

一般情况下，任一接地体接地电阻比工频接地电阻小。这是因为雷电冲击电流通过接地装置时，由于电流密度很大，使土壤中的气隙产生局部火花放电，相当于增大了接地体的尺寸，从而降低了接地电阻。

25. 接地电阻较大会出现什么情况？

答：接地电阻的大小与接地体的结构、组成和土壤的性质等因素有关。如果接地电阻过大，则会发生以下情况：

（1）发生接地故障时，中性点电压偏移增大，可能使健全相和中性点电压过高，超过绝缘可耐受的水平而造成设备损坏，还可能超出人所能承受的跨步电压及接触电压值，对人身造成危害。

（2）在雷电波袭击时，由于电流很大，会产生很高的残压，使附近的设备遭受到反击的威胁，并降低接地网本身保护设备带电导体的耐雷水平，使其达不到设计的要求而损坏设备。

26. 什么叫做接地线？使用时应注意哪些问题？

答：接地线指电气设备接地端与接地体相连接的导体。明敷的接地线应标志清晰，涂 15～100mm 宽度相等、绿黄相间的条纹；暗敷接地线入口处应设接地标示。

接地线应采取防止发生机械损伤和化学腐蚀的措施，如采用涂防锈漆或镀锌等防腐措施。另外，接地线截面积应满足热稳定校验要求。

27. 哪些情况下电气设备应采用专门敷设的接地线接地？

答：电气设备应采用专门敷设的接地线接地的情况如下：

（1）110kV 及以上钢筋混凝土构件支座上电气设备的外壳。

（2）箱式变电站的金属箱体。

（3）直接接地的变压器中性点接地端。

（4）变压器、接地变压器或高压并联电抗器中性点经消弧线圈、电阻器接地的接地端。

（5）GIS 组合电器的接地端子。

（6）避雷针、避雷线、避雷器的接地端子。

（7）电压互感器的接地端子、电压互感器和电流互感器的二次绕组接地端子。

28. 当不要求采用专门敷设的接地线接地时，电气设备可采用何种设施作为接地线？

答：当不要求采用专门敷设的接地线接地时，电气设备的接地线宜利用金属构件，普通钢筋混凝土构件的钢筋，穿线的钢管和电缆的铅、铝外皮等，但不得使用蛇皮管、保温管的金属网或外皮以及低压照明网络导线的铅皮作为接地线。

利用上述设施作为接地线时，应保证其全场为完好的电气通道，并且当利用串联的金属构件作为接地线时，金属构件之间应以截面积不小于 100mm² 的钢材焊接。

29. 变电站电气装置中电气设备接地线应符合哪些要求？

答：变电站电气装置中电气设备接地线应符合下列要求：

（1）接地线应采用焊接连接。当采用搭接焊接时，其搭接长度应为扁钢宽度的 2 倍或圆钢直径的 6 倍。

（2）当利用钢管作为接地线时，钢管连接处应保证可靠的电气连接。当利用穿线的钢管作为接地线时，引向电气设备的钢管与电气设备之间应有可靠的电气连接。

（3）接地线与管道等伸长接地极的连接处宜焊接。连接点应选在近处，并且在管道因检修而可能断开时，接地装置的接地电阻仍应能符合规定的要求。管道上表计和阀门等处，均应设置跨接线。

（4）接地线与接地极的连接宜用焊接；接地线与电气设备的连接可用螺栓连接或焊接。用螺栓连接时应设防松螺帽或防松垫片。

（5）电气设备每个接地部分应以单独的接地线与接地母线相连接，严禁在一个接地线中串联几个需要接地的部分。

30. GIS 组合电器的接地线敷设有何要求？

答：GIS 组合电器的接地线敷设应符合下列要求：

（1）三相共箱式或分相式的 GIS，其基座上的每一接地母线，应采用分设在其两端的接地线与变电站的接地网连接。接地线应和 GIS 室内环形接地母线连接。接地母线较长时，其中部另加接地线，并连接至接地网。接地线与 GIS 接地母线应采用螺栓连接方式，并应采取防锈蚀措施。

（2）接地线截面积的热稳定校验符合标准。

（3）当 GIS 露天布置或装设在屋内与土壤直接接触的地面上时，其接地开关、金属氧化物避雷器的专用接地端子与 GIS 接地母线的连接处，宜装设集中接地装置。

（4）GIS 室应敷设环形接地母线，室内各种设备需接地的部位应以最短路径与环形接地母线连接。GIS 布置于室内楼板上时，其基座下的钢筋混凝土地板中的钢筋应焊接成网，并和环形接地母线相连接。

此外，变电站重要的电气设备（例如变压器中性点、避雷器、电压互感器等电气设备）及设备构架等宜有两根与主地网不同干线连接的接地引下线，且每根接地引下线均应符合热稳定的要求。

31. 接地装置的运行注意事项有哪些？

答：在运行过程中，接地线由于有时遭受外力破坏或化学腐蚀等影响，往往会有损失或断裂的现象发生。接地体周围的土壤也会由于干旱、冰冻的影响，导致接地电阻发生变化。因此，必须对接地装置进行定期的检查和试验。

接地装置外露部分的检查必须与设备的大修或小修同时进行。这样，如遇接地线有损伤或断裂现象，可立即予以修复。而对那些不致马上形成事故的缺陷，可以按预定的检修计划进行修理，如清除铁锈、涂漆以及调换截面积不合乎要求的接地线等。

接地装置试验期限的长短，视接地装置的不同作用而定。一般来说，防雷接地装置的试验期限较长，工作接地和保护接地的试验期限较短。

32. 接地和接零的类型有哪些？

答：电力系统和电气设备的接地和接零，按其作用的不同可以分为工作接地、保护接地、保护接零、重复接地、防雷接地。此外还有为防止管道腐蚀的电法保护接地；为防止静电负荷聚集的防静电接地；为实现屏蔽作用的屏蔽接地或隔离接地。

33. 什么叫做防雷接地？

答：防雷接地是指针对防雷保护的需要进行的接地，用来限制雷电流通过时防雷设备端部电压的升高。

34. 什么叫做工作接地？

答：工作接地是根据电力系统和电气设备运行的需要，为了保证电气设备在正常和事故情况下能可靠工作而进行的接地。例如，变压器中性点的直接接地或经消弧线圈接地，电流互感器末屏的接地，防雷设备的接地等。

35. 工作接地是如何减轻一相接地的危险性的？

答：如果电网的中性点不接地，如图 10 - 5（a）所示，当有一相碰地时，接地电流不大，设备仍可运行，故障可能长时间存在，但这时电流通过设备和人体回到零线而构成回路，这是很危险的。发生上述故障时，不只是某一接零设备处在危险状态，而是由该变压器供电的所有接零设备都处在危险状态中。同时，没有碰地的两相对地电压显著升高，大大增加触电的危险。

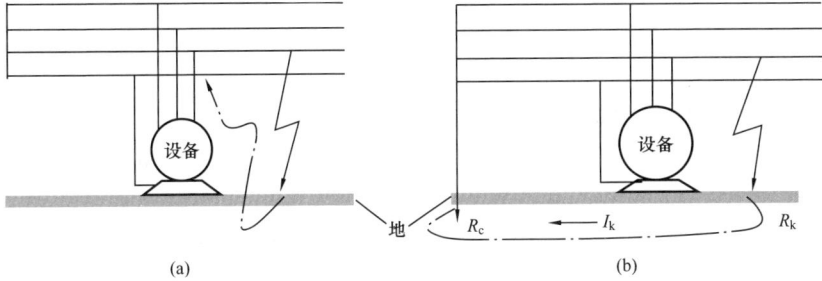

图 10-5 一相接地示意图

(a) 一相接地；(b) 中性点接地

如果是如图 10-5 (b) 那样，变压器的中性点直接接地，即变压器有工作接地，上述危险就可减轻或基本消除。这时，接地电流 I_k 主要通过接地处接地电阻 R_k 和工作接地电阻 R_c 构成回路，接零设备对地电压为 $U_0 = I_k R_c = \dfrac{U}{R_k + R_c} R_c$。由此可见，减少 R_c，可限制 U_0 在某一安全范围以内。

36. 工作接地是如何稳定系统电位的？

答：如图 10-6 所示，高压为 10kV 电网，低压为 380/220V 电网。当绝缘损坏时，高压电意外窜入低压边时，整个低压系统对地电压都将升高，如果低压系统不接地，其对地电压可升高到数千伏，这对大量接触低压设备的工作人员是非常危险的。如果像图 10-6 那样，低压边中性点直接接地，则低压边对地

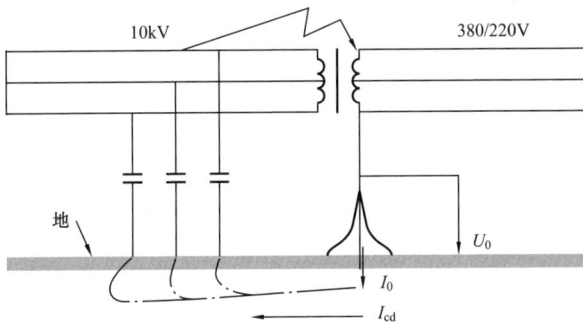

图 10-6 工作接地示意

电压将受到工作接地电阻的限制，不会太高。这时，高压接地电流 I_{cd} 通过低压工作接地和高压线路对地分布电容构成回路。低压零线对地电压 $U_0 = I_{cd}r_0$。

一般情况下，要求在发生高压窜入低压时 U_0 不得超过 120V，这就要求工作接地电阻 $r_0 \leqslant 120/I_{cd}$。对于中、小容量的 10kV 电网，高压接地电流一般不超过 30A，$r_0 \leqslant 4\Omega$ 是能满足上述要求的。

37. 什么叫做保护接地？

答：保护接地就是将正常情况下不带电，而在绝缘材料损坏后或其他情况下可能带电的电器金属部分（即与带电部分绝缘的金属结构部分）用导线与接地体可靠连接起来的一种保护接线方式，如图 10-7 所示。

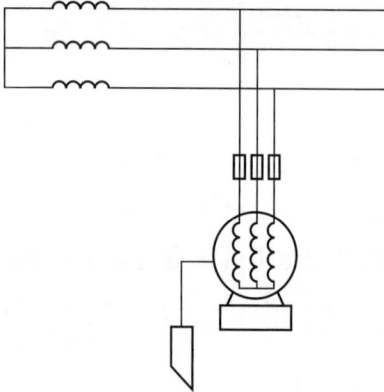

图 10-7　保护接地示意

38. 保护接地的作用是什么？

答：对电源中性点不接地的系统中，如果电气设备金属外壳不接地，当设备带电部分某处绝缘损坏碰壳时，外壳就带电，其电位与设备带电部分的电位相同，显然这是十分危险的。

采取保护接地后，接地电流将同时沿着接地体与人体两条途径流过。因为人体电阻比保护接地电阻大得多，所以流过人体的电流就很小，绝大部分电流从接地体流过（分流作用），从而可以避免或减轻人员触电的伤害。

39. 保护接地的适用范围是什么？

答：保护接地一般用于配电变压器中性点不直接接地（三相三线制）的供电系统中，用以保证当电气设备因绝缘损坏而漏电时产生的对地电压不超过安全范围。

对于三相四线制系统，采用保护接地十分不可靠。一旦外壳带电，电流将通过保护接地的接地极、大地、电源的接地极回到电源。因为接地极的电阻值基本相同，则每个接地极电阻上的电压是相电压的 1/2，人体触及外壳时就会触电。

所以在三相四线制系统中的电气设备不推荐采用保护接地，最好采用保护接零。

40. 保护接地的实质与关键是什么？

答：保护接地的实质是通过接地电阻与人体电阻的并联，使整体电阻下降。当发生漏电时，降低人体触电电流。其关键在于接地电阻越小越好。

41. 保护接地存在哪些问题？

答：如果两台设备同时进行保护接地（见图10-8），两者都发生漏电，但不为同一相，则设备外壳将带危险电压。

如果将多个接地体用导体连接在一起，则可以解决此问题，称为等电位连接。连接线组成接地网。

保护接地要耗费很多钢材，因为保护接地的有效性在于接地电阻小。

42. 什么叫做保护接零？

答：保护接零又叫保护接中性线。在三相四线制系统中，电源中性线是接地的，将电气设备的金属外壳或构架用导线与电源零线（即中性线）直接连接，就叫保护接零（见图10-9）。

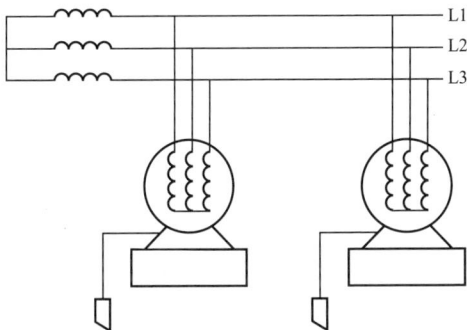

图10-8 两台设备同时进行的保护接地

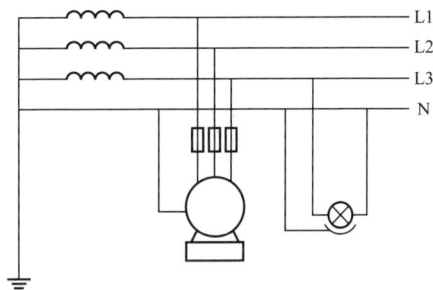

图10-9 保护接零

43. 保护接零的作用是什么？

答：对于三相四线制，如果不采用保护接零，设备漏电时人的接触电压为相线电压，十分危险。人体触及外壳便造成单相触电事故。如果采用保护接零，通过设备外壳形成该相对零线的单相短路，短路电流促使线路上过电流保护装置迅速动作，把故障部分电流断开，消除触电危险。因此采用保护接零是防止人身触电的有效手段。

44. 保护接零适用范围是什么？

答：保护接零这种安全技术措施用于中性点直接接地、电压为 380/220V 的三相四线制配电系统。三相三线制配电系统不可能进行保护接零，因为没有零线。

45. 什么叫做重复接地？

答：为了保证保护接零安全可靠，在中性点直接接地的低压系统中，除在电源变压器中性点进行工作接地外，还必须在中性线的其他地方进行必要的重复接地。DL/T 621—1997《交流电气装置的接地》规定：在架空线路的干线和支线的终端及沿线每隔 1km 处，中性线均应重复接地。电缆和架空线路在引入变电站和大型建筑处，中性线也应重复接地（但距离接地点 50m 以内者除外），或在室内把中性线与配电屏、控制屏的接地装置相连。

46. 重复接地有何作用？

答：重复接地的作用是降低漏电设备对地电压、减轻零线断线的危险性、缩短故障时间、改善防雷性能等。

47. 重复接地是如何降低零线断线的危险性的？

答：图 10-10（a）所示为没有重复接地的接零系统。当零线断线时，断线处后面的某一设备碰壳时，事故电流通过触及设备的人体和工作接地构成回路，又因为人体的电阻要比工作接地的电阻 R_0 大得多，所以在断线处后面人体几乎承受全部的相电压。

图 10-10（b）所示为有重复接地的接零系统。此时，碰壳电流主要通过重复接地电阻 R_c 和工作接地 R_0 构成回路。在断线处后面，接零设备对地电压为 $U_c = I_d R_c$，在断线处前面的那部分，接零设备对地电压为 $U_0 = I_d R_0$，U_c 与 U_0 之和为电网相电压。因为 U_c 和 U_0 都小于相电压，所以危险程度减轻了一些。

在保护接零系统中零线断线时，即使没有设备发生碰壳短路，而是出现三相负荷不平衡，零线上也可能出现危险的对地电压。在这种情况下，重复接地也有减轻或消除危险的作用。如图 10-11（a）所示，在两相停止用电、一相保持用电的情况下，电流将通过该相负荷、人体和工作接地构成回路。因为人体电阻较大，所以大部分电压降在人体上，触电的危险性就很大了。如果是如图 10-11（b）所示的那样，零线上或设备上有了重复接地，则人体承受的电压

（设备为对地电压）即重复接地电阻 R_c 上的电压降。一般来说，R_c 与负荷电阻和工作接地电阻相比不会太大，其上电压降也只占电网相电压的一部分，从而减轻或消除了触电的危险。

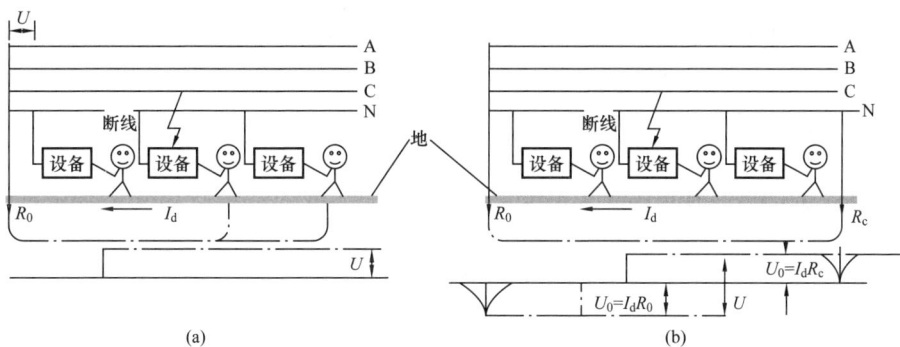

图 10-10　有无重复接地时接地零线断线示意

（a）没有重复接地；（b）有重复接地

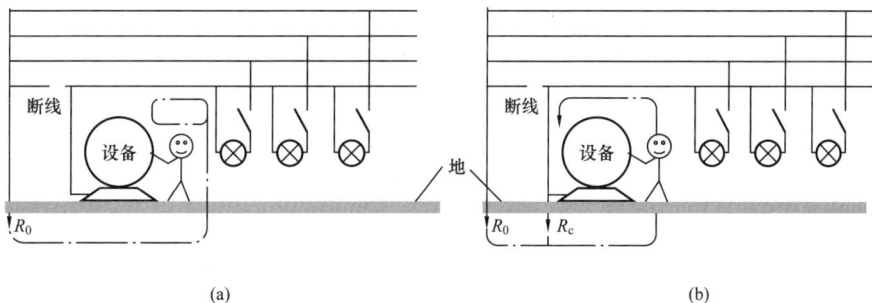

图 10-11　有无重复接地时三相负荷不平衡零线断线示意

（a）没有重复接地；（b）有重复接地

48. 重复接地是如何缩短故障时间的？

答：因为重复接地和工作接地构成零线的并联分支，所以当发生短路时，能增加短路电流，而且线路越长效果越显著，这就加速了线路的保护装置的动作，缩短了事故持续时间。

49. 重复接地是如何改善防雷性能的？

答：架空线路零线上的重复接地对雷电有分流的作用，有利于限制雷电的过电压，改善了防雷的性能。

50. 为何同一电网中不宜同时用保护接地和接零？

答：在同一系统中，只宜采用同一种接地保护方式，不要一部分采用接地保护，另一部分采用接零保护。否则，当采取接地保护的设备发生碰壳时，中性线电压可能上升很高，从而使所有保护接零的设备外壳都带上危险的高电压。

51. 保护接地与保护接零有何异同？

答：保护接地与保护接零在低压系统中都是为了防止漏电造成触电事故而采取的技术措施，其不同之处如下：

（1）保护原理不同。低压系统保护接地的基本原理是限制漏电设备对地电压，使其不超过某一安全范围。高压系统的保护接地除限制对地电压外，在某些情况下还有促成系统中保护装置动作的作用。保护接零的主要作用是借接零线路使设备漏电形成单相短路，促使线路上的保护装置迅速动作；保护接零系统中的保护零线和重复接地也有一定的降压作用。

（2）适用范围不同。保护接地适用于一般的低压中性点不接地的电网及采用了其他安全措施的低压接地电网，保护接地也能用于高压不接地的电网之中。保护接零适用于中性点直接接地的低压电网，不接地电网不必采用保护接零。

（3）线路结构不同。保护接地系统除相线外，只有保护地线。保护接零系统除相线外，必须有零线和接零保护线；必要时，保护零线要与工作零线分开；其重要装置也应有地线。

（4）发生漏电时，保护接地允许不断电运行，因此存在触电危险，但由于接地电阻的作用，人体接触电压大大降低；保护接零要求必须断电，因此触电危险消除，但必须可靠动作。

52. 低压配电系统有哪几种接地形式？

答：按国际电工委员会（IEC）标准规定，低压配电接地、接零系统分有IT、TT、TN 三种基本形式。在 TN 形式中又分有 TN-C、TN-S 和 TN-C-S 三种派生形式。

（1）形式划分的第 1 个字母反映电源中性点接地状态：

T——电源中性点工作接地；

I——电源中性点没有工作接地（或采用阻抗接地）。

（2）形式划分的第 2 个字母反映负载侧的接地状态：

T——负载保护接地，但与系统接地相互独立；

N——负载保护接零，与系统工作接地相连。

（3）形式划分的第 3 个字母 C 表示零线（中性线）与保护零线共用一线。

（4）形式划分的第 4 个字母 S 表示中性线与保护零线各自独立，各用各线。

53. 什么叫做 IT 方式供电系统？

答：IT 方式供电系统（见图 10-12）为中性点不接地系统进行接地保护。I 表示电源侧没有工作接地，T 表示负载侧电气设备进行接地保护。

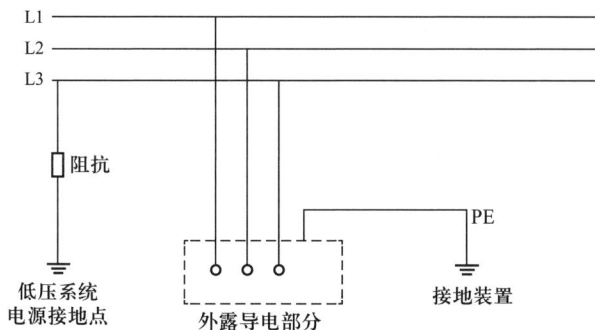

图 10-12　IT 方式供电系统

IT 系统在供电距离不长时，安全可靠，一般用于不允许停电或者要求严格连续供电的地方。因为电源中性点不接地，如果发生单相接地故障，单相漏电电流很小，不会破坏电源电压的平衡，所以比中性点接地系统还安全。但是如果供电距离很长时，电容不容忽略，危险性增加。

54. 什么叫做 TT 方式供电系统？

答：TT 方式供电系统（见图 10-13）为中性点直接接地系统进行保护接地。在 TT 系统中负载的所有接地都称为保护接地。

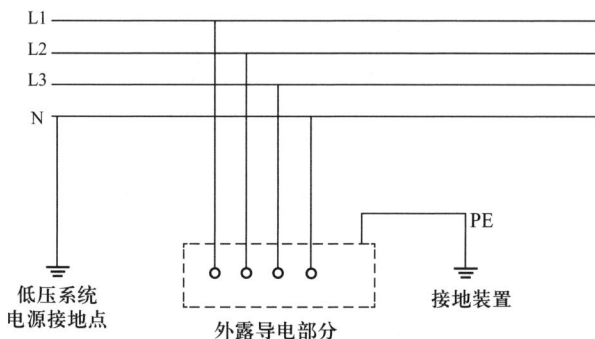

图 10-13　TT 方式供电系统

在 TT 系统中，当电气设备的金属外壳带电（相线碰壳或者设备绝缘损坏漏电时），由于有接地保护，可以大大减少漏电的危险性。但是，低压断路器（自动开关）不一定跳闸，造成漏电设备的外壳电压对地电压高于安全电压。

当漏电比较小时，既是有熔断器也不一定熔断，所以还需要漏电保护器的保护，因此 TT 系统难以推广。TT 系统耗费钢材，施工不方便。

55. 什么叫做 TN 方式供电系统？

答：TN 方式供电系统为中性点直接接地系统进行保护接零，又称为接零保护系统，分为 TN-C 系统和 TN-S 系统。

凡含有中性线的三相系统统称为三相四线制系统，即 TN 系统。这种系统将电气设备正常不带电的金属外壳与中性线相连接。在我国的 380/220V 低压配电系统中，广泛采用中性点直接接地的运行方式，而且引出中性线 N 和保护线 PE。

56. 什么叫做 TN-C 方式供电系统？

答：TN-C 方式供电系统（见图 10-14）的中性线 N 和保护线 PE 合为一根 PEN 线，电气设备的金属外壳与 PEN 线相连。TN-C 系统若开关保护装置选择适当，可满足供电要求，并且其所用材料少、投资小，故在我国应用最普遍。

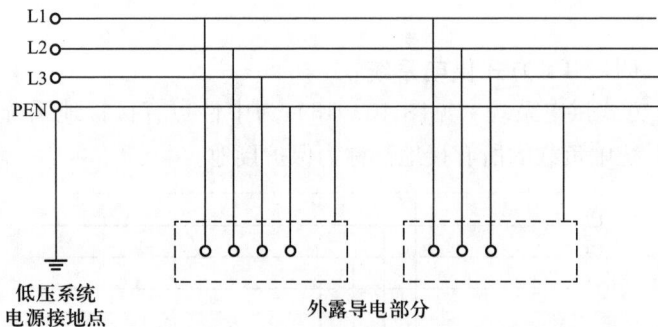

图 10-14 TN-C 供电方式系统（整个系统的中性线与保护线是合一的）

57. TN-C 方式供电系统有何特点？

答：TN-C 方式供电系统有如下特点：

（1）由于三相不平衡，工作零线上有不平衡电流，对地有电压，所以与保护线所连接的电气设备外壳对地有一定的电压。

（2）如果工作零线断线，则保护接零的漏电设备外壳带电。

（3）如果电源的相线碰地，则设备的外壳电压升高，使中性线的危险电位蔓延。

（4）只适用于三相负载基本平衡的情况。

58. 什么叫做 TN‑S 方式供电系统？

答：TN‑S 方式供电系统的中性线 N 和保护线 PE 是分开的，所有设备的金属外壳均与公共 PE 线相连（见图 10‑15）。正常时 PE 上无电流，因此各设备不会产生电磁干扰，所以适用于数据处理和精密检测装置使用。此外，N 和 PE 分开，则当 N 断线时也不影响 PE 线上设备对防触电的要求，故安全性高。缺点是用材料多、投资大，在我国应用不多。

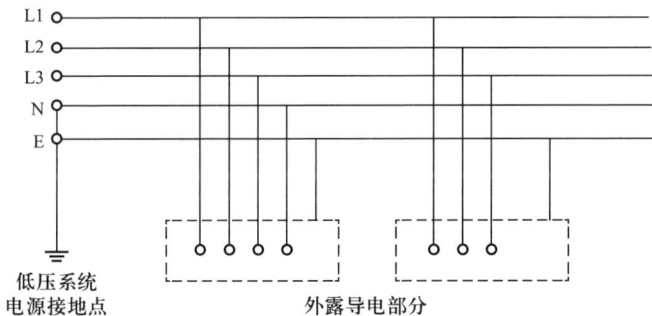

图 10‑15　TN‑S供电方式系统（整个系统的中性线与保护线是分开的）

59. TN‑S 方式供电系统有何特点？

答：TN‑S 方式供电系统有如下特点：

（1）把工作零线和专用保护线严格分开。

（2）正常工作时，保护零线上没有电流，只有工作零线上有不平衡电流。PE 线对地没有电压，电气设备金属外壳接在专用的保护线上，安全可靠。

（3）工作零线只用作单相负载回路。

（4）专用保护线（保护零线）不允许断线。

（5）系统安全可靠，但造价高。

60. 什么叫做 TN‑C‑S 方式供电系统？

答：TN‑C‑S 系统（见图 10‑16）前边为 TN‑C 系统，后边为 TN‑S 系

统（或部分为 TN-S 系统），兼有两系统的优点，适于配电系统末端环境较差或有数据处理设备的场所。

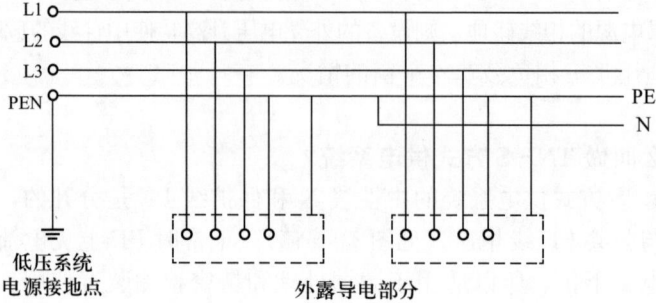

图 10-16　TN-C-S方式供电系统（系统有一部分中性线与保护线是合一的）

第十一章

变电站站用电系统

1. 变电站站用电系统由哪几个部分组成？作用是什么？

答：变电站的站用电系统是保证变电站安全可靠地输送电能的一个必不可少的环节，主要由站用变压器、0.4kV 交流电源屏、馈线及用电元件等组成。站用电系统的主要作用是为变电站内的一、二次设备提供电源。由站用电系统提供电源的主要有大型变压器的冷却器系统，交流操作电源，直流系统用交流电源，设备用加热、驱潮、照明等交流电源，UPS、SF_6 气体监测装置交流电源，正常及事故用排风扇电源，照明等生活电源。如果站用电系统失电将严重影响变电站设备的正常运行。因此，运行人员必须十分重视站用电系统的安全运行，熟悉站用电系统及其运行方式。

2. 220kV 变电站的站用电运行方式是怎样的？

答：保证安全可靠而不间断地供电，是站用电系统安全运行的首要任务。当一台站用变压器电源失电时，应有一个备用电源能立即替代其工作，因此变电站的站用电应至少取自两个不同的电源系统，配备两台站用变压器。

在 220kV 变电站里，通常这两台站用变压器的电源应分别取自由两台不同主变压器低压侧分别供电的母线。当某一台主变压器或由此主变压器供电的母线及站用变压器本身发生故障时，另一台站用变压器就能立即替代，带全站站用电运行。

如图 11-1 所示，1 号站用变压器与 2 号站用变压器分别经 401、402 断路器接至 0.4kV Ⅰ段与Ⅱ段母线，母联 412 断路器拉着。401、402、412 断路器电动操作控制回路中有联锁关系，不能同时合上。当有两个断路器合上时，为了防止低压并列，第三个断路器电动合不上。手动操作回路无联锁关系，特殊情况下需手动操作时，注意防止低压并列。

3. 500kV 变电站的站用电运行方式是怎样的？

答：由于 500kV 变电站在电网中的重要性，站用变压器一般应有 3 台以上。由于从 500kV 变压器第三绕组低压侧引接站用电源具有可靠性高、投资省的优点，因此一般站用变压器均接用本站 500kV 变压器的低压侧。为了在事故时保

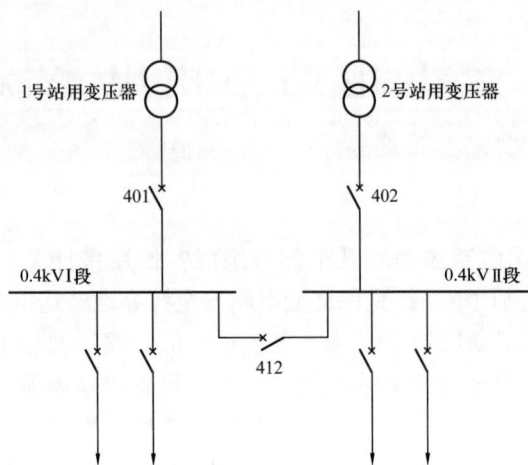

图 11-1　220kV 变电站站用电运行方式

证安全可靠供电，第三台站用变压器电源应从站外 10～35kV 低压网络中引接。第三台站用变压器的供电线路应为专用线且电源可靠，以保证即使在站内发生重大事故时，该电源也不受波及且能持续供电。图 11-2 所示为某 500kV 变电站的站用电系统接线。

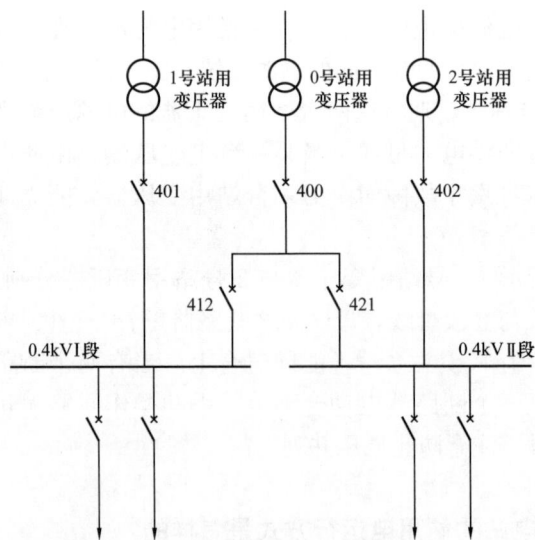

图 11-2　某 500kV 变电站站用电系统接线

专用备用变压器的两低压断路器正常时处于分闸位置；当站内站用变压器

的任一低压母线失电压后，接于该母线的专用备用变压器的低压断路器自动投入，以保证站内有两台站用变压器同时运行；站用变压器低侧压应有防止两台站内变压器并列的措施。

4. 变电站的站用电系统供电方式主要有哪几种？

答：变电站的站用电系统供电方式与直流系统类似，也可以分为辐射式供电、有自投自复功能的双回路供电以及环网供电三种方式。

大部分负荷都采用辐射式供电方式，负荷直接从站用电屏出线断路器处取得380V电源。如照明配电、事故照明、检修电源、主控楼以外的其他建筑电源、UPS电源、保护屏试验电源。

对重要负荷宜采用双电源供电方式，每路电源分别取自两台站用变压器，设自投或互投切换方式。如充电机电源、强油风（气、水）冷和油浸风冷变压器的电源、水喷雾水泵电源，通信电源和地下站通风系统电源。

对短时可间断的负荷宜采用环路供电方式，每路电源分别取自两台站用变压器，环路隔离开关不设任何保护，宜采用具有明显断开点的刀开关。如各电压等级的环路（220kV带隔离开关操作电源、断路器电热电源、空气压缩机电源、110kV带断路器电热电源、10kV带开关柜电热及柜内照明电源）、主控楼电源等。环路供电负荷在两个站用电屏上的开关一分一合，由一台站用变压器带该环路全部负荷，防止出现低压侧并列。环路供电负荷可以方便地从一条母线切换至另一条母线。

5. 站用电系统的验收项目主要有哪些？

答：站用电系统的验收项目主要如下：

（1）分别验收使用交流屏上的控制手把控制开关分合以及使用开关本体上的分合闸按钮控制开关分合均无问题。按照开关使用说明书手动储能无问题。

（2）闭锁关系的验收。闭锁关系验收前应熟悉图纸，了解应具备的闭锁关系，包括开关之间的闭锁、无压/欠压的闭锁、开关脱扣后未复归的闭锁等。最好提前做好验收表格，防止工作中有遗漏。

（3）三台站用变压器时自投关系的验收。

（4）交流环路连通性的验收：对于采用环路供电方式的负荷，应确保环路的连通性，即一般环路供电负荷在两个站用电屏上的开关一分一合，由一台站用变压器带该环路全部负荷，环路中间的隔离开关应全部合上，环路中间不能有任何断点。

（5）站用变压器的验收。

6. 为什么站用变压器倒方式时要遵守"先断后合"的原则?

答:之所以要遵守"先断后合"原则,是因为站用电一般不允许并列运行。接在不同电源上的站用变压器,为了防止通过低压侧并环,在其低压断路器或分段断路器一般装有防止并环的操作闭锁接线,即两个进线断路器在合闸位置时联络断路器不应合入,任一进线断路器和联络断路器在合闸位置时另一进线断路器也不应合入。此时切记不可直接在站用变压器低压主进或分段断路器本体上手动操作合上断路器,因为在断路器本体上手动合上断路器可以不经闭锁,相当于解锁操作。若强行手动合上,将可能会接通站用电主进线断路器的跳闸回路,造成站用电全停。

7. 采用环网供电的站用电负荷倒换至另一条母线时为何要遵守"先断后合"的原则?

答:对短时可间断的负荷宜采用环路供电方式,每路电源分别取自两台站用变压器。环路供电负荷在两个站用电屏上的断路器一分一合,由一台站用变压器带该环路全部负荷。两段母线分列运行时,不得通过负荷回路构成环网。两段母线并列运行时也不宜通过负荷回路长时间构成环网。环路供电负荷可以方便地从一条母线切换至另一条母线。切换的时候应遵守"先断后合"的原则,以防止站用变压器低压侧通过该环路并列运行。改环路断路器不带任何闭锁,操作的时候更应注意,防止并列发生。

8. 站用变压器并列运行需要满足何种条件?

答:不满足并列条件时强行并列会产生很大的环流,造成断路器跳闸失电压甚至损坏站用变压器。站用变压器并列必须满足以下并列运行条件:

(1) 待并列的两台站用变压器需接在同一电源系统且核相正确。接在不同电源系统上的站用变压器不能并列,因为其电压、相位可能不同。一般要求待并列的站用变压器高压侧并列运行。

(2) 待并列的两台站用变压器的短路比、变比、额定电压、接线方式应一样。

对于两台型号一样、接线方式一样的站用变压器,在高压侧并列的前提下可以将低压侧短时并列运行。

9. 站用电系统并列运行存在何种风险?

答:不满足并列运行条件时,如待并列的两台站用变压器高压侧未并列,或者短路比、变比、额定电压、接线方式不一样，强行并列将会产生环流，可能会造成断路器跳闸失电压甚至损坏站用变压器。

即使满足并列运行条件，高压母联断路器合上，Ⅰ段高压母线带Ⅱ段高压母线运行。如果站用变压器低压侧合环运行，而这时高压母联断路器因事故、误操作、误跳等原因断开，需要Ⅱ段高压母线送出的负荷电流就会经由Ⅰ段高压母线、1号站用变压器、低压合环断路器、2号站用变压器送到Ⅱ段高压母线，而站用变压器、站用变压器的断路器、低压合环断路器、低压母线等设备的容量与高压母线的负荷相比都较小，就会造成这些设备过负荷烧坏或保护跳闸而停电。高压母联断路器因Ⅱ段高压母线发生事故而跳闸时情况最严重，这时是向事故母线充电，造成更严重的后果。

10. 站用变压器倒方式后应重点检查哪些设备？

答：站用变压器倒方式后应重点检查直流充电机、UPS装置、主变压器冷却器、火灾报警装置，以及主控室、保护室的空调是否需要重新启动。

11. 站用变压器低压断路器跳闸时如何处理？

答：因为站用变压器平时负荷不大，所以一旦发生了低压断路器跳闸或者熔断器熔断，一般是二次发生了短路。出现这种情况的基本处理方法如下：

（1）先将重要的负荷转移，倒至备用站用变压器供电。现场运行人员应根据负荷的重要性，先转移重要负荷，如主变压器风冷电源、蓄电池充电设备、以及110、220kV断路器机构储能电源等。对于主变压器风冷电源、蓄电池充电设备等采用双电源供电的负荷一般安装有自动切换装置，只需要检查是否正确切换即可。还应该注意的是，在倒换过程中，运行人员应注意有无异常现象，如果有大的电流冲击、电压下降等情况，应立即将其拉开（说明短路故障可能在该分路，应立即处理）。

（2）拉开失电压母线上的全部分路，并检查该段母线上有无异常。

（3）如果经检查发现母线上有故障现象（如有小动物），应立即排除或隔离（拉开隔离开关或拆除接线）。

（4）如果经检查没有发现母线上有故障，试送母线成功后，再逐个分路进行检查，无异常后，逐个试送（先试送重要负荷，后试送一般负荷）一次，以便查出故障点。对于经过检查发现有异常的分路，不能再投入运行。

（5）恢复正常运行方式。

（6）对于有故障的分路应查明原因，进行处理。分析分路的熔断器或者断路器没有动作的原因。

12. 站用变压器高压断路器跳闸时如何处理?

答: 目前大多数变电站的站用变高压侧都采用经断路器与 10kV (或 35kV) 母线连接的方式。站用变压器高压断路器主要用于反应站用变压器内部故障; 低压侧母线上的短路, 低压侧断路器未跳闸, 也会越级使高压侧断路器跳闸。站用变压器高压侧断路器跳闸的处理方法如下:

(1) 运行人员应立即断开低压侧断路器, 检查保护动作情况。如果经过检查低压侧母线未发现有异常现象, 再把负荷倒至备用站用变压器带。

(2) 如果经过检查判明了高压断路器的动作原因, 运行人员应对站用变压器进行外部检查。应检查防雷间隙、电缆头、支柱绝缘子、套管、引线接头有无接地短路现象。

(3) 如果经过外部检查未发现明显异常, 则可能是变压器内部故障, 应再次认真检查站用变压器有无冒烟或者喷油现象, 检查温度是否正常等。

(4) 如果经过上述检查未发现明显异常, 应汇报调度员及上级领导, 安排检修人员测试站用变压器高低压侧电缆对地或者相间绝缘是否正常, 测量站用变压器一、二次之间和一、二次对地绝缘情况。

(5) 如果经过测量发现站用变压器绝缘有问题, 没有经过内部检查处理并试验合格, 不得将故障站用变压器投入运行。如果测量是电缆有问题, 应查出短路点, 经排除或者更换后方能投入运行。

第十二章

变电站直流系统

1. 变电站直流系统的作用是什么?

答:变电站直流系统是独立的操作电源,为变电站内的控制系统、继电保护装置、信号装置、自动装置提供电源;同时作为独立的电源,在站用变压器失电后,还可以作为应急备用电源,即使在全站停电的情况下仍应能保证继电保护装置、自动装置、控制及信号装置和断路器的可靠工作,同时也能供给事故照明用电。

由于直流系统的负荷极为重要,所以应具有高度的可靠性和稳定性。因此确保直流系统的正常运行,是保证变电站安全运行的决定性条件之一。

2. 变电站直流系统主要由哪些部分组成?

答:变电站直流系统主要由蓄电池、充电装置、直流回路、直流负荷等组成。

3. 蓄电池的工作原理是什么?

答:蓄电池是一种化学电源,它能把电能转化为化学能并存储起来,使用时再把化学能转化为电能供给用电设备,变换的过程是可逆的。

当蓄电池完全放电或者部分放电后,两极表面形成了新的化合物,这时如果用电源以适当的反向电流通入蓄电池,可以使已经形成的新化合物还原为原来的活性物质,又可供下次放电之用。这种利用电源将反向电流通入蓄电池使之存储电能的做法,叫做充电;蓄电池提供电流给外电路使用,叫做放电。放电就是将化学能转变为电能;充电则是将电能转变为化学能。

4. 蓄电池的容量是如何定义的?

答:蓄电池的容量(Q)是蓄电池蓄电能力的重要标志。蓄电池在指定的放电条件(温度、放电电流、终止电压)下所放出的电量称为蓄电池的容量Q,单位为 A·h(安时)。蓄电池放电至终止电压的时间称为放电率,单位为 h(小时)。

蓄电池的容量一般分为额定容量和实际容量两种。额定容量是指充足电的

蓄电池在 25℃时，以 10h 放电率放出的电能

$$Q_N = I_N t_N$$

式中　Q_N——蓄电池的额定容量，A·h；

　　　I_N——额定放电电流，即 10h 率的放电电流，A；

　　　t_N——放电至终止电压的时间，一般为 10h。

实际容量与极板的面积、电解液的密度、放电电流的大小、充电程度及环境温度等有关，因此实际容量为

$$Q = It$$

式中　Q——蓄电池的实际容量，A·h；

　　　I——非 10h 放电率的放电电流，A；

　　　t——放电时间，h。

电池的放电率是指放电至终止电压的快慢。采用不同的放电率，蓄电池的容量是不同的，铅酸蓄电池规定以 10h 放电率为标准放电率。以 10h 放电率放电到终止电压的容量约是以 1h 放电率放电到终止电压时容量的 2 倍。

5. 什么叫阀控式密闭铅酸蓄电池？

答：阀控式密闭铅酸蓄电池（见图 12-1）就是 VRLA 电池，这种电池虽然也是铅酸蓄电池，但是它与原来的铅酸蓄电池相比具有很多优点。VRLA 电池是全密封的，不会漏酸，而且在充放电时不会像老式铅酸蓄电池那样会有酸雾放出来而腐蚀设备，污染环境，所以从结构特性上又把 VRLA 电池叫做密闭（封）铅酸蓄电池。为了区分，把老式铅酸蓄电池叫做开口铅酸蓄电池。由于 VRLA 电池从结构上来看不但是全密封的，而且

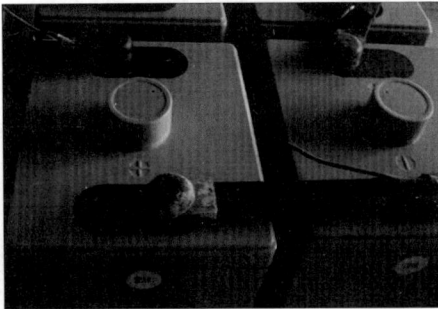

图 12-1　阀控式密闭铅酸蓄电池

还有一个可以控制电池内部气体压力的阀，所以 VRLA 铅酸蓄电池的全称为阀控式密闭铅酸蓄电池。

6. 什么叫做蓄电池组的初充电？

答：新的蓄电池在交付使用前，为使其完全达到荷电状态所进行的第一次充电。初充电的工作程序应参照制造厂家说明书进行。

7. 什么叫做蓄电池组的恒流充电?

答:充电电流在充电电压范围内,维持在恒定值的充电。

8. 什么叫做蓄电池组的均衡充电?

答:为补偿蓄电池在使用过程中产生的电压不均匀现象,使其电压恢复到规定的范围内而进行的充电。

9. 什么叫做蓄电池组的恒流限压充电?

答:先以恒流方式进行充电,当蓄电池组端电压上升到限压值时,充电装置自动转换为恒压充电,直到充电完毕。

10. 什么叫做蓄电池组的浮充电?

答:在充电装置的直流输出端始终并接着蓄电池和负载,以恒压充电方式工作。正常运行时充电装置在承担经常性负荷的同时向蓄电池补充充电,以补偿蓄电池的自放电,使蓄电池组以满容量的状态处于备用。

11. 什么叫做蓄电池组的补充充电?

答:蓄电池在存放中,由于自放电,容量逐渐减少,甚至损坏,按厂家说明书需定期进行的充电。

12. 什么叫做蓄电池组的恒流放电?

答:蓄电池在放电过程中,放电电流值始终保持恒定不变,直放到规定的终止电压为止。

13. 什么叫做蓄电池组的容量试验?

答:新安装的蓄电池组按规定的恒定电流进行充电,将蓄电池充满容量后,按规定的恒定电流进行放电,当其中一个蓄电池放至终止电压时为止。

14. 什么叫做蓄电池组的核对性放电?

答:在正常运行中的蓄电池组,为了检验其实际容量,将蓄电池组脱离运行,以规定的放电电流进行恒流放电,只要其中一个单体蓄电池放到了规定的终止电压,停止放电。

15. 变电站中的蓄电池有哪些运行规定？

答：目前，变电站中广泛使用的是铅酸蓄电池，尤其以 GCF 型防酸隔爆式铅酸蓄电池和 GFM 型阀控式密封铅酸蓄电池两种类型最为普遍。

蓄电池室内应通风良好，室温宜保持在 5～30℃，最高不应超过 35℃，避免日光照射，照明应使用防爆灯，不应安装正常工作时可能产生电火花的电器。

蓄电池应有编号，编号应标识在支架上，序号由正极开始排列，正负极连接应正确并有明显标志；变电站具有多组蓄电池时，应有组别标识。蓄电池连接引线无松动、无腐蚀，蓄电池的外壳、固定支架和绝缘物表面应清洁。蓄电池壳体无破裂、无漏液，极柱无腐蚀。防酸蓄电池极板无弯曲、无变形，活性物质无脱落、无硫化，极板颜色应正常。防酸蓄电池外壳上部应标有液面最高、最低监视线。

测量电池电压时应使用 4 位半数字万用表；测量防酸蓄电池比重时应使用吸式比重计。

16. 阀控蓄电池的运行维护工作有哪些内容？

答：阀控蓄电池的运行维护工作如下：

（1）阀控蓄电池组正常应以浮充电方式运行，若未特别提出，浮充电压值应控制在（2.23～2.28）NV（N 为整组蓄电池的个数）范围内，一般宜控制在 2.25NV（25℃时）；均衡充电电压宜控制在（2.30～2.35）NV 范围内，具体电压值应按产品的具体规定确定。

（2）运行中的阀控蓄电池组主要监视蓄电池组的端电压值、浮充电流值、每只单体蓄电池的电压值、运行环境温度、蓄电池组及直流母线的对地电阻值和绝缘状态等，应符合直流设备相关标准的要求。

（3）在巡视中应检查蓄电池的单体电压值，分析和记录各单体电压值与整组蓄电池组平均电压的偏离程度，检查连接片有无松动和腐蚀现象，壳体有无渗漏和鼓肚变形，极柱与安全阀周围是否有酸雾溢出，绝缘电阻是否下降，蓄电池室通风散热是否良好，温度是否过高等，必要时测量单体电池的内阻或电导值作为电池性能的参考。

（4）若蓄电池组安装了在线监测设备，应对异常监测结果及时进行分析评估。

17. 阀控蓄电池的充电工作有哪些内容？

答：阀控蓄电池的充电工作内容如下：

（1）恒流限压充电。采用 I_{10} 电流进行恒流充电，当蓄电池组端电压上升到

$(2.30\sim2.35)NV$ 限压值时，自动或手动转为恒压充电。

（2）恒压充电。在 $(2.30\sim2.35)NV$ 的恒压充电下，充电电流逐渐减少，当充电电流减少至 $0.1I_{10}$ 电流时，充电装置的倒计时开始，当整定的倒计时结束时，充电装置将自动或手动转为正常的浮充电方式运行。浮充电电压值宜控制为 $(2.23\sim2.28)NV$。

（3）定期均充（补充充电）。为了弥补运行中因浮充电流调整不当造成的欠充，根据需要可以进行定期均充，使蓄电池组处于满容量。其程序为恒流限压充电—恒压充电—浮充电。对具备自动均充功能的充电设备，自动均充整定时间应根据产品要求设置。对不具备自动均充功能的充电设备，则应定期手动启动一次均充，并严格监视直流系统运行情况，如均充电压是否符合整定要求、充电电流是否正常、控制母线电压是否正常、蓄电池是否有发热等异常现象等，如出现异常情况应立即停止均充并恢复到浮充状态，同时汇报有关部门安排处理。

（4）直流系统应根据蓄电池在线监测设备可实现的功能定期进行蓄电池动态放电、静态放电及电池参数测试等工作（建议动态放电周期为每月一次，静态放电周期为每季度一次）。

（5）搁置备用的阀控蓄电池，每 3 个月进行一次补充充电。

18. 阀控蓄电池的浮充电压值随环境温度变化应如何修正?

答：阀控蓄电池的浮充电压值宜随环境温度变化而修正，其基准温度为 25℃，修正值为 ±1℃时 ±3mV，即当温度每升高 1℃，单体电压为 2V 的阀控蓄电池浮充电电压值应降低 3mV，反之应提高 3mV。阀控蓄电池的运行温度宜保持在 5～25℃，最高不应超过 35℃。

19. 蓄电池循检单元有何作用?

答：蓄电池循检单元（见图 12-2）就是对蓄电池在线电压情况进行循环检测的一种设备，可以实时检测到每节蓄电池电压的多少，当哪一节蓄电池电压高过或低过设定时，就会发出告警信号，并能通过监控系统显示出是哪一节蓄电池发生故障。蓄电池循检单元一般能检测 2～12V 的蓄电池和循环检测 1～108 节蓄电池。

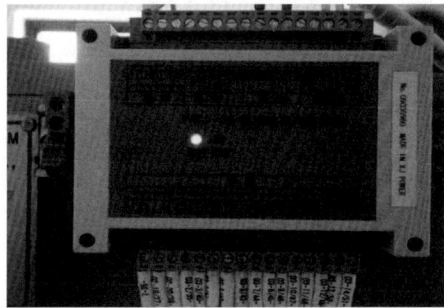

图 12-2 蓄电池循检单元

20. 什么是直流系统的监控系统？

答：直流系统的监控系统是整个直流系统的控制、管理核心，其主要任务是：对系统中各功能单元和蓄电池进行长期自动监测，获取系统中的各种运行参数和状态；根据测量数据及运行状态及时进行处理，并以此为依据对系统进行控制，实现电源系统的全自动管理，保证其工作的连续性、可靠性和安全性。

监控系统目前分为按键型和触摸屏型两种。监控系统提供人机界面操作，实现系统运行参数显示、系统控制操作和系统参数设置。

21. 什么是直流系统的开关量检测单元？

答：开关量检测单元是对开关量进行在线检测及告警干节点输出的一种设备。比如在整套系统中哪一路空气断路器发生故障跳闸或者是哪路熔断器熔断后，开关量检测单元就会发出告警信号，并能通过监控系统显示出是哪一路空气断路器发生故障跳闸或者是哪路熔断器熔断。目前开关量检测单元可以采集到 1～108 路开关量和多路无源干节点告警输出。

22. 变电站的直流充电装置可以分为哪几类？

答：目前变电站内广泛使用的直流充电装置有相控整流电源和高频开关电

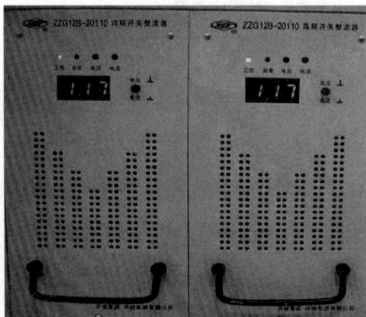

图 12-3　高频开关电源

源两种。相控整流电源在电力系统中已经应用了三四十年，目前正逐渐被微机模块化充电机取代。高频开关电源（见图 12-3）以其先进的设计思想、可靠的性能和简易的维护手段，在电力系统中得到了广泛的认可，正以极快的速度在各个电压等级的变电站中普及。

23. 相控整流电源的工作原理是怎样的？

答：相控整流电源是指采用晶闸管作为整流器件的电源系统，其原理是交流输入电压经工频变压器降压，然后经晶闸管整流。并通过移相控制以保持输出电压的稳定。

24. 高频开关电源的工作原理是怎样的？

答：高频开关电源先将输入的工频交流电经整流滤波后得到直流电压，再通过功率变换器变换成高频脉冲电压，经高频变压器和整流滤波电路最后转换为稳定的直流输出电压。因其采用脉冲宽度调制（PWM）电路来控制大功率开关器件功率晶体管、MOS管、IGBT等的导通和截止时间，故可以得到很高的稳压和稳流精度以及很短的动态响应时间。高频开关电源内部还应用了软开关技术和无源功率因数校正（PFC）技术所以开机浪涌基本消除，功率因数大幅提高，是晶闸管、磁饱和类直流电源系统的更新换代产品。

25. 高频开关电源相对于相控整流电源在输出性能上有何优势？

答：传统相控整流电源输出电压、电流精度不高，在小电流输出时（即浮充状态，直流充电设备的基本工作状态时）最为明显，容易使密封铅酸蓄电池长期处于过充电状态。结果将导致以下两面种情出现：①安全阀频繁动作，蓄电池内部气体不断排开，久而久之造成蓄电池失水，内阻逐渐升高，最后导致蓄电池失效（开路）；②安全阀不能正常运动作，蓄电池内部压力升高，造成蓄电池壳体涨裂。

而高频开关电源由于具有高质量的直流输出，其稳压、稳流精度均不大于 0.5%，纹波系数不大于 0.1%，其响应速度不大于 $200\mu S$，即使电网电压有 $\pm20\%$ 的大幅度变化或负载端有电流突变，也能迅速进行调整，始终保证稳定的浮充电压和很低的纹波系数，保证了密封铅酸蓄电池内部化学反应的平衡，为这类新型电池的安全和长寿命提供了可靠的保障。

26. 高频开关电源相对于相控整流电源在可靠性方面有何优势？

答：高频开关电源相对于相控整流电源在可靠性方面的优势如下：

（1）传统相控整流充电设备不能容忍其输出端任何形式的短路。新一代的高频开关电源直流系统可以容忍系统负载端任何形式的短路，且短路电流不超过系统设定值。

（2）若蓄电池开路，传统的相控充电设备是不允许脱离蓄电池单独运行的，因为这会直接导致继电保护、自动装置的误动作，给电力系统带来无法预料的损失。而高频开关直流电源由于输出的直流质量高。高频开关直流电源厂家宣称即使发生蓄电池脱离系统运行，仍可以单独带负荷运行，向经常性负荷供电，大大提高了系统运行的可靠性。

（3）相控电源发生故障时，需将整台充电装置退出系统运行，且故障修复难度大、周期长，影响系统正常供电。而高频开关电源的模块化结构与 $N+1$ 备份形式，使直流系统供电的可靠性大幅度提高，当系统（以 40A 充电装置为例，4台 10A 电源模块并联）中任一模块故障时，该模块自动退出，其他模块继续运行。充电容量减少到 30A，而其他电气性能不受任何影响，由于故障模块可带电更换，无需整台充电装置停电，故系统可靠性大大提高。只要事先准备好备品模块，当发生故障时，先在线替换，然后再将故障模块细致修复，使维护运行管理工作变得更加简便、轻松自如。

27. 直流系统中的充电装置是如何配置的？

答：当采用相控充电设备时，一组蓄电池应装两台充电装置，一台作为浮充，一台作为备用；两组蓄电池应装 3 台充电装置，正常时一台做备用，另两台分别各带一组蓄电池及直流母线运行。当采用高频开关电源时，一组蓄电池应装一组高频开关电源（以 40A 充电装置为例，4 台 10A 电源模块并联），高频开关电源具备冗余模块；两组蓄电池应装两组高频开关电源，每组高频开关电源具备冗余模块。

28. 为什么任何时候绝不允许充电机脱离蓄电池运行？

答：充电机脱离蓄电池运行即直接由充电机带直流母线运行。传统的相控充电设备是不允许脱离蓄电池单独运行的，因为这会直接导致继电保护、自动装置的误动作，给电力系统带来无法预料的损失。而高频开关直流电源，虽然厂家宣称由于输出的直流质量高，即使发生蓄电池脱离系统运行仍可以单独带负荷运行，向经常性负荷供电，但是正常也不允许采用这样的方式。当蓄电池开路，充电机被迫直接带直流母线运行时，也要尽量缩短高频开关直流电源单独带负荷运行的时间。

29. 充电装置的交流输入电源有什么要求？

答：每套充电装置交流输入应设两个回路，一路运行，一路备用，当工作电源故障时应自动切换到备用电源，切换过程应不影响直流电源系统的正常工作。两路交流电源应分别取自站用电系统中不同段交流母线。

30. 高频开关电源保护及信号功能有何要求？

答：对高频开关电源的保护及信号功能有下列要求：

（1）交流输入过/欠电压保护。当交流输入电压超过 ±15％ 的标称电压波动范围时，整流模块应自动进行保护并延时关机。当电网电压正常后，应能自动恢复工作。

（2）直流输出过/欠电压保护。其整定值可由制造厂根据用户要求整定。当直流输出电压超过整定值时，应进行保护（报警或关机），故障排除后应能人工恢复工作。

（3）过电流保护。其整定值可由制造厂根据用户要求整定，当直流输出电流超过整定值时，应进行保护（报警或关机），故障排除后应能正常工作。

（4）信号功能。应能发交流失电压，过、欠电压，直流输出过、欠电压，过电流，整流模块故障信号，并应具备外引触点输出或者标准接口通信。

31. 直流充电装置出现故障应如何处理？

答：采用相控充电设备，当充电装置出现故障时可以将充电装置退出，投入备用充电装置；采用高频开关电源时，由于充电机具备冗余模块，只需将相应的故障模块退出，并及时上报处理。

32. 什么情况下直流电源系统可不设动力母线（合闸母线）？

答：对非电磁操动机构的变电站，直流电源系统可不设动力母线，取消母线调压装置。若保留母线调压装置，应有防止硅元件开路的措施。

33. 直流系统绝缘监测单元有何作用？

答：直流系统绝缘监测单元是监视直流系统绝缘情况的一种装置，可实时监测线路对地漏电阻，此数值可根据具体情况设定。当线路对地绝缘降低到设定值时，就会发出告警信号。直流系统绝缘监测单元目前有母线绝缘监测、支路绝缘监测两种功能。

34. 平衡电桥原理是如何应用于直流系统绝缘监测的？它有何特点？

答：平衡电桥原理图如图 12-4 所示，R_1、R_2 为两个阻值相同的对地分压电阻，通过它们可测得母线对地电压 U_1、U_2。当直流系统绝缘正常时，正负极对地绝缘电阻相等，电桥平衡。当直流正极或者负极对地绝缘降低时，电桥平衡被破坏，根据平衡电桥可以得到一个电回路方程，无法同时求取 R_+ 与 R_- 两个未知数。处理方法是将 R_+、R_- 中较大的一个视为无穷大，按单端接地的情况求解，所求得的接地电阻值大于实际值。R_+、R_- 的实际值越接近，则测量误差越大，达到 $R_+ = R_-$ 时，测量误差最大。所以平衡电桥在绝缘降低时能发出报警信号，但是当正负极对地绝缘同步降低时，也可能检测不到绝缘降低；并且不具备选线功能，正负极绝缘均有降低时也无法给出准确的对地绝缘电阻值。一般绝缘检测继电器均采用平衡电桥工作原理。

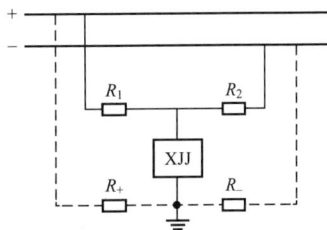

图 12-4 平衡电桥原理

35. 不平衡电桥原理是如何应用于直流系统绝缘监测的？它有何特点？

答：不平衡电桥原理如图 12-5 所示（不同厂家的装置略有不同，但原理一样）。在直流系统中，直流母线的对地绝缘电阻分为母线正极对地绝缘电阻（R_+）和母线负极对地绝缘电阻（R_-）。按照电路基本原理分析，要求取 R_+ 与 R_- 两个未知数，必须建立两组独立的电回路方程式，再将其联立求解。所以图 12-5 中设计了两个不平衡电桥电路。当 S1 闭合，S2 断开时，则电桥 1 工作，电桥 2 不工作，此时可以列出电桥 1 的电回路方程式；当 S2 闭合，S1 断开时，则电桥 2 工作，电桥 1 不工作，此时可以列出电桥 2 的电回路方程式；将上述两个电回路方程式联立求解，可求得 R_+ 与 R_- 的电阻值。图 12-5 中，U_+ 为母线正极对地电压，U_- 为母线负极对地电压，E 为电桥 1 中点电压、U 为电桥 2 中点电压。

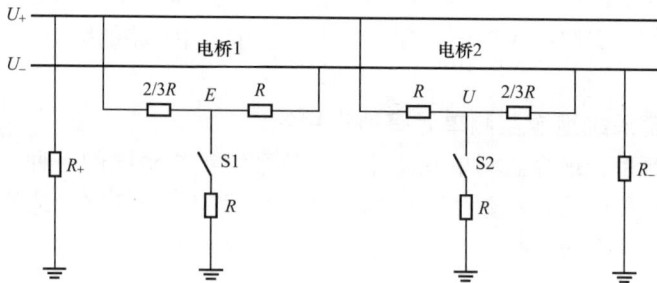

图 12-5　不平衡电桥原理

求得 R_+ 与 R_- 的电阻值，即得到了直流正负极对地的绝缘电阻。即实现了直流绝缘检测。正负极绝缘均有降低时也能给出准确的对地绝缘电阻值。

36. 低频探测原理是如何应用于直流系统绝缘监测的？它有何特点？

答：当直流系统绝缘降低后，为了检测出哪条支路发生接地故障，在发生接地故障母线（正或负极母线）与地之间交替注入两个同幅值低频率的交流信号（由信号发生器产生）。当用钳形电流探头（或互感器）在接地点与信号发生器之间的母线或接地支路进行测量时（如图 12-6 中的 A、B、C 点），感受到接地电流，据此能判断出哪条支路有接地故障。

根据低频探测原理研制的直流系统接地故障检测装置会往直流系统注入交流信号，增大了直流系统电压波纹系数，影响

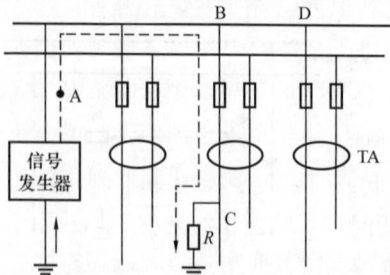

图 12-6　低频探测原理

直流系统的安全运行，曾发生过中央音响信号装置误动作和高频继电保护误发信号等事故。

37. 差流检测原理是如何应用于直流系统绝缘监测的？它有何特点？

答：图 12-7 所示为差流检测原理。观察任一条支路，从电源正极流出的电流 I_+ 流经支路全部负载后，返回电源负极的支路电流为 I_-。当该支路没有接地故障时，$I_+ = I_-$，穿过传感器的电流大小相等，传感器无信号输出。而当发生接地电阻为 R_+、接地电流为 I_R 的接地故障时，则 $I_+ = I_- + I_R$，流经传感器的电流大小不等，传感器输出一个反映该差值的电流 I_R。装置可检测到传感器输出的漏电流信号，以此判断哪个直流支路发生接地。

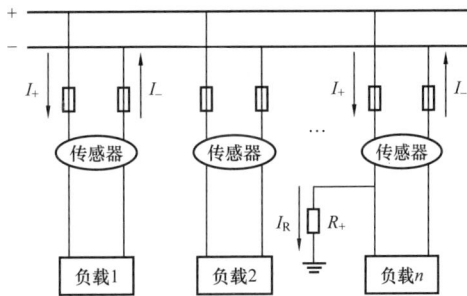

图 12-7　差流检测原理

采用差流检测原理检测直流系统接地故障有如下特点：

（1）直流传感器直接套装在直流负荷支路，直接采样直流漏电流信号，无需向直流系统注入交流信号，对直流系统的安全运行没有影响。

（2）所检测的接地电阻不受支路对地分布电容影响。

（3）能检测多条支路同时接地的情况。

38. 微机式直流绝缘监测装置的基本工作原理是什么？

答：微机式直流绝缘监测装置一般采用不平衡电桥原理来检测直流母线的绝缘情况，可监视直流母线电压、正负母线对地电压、正负母线对地绝缘电阻值。不同厂家生产的设备可选择低频探测原理或者是差流检测原理来巡检支路电阻等实时状态。

39. 同时装有继电器式绝缘监察装置及微机直流接地检查装置时有何规定？

答：直流设备订货技术条件要求两种方式要同时具备，靠手把切换运行，防止一种装置故障后直流系统绝缘失去监视。系统中同时装有继电器式绝缘监察装置及微机直流接地检查装置，正常时宜投入微机型接地检查装置，且只能投入一套装置，其接地点应能随装置进行切换；当微机直流接地检查装置出现故障不能正常运行时，运行人员应将其退出运行，继电器式绝缘监察装置的变电站，应投入常规绝缘监察装置，并上报。

40. 为什么当继电器式绝缘监察装置及微机直流接地检查装置均退出时测量不到直流正负极对地电压？

答：直流系统绝缘良好时，若绝缘监测装置接地点投入，则正母线对地电压约为110V、负母线对地电压约为－110V。若绝缘监测装置接地点不投入，则正、负对地电压都很低，接近于零。这是因为接地点不投入时，直流系统与大地之间没有电气的联系，而没有电气联系的两个系统之间是测量不出电压的。这和用万用表测量干电池正极或负极与地之间的电压为零的道理是一样的。

所以当退出绝缘监察装置时，测量正负极的对地电压都会从正常值衰减至零。

41. 两段直流母线并列运行时，绝缘监测装置有何规定？

答：直流系统两段母线各自使用自己的一套接地定位装置，经高电阻接地，运行中，避免将两套接地装置并列使用。若两条母线并列运行时，必须停用一套接地定位装置，并且断开该绝缘监察装置的接地开关。两条母线并列运行时，如果同时投入两套绝缘监测装置，则两套装置的接地电阻处于并联状态，相当于降低了直流系统的对地绝缘，可能会产生误报警，因此是不允许的。两条母线并列运行使用一套接地定位装置时，只能反映本母线的接地支路号，不能反映另一条母线的接地支路号。

42. 什么是变电站直流供电回路？

答：变电站的直流供电回路是由直流母线引出，供给各直流负荷的中间环节，它是一个庞大的多分支闭环网络。直流供电回路可以根据负荷的类型和供电的路径，分为若干独立的分支供电网络，例如控制、保护、信号供电网络，断路器合闸线圈供电网络以及事故照明供电网络。

为了防止某一网络出现故障时影响一大片负荷的供电，也便于检修和故障排除，不同用途的负荷由单独网络供电。

43. 什么是直流的辐射状供电？

答：辐射状供电是指直接由直流馈线屏供电，或者由直流馈线屏辐射至直流分电屏，再由直流分电屏辐射至直流负荷处。

一般对于可靠性有较高要求的负荷采用辐射状供电。对于重要负荷的供电，一般采用辐射状从两端直流母线各引一路电源（如220kV及以上的保护与控制电源双重化时），在一段直流母线或电源故障时实现不间断供电，保证供电的可靠性。

44. 什么是直流的环状供电？

答：环形供电网络干线或小母线的二回直流电源应分别经直流断路器接入两段直流母线，正常时为开环运行。环形供电网络干线引接负荷支路应设置直流断路器。

45. 设置直流分电屏的作用是什么？

答：直流分屏的设置主要是简化网络接线和节省电缆，是否设置取决于直流主屏布置位置与直流负荷中心的距离。距离较近则直接引接直流主屏辐射供电；若距离较远且负荷相对集中，宜设置直流分屏辐射供电，同时，直流分电屏就近设置在负荷中心。

46. 为什么10kV馈线控制、保护采用环状供电时，变压器10kV侧主断路器要采用辐射状供电？

答：变压器10kV侧主断路器采用辐射供电方式，如果一条10kV出线保护的电源开关越级跳闸，不会使上一级保护由于失去电源而不能动作，避免造成事故扩大。采用这种方式可以很好地平衡可靠性与造价。

47. 直流供电网络的电源配置原则有哪些？

答：直流供电网络的电源配置原则如下：

（1）各间隔单元控制电源与保护装置电源直流供电回路应在直流馈线屏处分开。保护装置直流电源和控制电源应取自同一段直流母线。

（2）互为冗余配置的两套主保护、两组跳闸回路等，其直流供电电源应分别取自不同段直流母线。系统双重化的两套保护与断路器的两组跳闸线圈一一对应时，每套保护装置直流电源和控制回路直流电源应取自同一段直流母线。

（3）主变压器各侧后备保护装置直流电源和相应侧断路器控制电源应取自同一段直流母线。

（4）保护通道设备电源（放置在通信机房设备除外）应与对应的保护装置电源共用一组直流电源，二者在保护屏上通过直流断路器分开供电。

（5）电压切换装置直流电源应与本间隔控制回路直流电源共用一组电源，二者在保护屏上通过直流断路器分开供电。双配置电压切换装置与两套保护一一对应时，每套保护装置直流电源和电压切换装置直流电源应取自同一段直流母线。

(6) 断路器操动机构箱内的两组压力闭锁回路直流供电电源应分别与对应的跳闸回路共用一组操作电源。

48. 为什么断路器的同一套控制与保护电源必须来自同一段直流母线，而不能相互交叉？

答：保护电源用于为保护装置提供工作电源，失去保护电源时保护装置将无法工作，故障情况下也不会发出跳闸指令。控制电源为断路器的控制回路提供工作电源，如果失去控制电源，则即使保护发出跳闸指令，也会因为控制回路没有电源而无法跳闸。在这种情况下，如果控制与保护电源相互交叉，如控制电源来自直流Ⅰ段、保护电源来自直流Ⅱ段，则任意一段直流故障时，断路器在故障情况下均不能正常跳闸。

所以对于110kV线路采用单套保护时，其控制与保护电源应来自同一段直流母线；对于220kV及以上线路采用双套控制与保护时，控制一、保护一应来自一段母线，控制二、保护二应来自第二段母线。

49. 变电站的直流负荷是如何分类的？

答：变电站的直流负荷分类如下：

(1) 直流负荷按照功能可以分为控制负荷和动力负荷两大类。

1) 控制负荷是指控制、信号、测量和继电保护装、自动装置等负荷。

2) 动力负荷是指各类直流电动机、断路器电磁操动的合闸机构、交流不停电电源装置、远动装置、通信装置的电源和事故照明等负荷。

(2) 按性质可以分为经常性负荷、事故负荷和冲击负荷。

1) 经常性负荷是要求直流系统在正常和事故工况下均应可靠供电的负荷，包括：经常带电的直流继电器、信号灯、位置指示器和经常点亮的直流照明灯；由直流供电的交流不停电电源，如计算机、通信设备、重要仪表和自动调节装置用的逆变电源装置；由直流供电的用于弱电控制的弱电电源变换装置。

2) 事故负荷是要求直流系统在交流电源系统事故停电时间内可靠供电的负荷，包括事故照明和通信备用电源等。

3) 冲击负荷是在短时间内施加的较大负荷电流。冲击负荷出现在事故初期(1min)，称初期击负荷；出现在事故末期或事故过程中称随机负荷(5s)，如断路器合闸、直流油泵等。

50. 直流系统的系统接线方式是怎样的？

答：直流系统应采用母线分段运行方式；具备两组蓄电池的直流系统每段母线应分别采用独立的蓄电池组供电，并在两段直流母线之间设联络隔离开关，正常运行时该联络隔离开关应处于断开位置。

51. 直流系统允许的特殊运行方式有哪些？

答：（1）一组浮充机带一组蓄电池组，Ⅰ、Ⅱ段直流母线并列运行。

（2）一组浮充机带两组蓄电池组，Ⅰ、Ⅱ段直流母线并列运行。

（3）任一组直流母线因故退出，另一段直流母线除带本母线负荷外，还带停役母线所有可倒换的负荷运行，但必须做好隔离安全措施。

52. 一组充电装置由故障状态转停用状态时如何操作？

答：以1号充电装置为例，步骤如下：

（1）确认2号充电装置模块工作正常，2号充电装置屏表计显示正确，Ⅱ段控制母线电压显示正确，无故障信号及光字牌。

（2）将1号充电装置屏所有充电模块交流电源输入空气断路器断开。将1号充电装置直流输出隔离开关断开。

（3）合上母线联络隔离开关，将两段直流母线并列运行。

（4）退出直流一段母线的绝缘监测装置。

53. 一组充电装置由停用状态转运行状态时如何操作？

答：以1号充电装置为例，步骤如下：

（1）确认1、2号蓄电池组以及2号充电装置模块工作正常，Ⅰ、Ⅱ段控制母线电压显示正确，无故障信号及光字牌。

（2）逐个合上1号充电装置屏的充电模块交流电源输入空气断路器，并观察1、2充号电装置屏所有表计正常。

（3）将1号充电装置输出隔离开关合上。

（4）拉开母线联络隔离开关。

（5）投入直流Ⅰ段母线的绝缘监测装置。

54. 退出一组蓄电池时如何操作？

答：以第二组蓄电池为例，步骤如下：

（1）拉开第二组充电机输出空气开关。

(2) 拉开第二组绝缘监察装置接地开关。

(3) 合上母线联络隔离开关。

(4) 拉开第二组蓄电池输出空气开关。

55. 一组蓄电池由退出转运行时如何操作？

答：以第二组蓄电池为例，步骤如下：

(1) 合上第二组蓄电池输出空气开关。

(2) 拉开母线联络隔离开关。

(3) 合上第二组绝缘监察仪接地开关。

(4) 合上第二组充电机输出空气开关。

56. 直流接地可以分为哪几类？

答：直流接地的分类如下：

(1) 按故障性质可分为金属性接地和绝缘下降接地。

1) 金属性接地一般是直流系统中某个元件绝缘损坏，造成带电部分与接地金属相连。进行绝缘检查时，其中一极对地电压为零，另一极对地电压为母线电压。

2) 绝缘下降接地一般是直流系统中某处工作环境发生了变化，部分元件积灰受潮，对地绝缘显著降低。进行绝缘检查时，正、负极对地电压都明显存在，电压之和接近母线电压。

(2) 按直流系统接地信号是否持续可分为稳定接地和瞬时接地。

1) 稳定接地是指直流系统中长期存在接地，直到接地故障排除为止。

2) 瞬时接地是指不用处理自动能消失的接地。

57. 直流接地的危害有哪些？

答：变电站的直流系统比较复杂，而且通过电缆与室外配电装置的端子箱、操动机构等相连接，发生接地机会较多。直流系统发生一点接地时，由于没有短路电流流过，熔断器不会熔断但是潜在危险性很大，必须及时排除。否则，当发生另一点接地时，就有可能使信号、保护和控制回路误动作或拒绝动作，并且有使熔断器熔断、继电器触点烧坏的可能性，以致损坏设备，造成大面积停电、系统瓦解的严重后果。两点接地有时可造成断路器误跳闸、断路器拒绝跳闸、熔断器熔断。

58. 为什么直流正极接地时再发生一点接地可能会造成断路器误动，而直流负极接地时再发生一点接地时可能会造成断路器拒动？

答：在断路器的控制回路中，控制分合闸的触点是接在直流正极的，而分合闸线圈是接在直流负极的。所以在直流正极接地时，如果再发生一点接地，则可能将控制回路的控制分合闸的触点短接，相当于接通了分合闸触点，分合闸回路接通，所以会发生断路器误动。当直流负极接地时，如果再发生一点接地，则可能将断路器的分合闸线圈短接掉，此时无论分合闸触点是否接通，相应的分合闸线圈因为短接而不可能通过电流，所以可能会造成断路器拒动。

59. 查找直流接地有哪些注意事项？

答：查找直流接地的注意事项如下：

（1）当直流系统发生接地时，应停止站内一切工作，尤其禁止在二次回路上进行任何工作。

（2）在处理直流接地故障时不得造成直流短路和另一点接地。

（3）直流接地故障的查找和处理必须由两人同时进行，并做好安全监护，防止人身触电。

（4）如需试拉调度管辖设备（保护），需向调度申请。

（5）试拉直流回路应经调度同意，断开电源的时间一般小于 3s，不论回路中有无故障、接地信号是否消失，均应及时投入。查找直流接地，停用保护时间超过 3s 时，应征得调度同意后进行。保护停用时间应尽量短，运行人员只查至保护屏端子排处，防止保护误动。

（6）查找和处理直流接地时工作人员应戴线手套，穿长袖工作服，应使用内阻大于 2000Ω/V 的高内阻电压表，工具应绝缘良好。防止在查找和处理直流接地时造成新的接地。

（7）Ⅰ、Ⅱ段直流母线同时发生接地时，严禁并列操作。

（8）为了防止误判断，观察接地故障是否消失时，应从信号、绝缘监察装置、表计指示情况等综合判断。

（9）为了防止保护误动作，在试拉保护装置电源之前，应解除可能误动的保护，恢复电源后再投入保护。

60. 绝缘监测装置能够选出接地支路时的处理方法？

答：现在的变电站都装有微机直流系统绝缘在线监测装置。每组蓄电池配备一套绝缘监测仪，可以帮助查找直流接地。直流系统接地后，绝缘监测装置发"直流接地"信号，并进行支路选择，在接地处接触良好的情况下，装置能够选出相应的支路。在征得调度同意后，运行人员可以试拉监测装置提示的支路，观察接地现象是否消失。如现象消失，则说明故障就在该支路，则可汇报调度及上级，安排停电及异常处理。

61. 绝缘监测装置未能选出接地支路时如何处理？

答：直流系统关系到整个变电站及电力系统的安全运行，所以绝缘装置未能选出支路也要及时处理。按当天的运行方式、操作情况、气候影响、施工范围等进行判断，找出可能会造成接地的因素。最后按现场实际情况，确定查找方法。

遵循的原则：先拉不重要的电源，后拉重要的电源；先室外部分，后室内部分；先对有缺陷的支路，后对一般支路；先对新投运设备，后对投运已久的设备；先找有工作的回路和近期工作过的回路，后找其他回路；先找事故照明、信号回路、充电机回路，后找其他回路；先找主合闸回路，后找保护回路；先找 10、35kV，后找 110、220、500kV 回路；先找简单保护回路，后找复杂回路。具体方法有排除公共回路法、瞬时停电法和转移负荷法。

(1) 排除公共支路法。如绝缘监测装置未能选出支路，则应怀疑是否在充电机、蓄电池等回路中，当然也不能排除绝缘监测装置本身故障，导致直流"误接地"。对于充电机及蓄电池回路可以将两段母线并联后，一一切除进行试验。

(2) 瞬时停电法。瞬时停电法的原则为：先停有缺陷的支路，后停无明显缺陷的支路；先停有疑问的、潮湿的、污秽比较严重的；先停户外的，后停室内的；先停不重要的，后停重要的；先停备用设备，后停运行设备；先停新投运设备，后停已运行多年的设备。对直流母线不太重要的馈电支路，依次短时断开这些支路，若断开某一支路时信号消失，测量正负极对地电压恢复正常，则接地故障点就在该支路范围内。

(3) 转移负荷法。对直流母线上较重要不能瞬时停电的支路，可将故障母线上较重要的支路，依次转移切换到另一段直流母线上，监视"直流母线接地"信号是否消失，查出接地点在哪个支路。

在查找出接地支路后，可以在该回路上逐段试发，直至查到接地点（若保护盘内接地，运行人员只可查到保护盘端子排处）。如果接地线路为环网，可采取 1/2 分网法确定接地间隔。

62. 什么叫做直流混线？

答：正常情况下，单母分段式直流系统的两段直流母线是相互独立的，如果由于接线错误或者其他原因引起两段母线在某些情况下发生不正常的连接，称为直流混线。

63. 直流混线可能有什么现象？

答：在直流系统绝缘良好的情况下，如果两段直流母线之间的混线阻抗相等，则两段直流母线电压均正常，绝缘监测装置也不会有任何报警信号，此时直流混线比较难以发现。如果两段直流母线之间的混线阻抗不相等，此时两段直流母线电压会出现"跷跷板"现象，即两段直流正负母线对地电压都会发生偏移，并且Ⅰ段正极、Ⅱ段负极对地电压大小相等，Ⅰ段负极、Ⅱ段正极对地电压大小相等。

当混线系统绝缘降低时，对地电压的变化将更加复杂。

64. 如何快速判定是否有直流混线？

答：如下情况时，可快速判定有直流混线：

（1）退出任意一段直流接地点，测量该段直流母线正负对地电压，如果不能衰减到零，就是有混线。

（2）退出任意一段直流接地点，测量直流正负对地电压，出现某极电压异常，甚至正对地330V或者－110V。

（3）在任意一段直流系统模拟直流接地，另一段直流系统对地电压受其影响。

65. 什么叫做一体化电源系统？

答：一体化电源系统代表了一种新的电源趋势。为保证变电站中的后台监控机、自动装置、变送器、通信设备、保护装置等交直流用电装置的安全运行，除变电站的直流系统外，还需要配置UPS装置和专用的通信电源装置。以往一直将这三种不同的电源分别设置，各自配置一组蓄电池，导致设备整体造价高、维护量大、资源利用率低。

一体化电源系统用正弦波逆变器代替UPS设备，用大功率DC/DC变换器代替通信电源装置，两种设备的输入直接挂靠在直流的充电装置上组成一体化电源系统；交流失电时，由直流系统的蓄电池提供直流用电，同时逆变器和DC/DC变换器的状态信息送入直流的监控系统。

采用上述方式，可以省去UPS和通信电源中的蓄电池以及监控单元。在设备管理上，仅需对直流系统的蓄电池进行智能化管理，从而减少系统的维护。

第十三章

变电站其他电力设备

1. 电力电缆的种类和结构主要是什么？

答：目前变电站内的高压电缆主要是塑料电缆，除此之外还有充油电缆、黏性浸渍纸绝缘电力电缆、充气电缆、管道充气电缆、低温及超导电缆等。塑料电缆应用最广，其中交联聚乙烯电缆凭借其软化点高、热变形小、高温下机械强度大、抗老化性能优良等特点，被应用于各电压等级电网中。交联聚乙烯电缆结构如图 13-1。

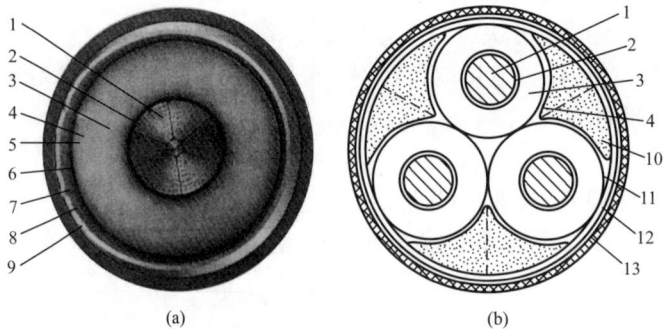

图 13-1 交联聚乙烯电缆结构
(a) 单芯交联聚乙烯电缆；(b) 三芯交联聚乙烯电缆
1—导体；2—内半导电屏蔽；3—交联聚乙烯绝缘；4—外半导电屏蔽；5—阻水层；
6—铝护套；7—沥青；8—外护套；9—石墨层；10—填充物；
11—铜屏蔽；12—包带；13—外护层

（1）导体。用于传送电流、输送电能，由高电导系数和加工性能好的金属材料制成。

（2）内半导电屏蔽。包裹在导体上的非金属电气屏蔽，它与被屏蔽的导体等电位，与绝缘层良好接触，使导体和绝缘界面表面光滑，消除界面处空隙对电性能的影响，避免在导体和绝缘之间发生局部放电。

（3）交联聚乙烯绝缘。主要由聚乙烯和其他添加剂组成。交联是一种制造工艺，采用此工艺提高了聚乙烯的耐热、机械、电气、耐老化性能。

（4）外半导电屏蔽。包覆于绝缘表面的非金属电气屏蔽，它与被屏蔽的绝缘层有良好的接触，与金属护套等电位，避免在绝缘层和护套之间发生局部放电。

（5）金属护套。常用的材料是铝、铅和钢。交联电缆的金属护套常用材料是铝，按其加工工艺不同，可分为焊接金属护套和热压金属护套，具有良好的径向阻水和短路电流通路作用。

（6）外护层。在金属护套外面起防蚀和机械保护作用。为检查外护层的完好性，通常涂抹一层导电的石墨作为测试电极。

2. 电力电缆的附件有哪些?

答：电缆附件包括终端头、中间接头、交叉互联箱、接地箱、护层保护器等部件。其中终端接头和中间接头是电缆线路中最重要的附件。电缆与其他电气设备相连接时，能满足一定绝缘与密封要求的连接装置，即为电缆终端头。由于制造、运输和敷设施工等原因，每盘电缆长度有一定的限制，将若干条电缆连接起来，构成一条连续的输配电线路的连接装置，即为电缆中间接头。

电缆终端接头按使用的场合不同分为户内终端、户外终端、设备终端和 GIS 终端。电缆中间接头按用途分为绝缘接头、直通接头、分支接头、塞止接头、过渡接头、转换接头和软接头。

3. 变电站电力电缆的运行规定要点有哪些?

答：变电站电力电缆的运行规定要点如下：

（1）电力电缆及其附属设备应按照试验规程进行试验。

（2）直埋电力电缆埋设深度应不小于 0.7m。

（3）电力电缆的运行环境温度应不高于 40℃。

（4）电力电缆应选用阻燃外护套的难燃电缆，电缆接头及接地系统外被材料要求阻燃。站内控制电缆与 6kV 及以上电力电缆间应有防火隔离墙。

（5）高压开关柜、设备间的电缆穿孔封堵应具备防潮、防火和防小动物的功能。

（6）电缆夹层及站内电缆隧道内敷设 10kV 及以上电缆应按图纸施工。电力电缆禁止相互占压、缠绕，相邻电力电缆的间距要求：①10kV 及以下不同电压等级电力电缆相互间距离应不小于 0.1m，采取隔离措施后可缩小间距；② 35kV 及以上电力电缆相互间距应不小于 0.2m，采取刚性隔离措施后可适当缩小间距。

4. 变电站电力电缆夹层的运行规定有哪些?

答：变电站电力电缆夹层的运行规定如下：

（1）电缆夹层内应设照明、温感、烟感等火灾自动报警装置。入口处设置消防器材，夹层之间的穿孔应有阻火措施。

（2）电缆夹层与隧道之间的隔离墙应具备双向防火、防渗漏水功能，电缆出线孔应采用非铁磁性的双向阻水法兰。

（3）电缆夹层应具备自然通风或强制通风设施，与 SF_6 设备相通的电缆夹层应具备下部排风口。SF_6 设备发生爆炸或漏气时，电缆夹层应及时进行强制通风，运行检修人员进入夹层应谨慎，尽量选择从上风口逐渐进入，必要时要戴防毒面具、穿防护服。

（4）电缆夹层内不得安装 6kV 及以上电力电缆接头。

（5）电缆支架、接地线应采用热浸锌或热浸塑防腐。

（6）电缆夹层内应保持清洁，禁止堆放杂物，保持巡视、检修通道通畅。通道与夹层地板上的电缆交叉时应装设电缆保护支凳，不得蹬踏、攀爬电缆。

5. 变电站电力电缆运行监督的内容主要有哪些？

答：变电站电力电缆运行监督的内容主要如下：

（1）35kV 及以上的电力电缆不允许过负荷。

（2）10kV 及以下电力电缆原则上不允许过负荷，因紧急故障出现短时过负荷时，应迅速采取措施恢复到额定值。

（3）电缆接头无过热，无放电等异响。

（4）电缆终端的导线、地线完好，绝缘子完好、清洁。

（5）电缆充油设备无渗漏，压力表数值、储油罐液面位置正常，无明显变化。

6. 矩形截面和圆形截面的母线有何异同？

答：在相同截面积下，矩形母线比圆形母线的周长要大，散热面大，因而冷却条件好。此外，当交流电流通过母线时，由于集肤效应的影响，矩形截面母线的电阻也要比圆形截面小一些，因此在相同截面积和相同的容许发热温度下，矩形截面母线要比圆形截面母线容许的工作电流大。因此 35kV 及以下的户内配电装置多采用矩形截面母线。在 35kV 以上的户外配电装置中为防止产生电晕，多采用圆形截面母线。母线表面的曲率半径越小，则电场强度越大，矩形截面的四角易引起电晕现象，圆形截面有电场集中现象。为减小电场强度，增加母线直径，在 110kV 及以上户外配电装置中采用钢芯铝绞线或管形母线。

7. 绝缘子的结构如何？它的作用是什么？

答：绝缘子（俗称瓷瓶）由瓷质部分和金具两部分组成，中间用水泥粘合剂胶合。瓷质部分保证绝缘子有良好的电气绝缘强度，金具是固定绝缘子用的。绝缘子的作用有两个方面：①牢固地支持和固定载流导体；②使载流导体与地之间形成良好的绝缘。

绝缘子应具有足够的绝缘强度和机械强度，同时对化学杂质的侵蚀具有足够的抗御能力，并能适应周围大气条的变化，如温度和湿度变化对它本身的影响等。

变电站及架空线路上所使用的绝缘子有针式绝缘子、支柱绝缘子、瓷横担绝缘子以及高压穿墙套管。

8. 什么叫爬距？什么叫泄漏比距？

答：爬距和泄漏比距都是外绝缘特有的参数。沿外绝缘表面放电的距离即为电的泄漏距离，也称爬电距离，简称爬距。泄漏距离乘以有效系数再除以线电压即为泄漏比距，即

$$\lambda = KL/U_1$$

式中　λ——泄漏比距；

　　　K——有效系数；

　　　L——泄漏距离；

　　　U_1——线电压。

9. 为什么瓷绝缘子表面做成波纹形？

答：瓷绝缘子表面做成波纹形的原因如下：

（1）延长爬弧长度，能在同样有效高度内增加电弧爬弧距离，而且每一个又能起到阻断电弧的作用。

（2）遇到雨天，能起到阻断水流的作用，防止污水直接由绝缘子上部流到下部，避免因形成水柱引起接地短路。

（3）污尘降落到波纹形瓷绝缘子上时分布不均匀，因此一定程度上保证了绝缘子的耐强度。

10. 为什么耐张绝缘子串比直线绝缘子串多一片？

答：运行经验证明，耐张绝缘子串因受机械负荷较大，易劣化，出现零值绝缘子串机会多于悬垂串，所以预留的绝缘子个数应比直线串多一片。

11. 电力线路载波通道是如何构成的？

答：阻波器、耦合电容器、结合滤波器、高频电缆、高频通信机（载波机）等组成了电力线路载波通道，如图 13-2 所示。

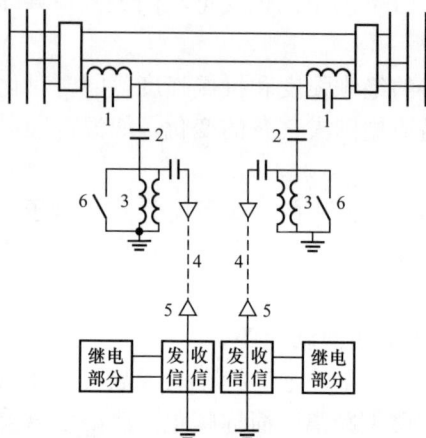

图 13-2　电力线路载波通道构成示意图
1—阻波器；2—耦合电容器；3—结合滤波器；
4—高频电缆；5—高频通信机；6—隔离开关

12. 高频阻波器的作用是什么？

答：高频阻波器是电力载波通信系统的关键设备，与耦合电容器、结合滤波器组合，为传输遥控、遥测、继电保护、电话、电传等信号提供载波通道。高频阻波器串联在高压输电线上，用以阻塞高频信号向非通信方向传输，从而起到使变压器等一次高压设备无高频信号干扰运行和稳定高频载波通道传输的作用。

13. 高频阻波器由哪几个部分组成？

答：高频阻波器由电感线圈、避雷器（也叫过电压放电器）、强流线圈、调谐电容组成。

电感线圈和避雷器组成保护元件，防止调谐电容过电压。电容器和强流线圈组成调谐元件，调谐于工作频率。强流线圈也是导通工频电流的。

当高频阻波器谐振频率为选用的载波频率时，对载波电流呈现很大的阻抗（在 1000Ω 以上）；对工频电流而言，高频阻波器的阻抗仅是电感线圈的阻抗，不影响工频电流的传输，其作用是分离工频电流和高频电流。

14. 耦合电容器的工作原理及作用是什么?

答:耦合电容器接于电力线和连接滤波器之间,耐高压,电容量小,对工频信号呈现很大阻抗,对地泄漏电流小,而对高频信号呈现阻抗很小,高频信号可以顺利传输。

带有电能抽取装置的耦合电容器除了作以上用途之外,还可抽取 50Hz 的功率和电压供继电保护及重合闸用,起到电压互感器的作用。

15. 为什么耦合电容器要安装接地开关?操作时应注意什么?

答:接地开关主要用作电力载波通信、高频保护、遥控、遥测以及电能抽取装置二次部分的保安接地。

单供载波通信的耦合电容器回路低压出口装有一组接地开关,当合上此接地开关时,高频载波信号即被大地短接,通信中断。如果带有电能抽取装置,在抽取装置的前部同样还应再装一组接地开关,供抽取装置二次回路作保安接地用。

16. 结合滤波器的作用是什么?

答:结合滤波器(见图 13-3)接在耦合电容器的低电压端和连接电力线载波机的高频电缆之间,与电力线的一相或多相导线耦合。

结合滤波器和耦合电容器构成带通滤波器,是一个不对称的四端网络,接线路侧的特性阻抗与线路的波阻抗应匹配,接电缆侧的特性阻抗与高频电缆的波阻抗应匹配;在通频带内信号衰耗很小,提高了传输效率,同时给工频电流提供接地通路,进一步降低了工频电压。

图 13-3 结合滤波器